厚生労働省認定教材	
認定番号	第59214号
改定承認年月日	令和5年1月25日
訓練の種類	普通職業訓練
訓練課程名	普通課程

電気工事実技教科書

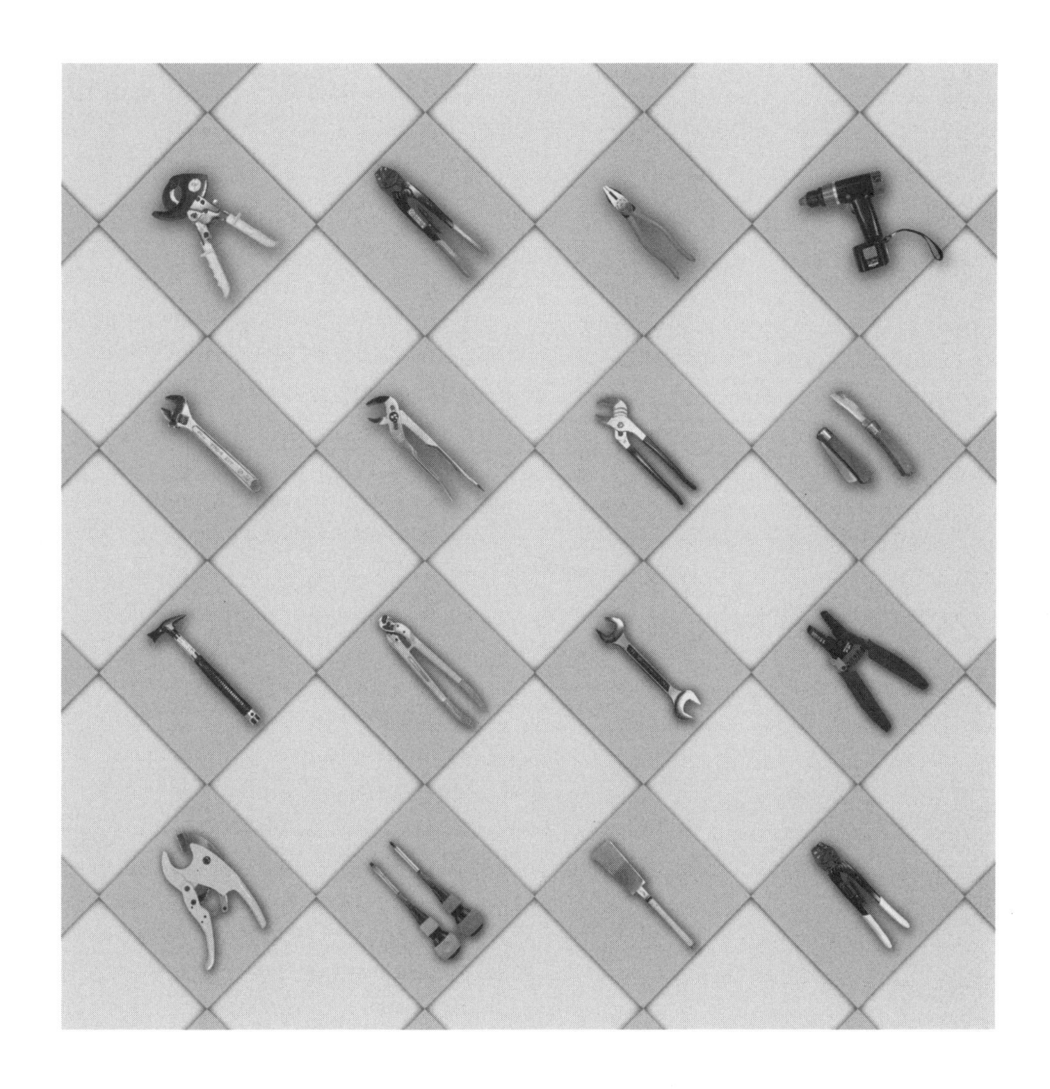

独立行政法人 高齢・障害・求職者雇用支援機構
職業能力開発総合大学校 基盤整備センター 編

は　し　が　き

本書は職業能力開発促進法に定める普通職業訓練に関する基準に準拠し，「電力系」基礎実技「電気基本実習」及び「電力系電気工事科」専攻実技「電気工事実習」等の教科書として作成したものです。

作成にあたっては，内容の記述をできるだけ平易にし，専門知識を系統的に学習できるように構成してあります。

本書は職業能力開発施設での教材としての活用や，さらに広く電気分野の知識・技能の習得を志す人々にも活用していただければ幸いです。

なお，本書は次の方々のご協力により作成したもので，その労に対し深く謝意を表します。

〈監　修　委　員〉

清　水　洋　隆	職業能力開発総合大学校
吉　水　健　剛	職業能力開発総合大学校

〈執　筆　委　員〉

古　賀　英　寿	千葉県立船橋高等技術専門校
松　下　智　裕	東京都立城南職業能力開発センター

（委員名は五十音順，所属は執筆当時のものです）

令和５年３月

独立行政法人 高齢･障害･求職者雇用支援機構
職業能力開発総合大学校 基盤整備センター

目　　次

1. 電気工事用器工具類及び測定器類

番号	名　　称	用　　途	関 連 知 識
1	ペンチ 	電線の曲げ，切断及び接続する時などに用いる。	1. 電気工事用として，主に175mmと200mmのものが用いられる。 2. ペンチで切断できる電線の太さは約150mmで2.6mm又は5.5 mm^{2}以下，175 mmで3.2 mm又は8 mm^{2}以下，200 mmで4 mm又は14 mm^{2}以下とされている。
2	ニッパ 	器具端子に電線を取り付けた時，余分な部分を切り取る時などに用いる。	
3	ラジオペンチ 	細かい電線の曲げ作業など配電盤の裏面配線をする時や，器具端子に電線を取り付ける時に用いる。	
4	ドライバ 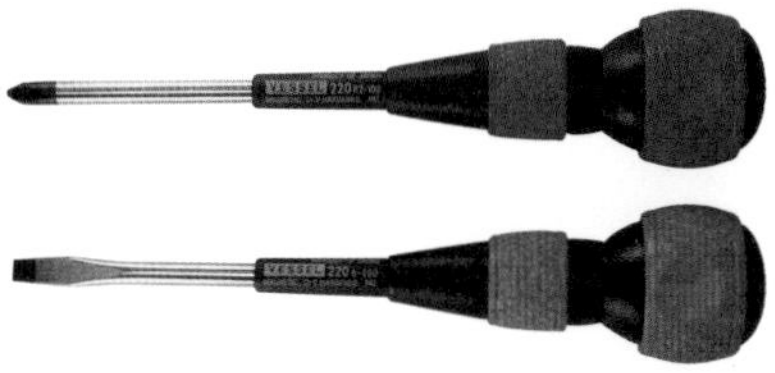 電工ドライバ  貫通ドライバ  組ドライバ  オートマチックドライバ	電気器具を取り付ける時や，器具端子のねじを締め付ける時に用いる。	1. 電工ドライバ，貫通ドライバの呼称は先端の大きさと金属部分の軸長[mm]で表す。マイナスドライバは，刃幅を[mm]で，プラスドライバは先端の大きさを[No.]（ナンバー）で表す。 2. 組ドライバは柄先を変えることによって，マイナス又はプラスドライバとして使用できる。 3. オートマチックドライバは，軸にスパイラル溝が付いており，回転用こまの作用で回転して，右回り，左回り，固定の3段に切替えができるようになっている。

番号	名　　　　称	用　　　　途	関　連　知　識
5	電工ナイフ 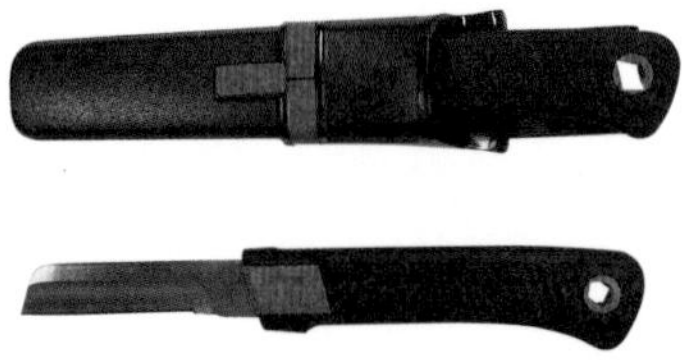 ケース収納式 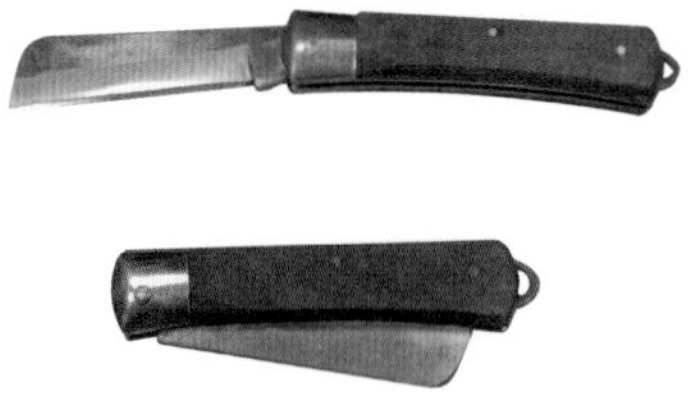 折りたたみ式	電線接続のため，被覆をむき取ったり，木部の切り込みや細工などに用いる。	刃先は両刃である。  刃先の断面図
6	工具差し及び腰袋 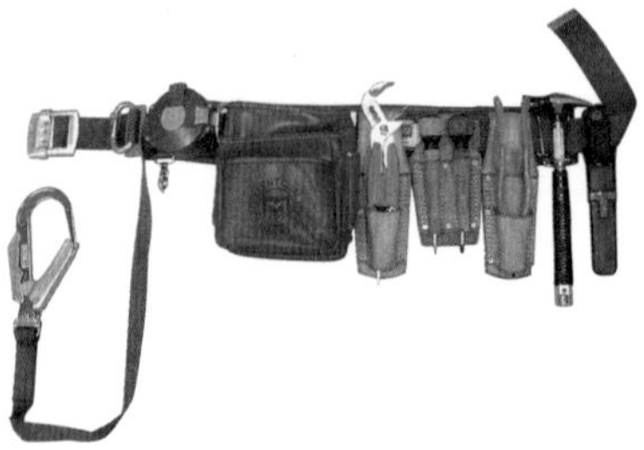	1. 工具差しはペンチ，ナイフ，ドライバなどをつる時に用いる。 2. 腰袋は木ねじやステープルなどを入れる時に用いる。	1. 工具差しには，1～5丁差しのものがある。 2. 工具差しの機能をもった腰袋もある。
7	プライヤ  プライヤ 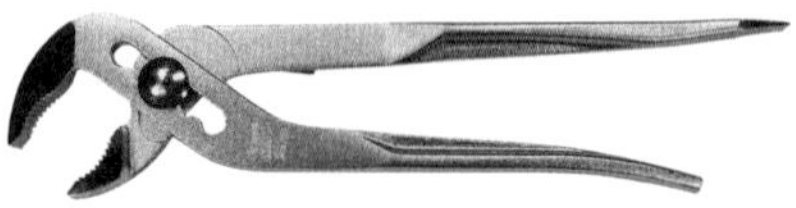 ウォータポンププライヤ 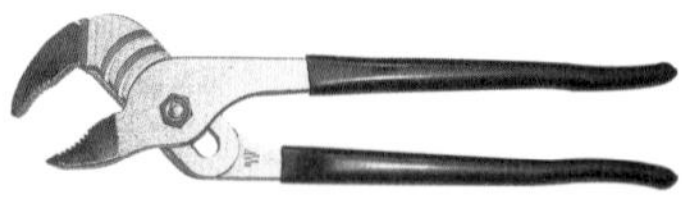 ウォータポンププライヤ（ソフトグリップ付き）	金属管工事で，ロックナットやカップリングなどを回す時に用いる。	歯が刻まれているので，円形のものも確実に挟むことができる。
8	スパナ  両口スパナ  組スパナ	ボルト，ナットなどの締め付けに用いる。	

番号	名　　　　称	用　　　　途	関　連　知　識
9	レンチ 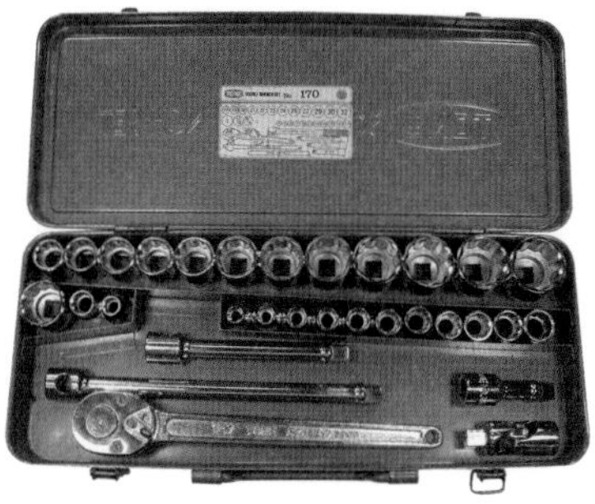 ソケットレンチ  モンキレンチ  パイプレンチ	1. ソケットレンチ，モンキレンチはボルト，ナットなどの締め付けに用いる。 2. パイプレンチは，金属管相互をカップリングで接続する時や，金属管に付属品を接続する時，管又はカップリングを挟んでねじ込む時に用いる。 主として大径の管に使用する。	
10	六角レンチ 	六角穴付きのボルトやねじの頭部に差し込んで，締め付けたり取り外したりする時に用いる。	1. 締め付ける場合は，初めに長いほうをボルトに差し込んで締め付け，最後に短いほうを差し込んでしっかりと締め付ける。 2. 取り外す場合は，先に短いほうを差し込んで緩め，緩んだら長いほうを用いる。
11	圧着ペンチ  黄色 リングスリーブ用  リングスリーブ用ダイス部 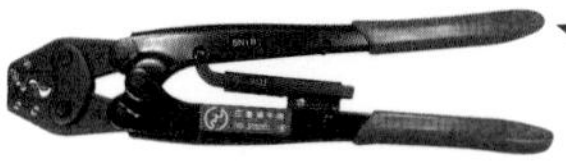 赤色 裸圧着端子用  裸圧着端子用ダイス部	リングスリーブや圧着端子を圧着するために用いる。	電線の太さによって挟む部分を替え，ハンドルを手で握る。 完全な圧着を得るため，一定の圧力がスリーブに加わらなければ，挟んだ部分が開かない構造になっている。

番号	名　　称	用　　途	関　連　知　識
12	はんだごて  電気はんだごて 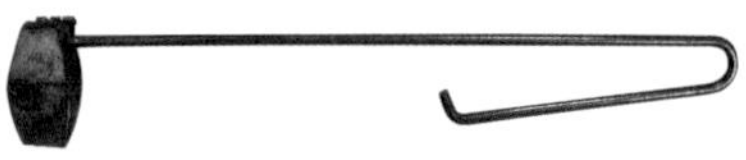 焼ごて・おの形  焼ごて・やり形	1. 電線接続部のはんだ付けをするのに用いる。 2. 焼ごてはトーチランプで熱して，はんだ付けをする時に用いる。	1. 電気はんだごては，10W 程度から 500W 程度までのものがある。 2. 接続部の位置及び形状，太さにより使い分ける。
13	トーチランプ 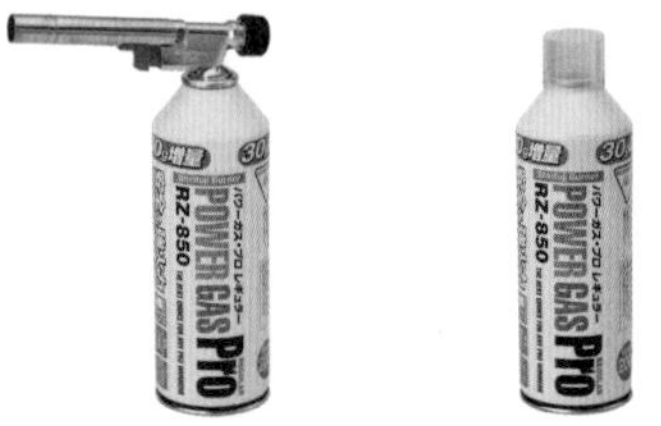  ガストーチランプ  ガソリントーチランプ	合成樹脂管を加熱して曲げる時や，はんだごてを加熱する時に用いる。	1. ブロートーチともいわれる。 2. ガストーチランプは，カートリッジ式のボンベに充填されたブタンガスやプロパンガスを燃料とする。 3. ガソリントーチランプは，バーナを加熱してから点火する。 出所：(ガストーチランプの上２点) 新富士バーナー (株)
14	ケーブルカッタ  手動式  ラチェット式	ケーブルを切断する時に用いる。	油圧式は「65　油圧式工具」参照。

番号	名　　　称	用　　　途	関　連　知　識
15	ストリッパ ワイヤストリッパ1（自動剥線） ワイヤストリッパ2（手動剥線） VVF ケーブルストリッパ	1. ワイヤストリッパは，コードやビニル絶縁電線の被覆をむき取る時に用いる。 2. VVF ケーブルストリッパは，VVF ケーブルの外装や心線被覆をむき取る時に用いる。	刃の部分が心線の太さや外装の太さに適合するようになっており，簡単で取り扱いやすい工具である。
16	パイプ万力（パイプバイス）	金属管を切断したり，ねじを切る時に固定するために用いる。	1. 管用万力ともいう。 2. 作業台や三脚に取り付けて用いる。 3. 主に使用されるものは，0～1番である。
17	横万力	アングルや鉄板などを切断したり，鉄材などをやすりがけする時に固定するために用いる。	口径が 75mm，100mm，125mm，150mm などのものがある。
18	金切りのこ	金属管や太い電線や鉄材などを切断する時に用いる。	1. ハクソーフレーム又は弓のこともいい，固定式と自在式がある。 2. のこ刃の寸法は 200mm，250mm，300mm の 3 種類がある。 3. 金属管を切断する時は，普通歯数が 25.4 mm につき 24 山と 32 山のものが用いられる。 4. のこ刃は前に押す時に切れるように取り付ける。

番号	名　　　　称	用　　　　途	関　連　知　識
19	高速切断機 	太い金属管，電線，鉄材などを切断する時に用いる。	高速度といし切断器とも呼ばれる。
20	火花受け 	高速切断機使用の際に発生する火花の拡散を防ぐために用いる。	1. JIS A 1323：2008「建築工事用シートの溶接及び溶断火花に対する難燃性試験」により建築工事用シートの溶接に対する難燃性試験に合格した材料を使用する。 2. 溶接，溶断の際に使用するものもある。
21	保護めがね 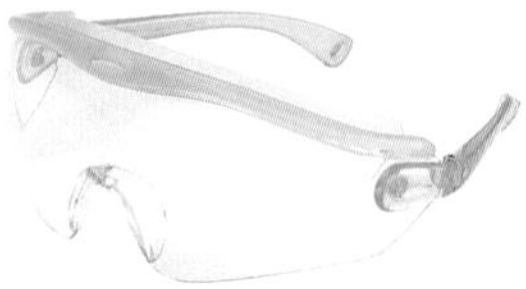 	飛来物から目を保護するために用いる。	紫外線や赤外線を吸収する機能をもつものもある。 出所：山本光学（株）
22	ロータリバンドソー 	金属管やアングルなどの金属材料を切断する時に用いる。	
23	プリカナイフ   プリカカッタ	金属製可とう電線管の切断に用いる。	

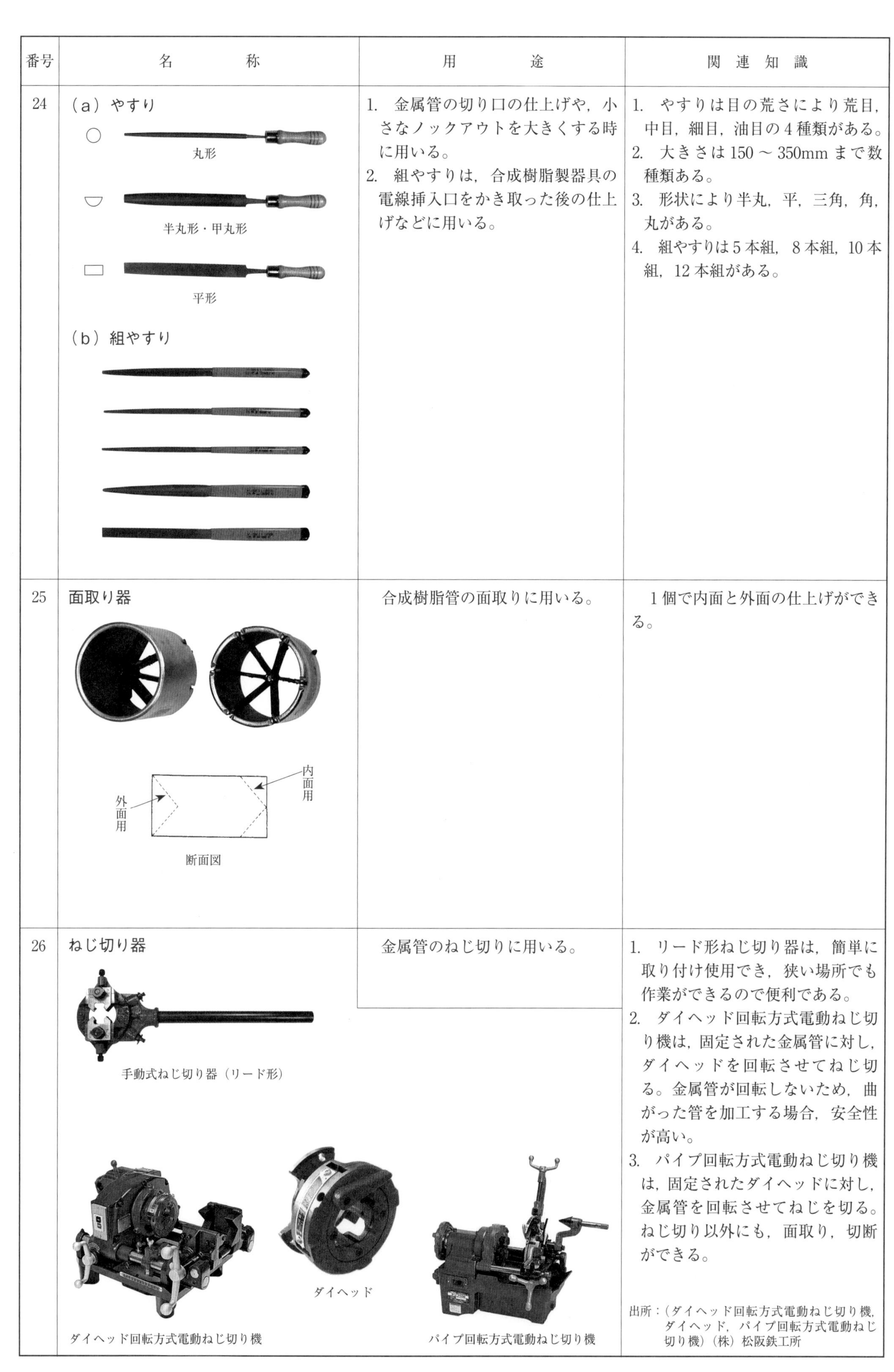

番号	名　称	用　途	関 連 知 識
24	（a）やすり 丸形 半丸形・甲丸形 平形 （b）組やすり	1. 金属管の切り口の仕上げや，小さなノックアウトを大きくする時に用いる。 2. 組やすりは，合成樹脂製器具の電線挿入口をかき取った後の仕上げなどに用いる。	1. やすりは目の荒さにより荒目，中目，細目，油目の4種類がある。 2. 大きさは150～350mmまで数種類ある。 3. 形状により半丸，平，三角，角，丸がある。 4. 組やすりは5本組，8本組，10本組，12本組がある。
25	面取り器 外面用 内面用 断面図	合成樹脂管の面取りに用いる。	1個で内面と外面の仕上げができる。
26	ねじ切り器 手動式ねじ切り器（リード形） ダイヘッド回転方式電動ねじ切り機 ダイヘッド パイプ回転方式電動ねじ切り機	金属管のねじ切りに用いる。	1. リード形ねじ切り器は，簡単に取り付け使用でき，狭い場所でも作業ができるので便利である。 2. ダイヘッド回転方式電動ねじ切り機は，固定された金属管に対し，ダイヘッドを回転させてねじ切る。金属管が回転しないため，曲がった管を加工する場合，安全性が高い。 3. パイプ回転方式電動ねじ切り機は，固定されたダイヘッドに対し，金属管を回転させてねじを切る。ねじ切り以外にも，面取り，切断ができる。 出所：（ダイヘッド回転方式電動ねじ切り機，ダイヘッド，パイプ回転方式電動ねじ切り機）（株）松阪鉄工所

番号	名　称	用　途	関連知識
27	ベンダ 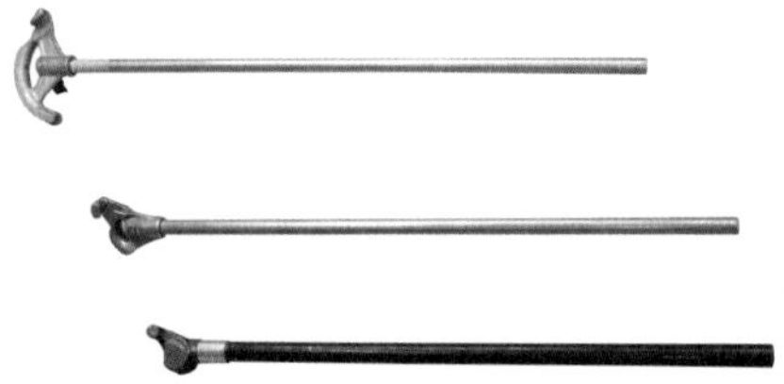 パイプベンダ 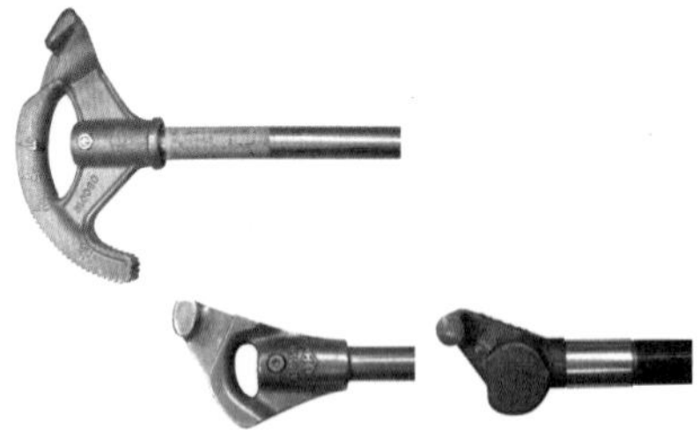 パイプベンダ頭部  定形ベンダ又はロールベンダ	金属管を曲げる時に用いる。	1. パイプベンダはヒッキともいう。 ベンダの柄は，厚鋼管をカップリングでつないで用いる。 2. 太い管を曲げるには，油圧ベンダを用いるとよい（「65　油圧式工具」参照）。
28	パイプカッタ 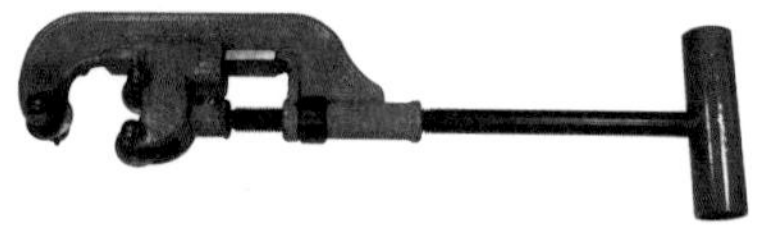 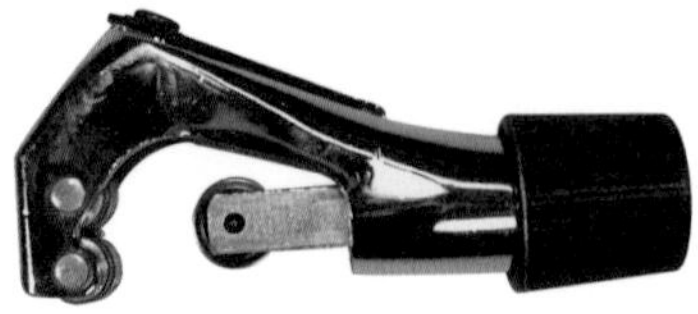 チューブカッタ  塩ビカッタ  フレキシブルカッタ	1. パイプカッタは，太い金属管の切断に用いる。 2. チューブカッタは，合成樹脂管やチューブの切断に用いる。 3. 塩ビカッタは，硬質塩化ビニル管の切断に用いる。 4. フレキシブルカッタは，合成樹脂製可とう電線管及びCD管の切断に用いる。	パイプカッタのみで管を切ると，管の内側のまくれ込みが多くなるため，パイプカッタで厚みの2/3くらい切り込んでから，金切りのこで切るとよい。 出所：(塩ビカッタ，フレキシブルカッタ) 室本鉄工（株）
29	呼び線挿入器 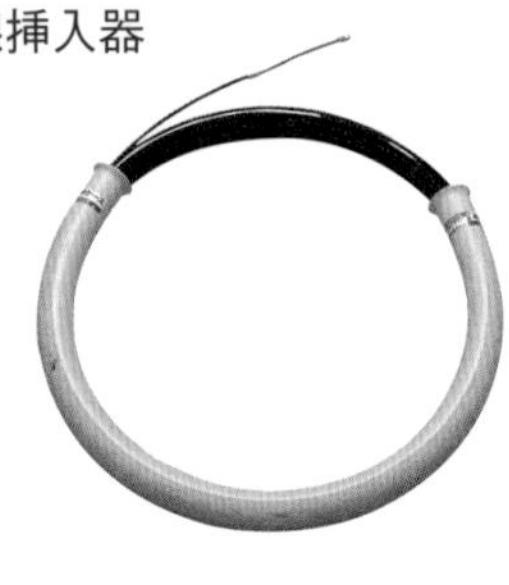	電線管の中に呼び線や電線を通したり，管内を清掃する時に用いる。	1. スチール製とナイロン製がある。 2. スチール製には，平形と丸形の2種類がある。

番号	名　　　　称	用　　　　途	関 連 知 識
30	電線リール 縦形 横形	電線やケーブルを巻いたまま納め，通線，配線時に能率良く送り出す。	
31	たがね コンクリートたがね 平たがね	1. コンクリートたがねは，コンクリートのはつりをする時に用いる。 2. 平たがねは，鋼材のはつりや切断などに用いる。	コンクリートたがねは，チスと呼ぶこともある。
32	センタポンチ 自動ポンチ	ドリルで穴をあける時，ポイントをつける時に用いる。	
33	電気ドリル	ストレートドリルをチャックに挟んで，鉄材に穴をあける時に用いる。	小形電気ドリルは6mmまで，中形電気ドリルは13mmまでの穴あけ能力がある。
34	振動ドリル	アンカの下穴あけや，コンクリートの穴あけをする時に使用する。	1. 軸方向の打撃を加えながら回転することによりコンクリートに穴をあける。 2. 上向き作業の時は，集じん装置をセットする。 3. 打撃をOFFにすることで木材，金属にも穴をあけることができる。

番号	名　　　　称	用　　　　途	関　連　知　識
35	充電式ドライバドリル	コードレスで充電式の電動工具であり，ねじの締め付けや取り外し，金属や木材の穴あけをする時に用いる。	1. 必要に応じて先端工具を取り替える。 2. クラッチ機構を内蔵しており，ねじの締め付けトルクを段階的に調節することができる。
36	クリックボール	バーリングリーマ，木工用きりなどを先端に取り付けて，管の内面を削ったり，腕木，板などに穴をあける時に用いる。	送り付きのものと送りなしのものがある。
37	バーリングリーマ	金属管を切断する時，管の内側にばりができる。これを削る時に用いる。	クリックボール等に取り付けて使用するものと，柄が付いていて，手で使用するものがある。
38	鉄工用ドリル	金属類に穴をあける時に用いる。	電気ドリルや卓上ボール盤に取り付けて用いる。
39	コンクリート用ドリル	コンクリートにアンカなどの下穴をあける時に用いる。	振動ドリルに取り付けて用いる。
40	木工用きり ドリルビット 兼用ビット ショートビット 羽根きり	1. 木材の穴あけに用いる。 2. 厚いものはドリルビットや兼用ビットを，板のように薄いものにはショートビット，羽根きりを用いる。	1. ドリルビットは，電気ドリル専用のきりで，兼用ビットとショートビットは，電気ドリル・クリックボール兼用である。 2. 刃先の寸法は，3～36mm など各種ある。 3. ギムネ，オーガービットとも呼ばれる。

番号	名　　　称	用　　　途	関 連 知 識
41	ホルソ	鉄板や合成樹脂管用ボックスなどの穴あけに用いる。	各種あり，鉄板の厚さや材質によって使い分ける。
42	ドライバビット	ねじの締め付けや取り外しに用いる。	充電式ドライバドリルなどに取り付けて用いる。
43	電工ドラム（分電器） 送配電形（コンセント引出し式）	遠方より電源をとる時や，電動工具を数個使う時に用いる。	送配電形は，リールを運ばずに，ケーブルを作業場所まで引き出せる。 最近は安全性を考慮した漏電ブレーカ付きのものが多い。
44	タップ 先タップ 中タップ 上げタップ タップハンドル タップホルダ	雌ねじを切る時に用いる。	1. タップは3本1組で先端のこう配により，1番タップ（先タップ），2番タップ（中タップ），3番タップ（上げタップ）がある。 2. タップハンドル，タップホルダはタップを取り付け，手動で雌ねじを切る時に用いる。 3. タップホルダはラチェット機構を備えている。

番号	名　　称	用　　途	関　連　知　識
45	のこぎり  両刃のこぎり 回しびきのこぎり	木材などを切る時に用いる。	1. 両刃のこぎりは，普通 240 ～ 360 mm ぐらいのものがよい。 2. 穴びきのこぎり，あぜびきのこぎり，折りたたみのこぎりなどもある。
46	き　り 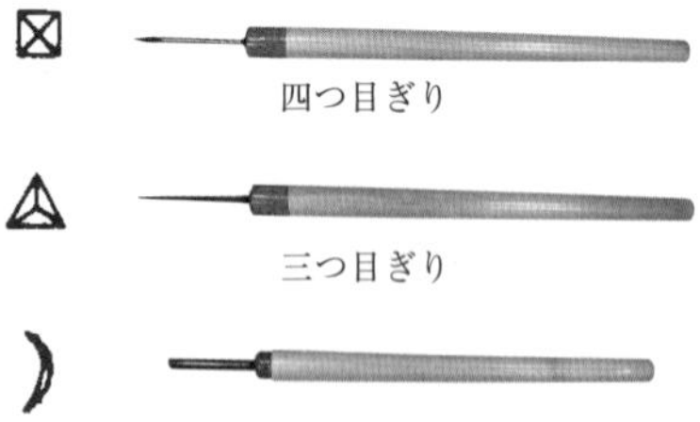 四つ目ぎり 三つ目ぎり つぼぎり	木造物に器具を取り付ける時や，木ねじの下穴をあける時に用いる。	
47	の　み 	木造物に切り込みを入れる時に用いる。	平のみの刃先は 3 ～ 42mm のものがある。
48	かんな 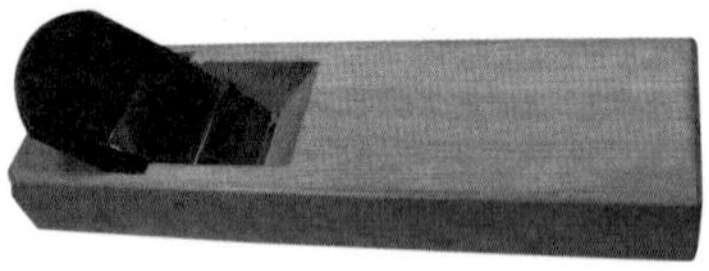	木材を削る時に用いる。	
49	ハンマ  げんのう 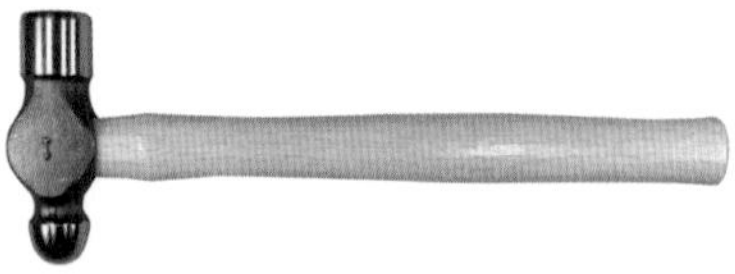 片手ハンマ 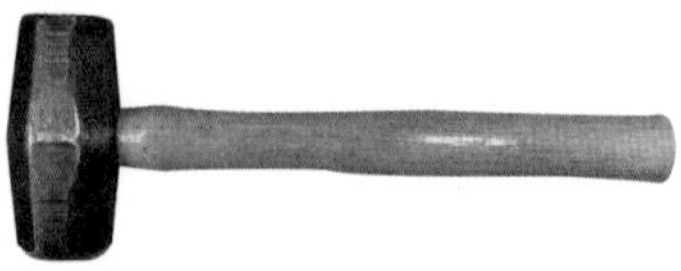 はつりハンマ  電工ハンマ	1. げんのうは，くぎやステープルなどを打つ時に用いる。 2. ハンマは，コンクリートたがねなどを打つ時に用いる。	ハンマのサイズは，頭部の重さで表示されることが多い。

番号	名　　　称	用　　　途	関 連 知 識
50	バール（くぎ抜き） 	くぎを抜く時に用いる。	両端がくぎを抜く形状をしているものは，かじやとも呼ばれる。
51	ツールボックス（工具箱） 	工具をまとめて入れておく時に用いる。	
52	下げ振り 	機器の据え付けやフレームパイプの組み立ての際に，その垂直を調べる時に用いる。	直径が32～36mm，高さは62～68mm程度のものがよい。
53	墨つぼ 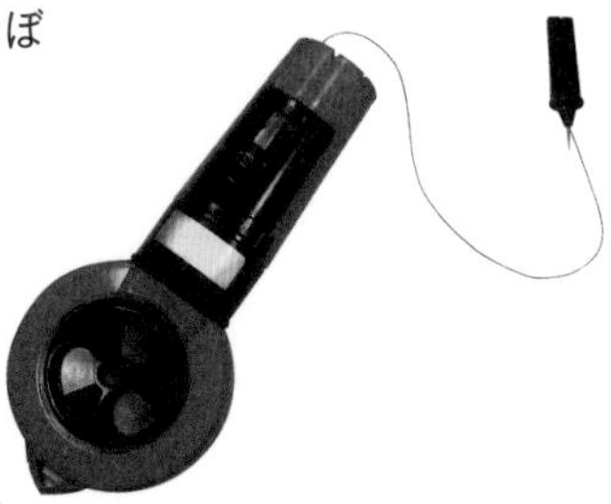  墨さし 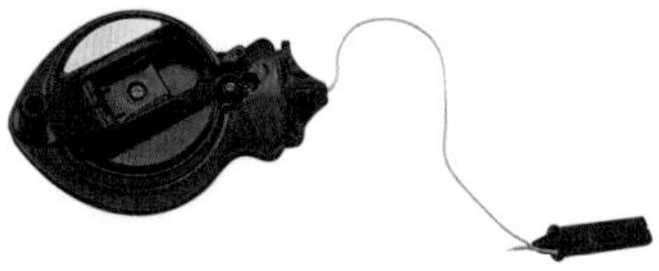 チョークライン	ボックスの位置などをしるす時に用いる。	チョークラインは，墨の代わりに粉チョークを用いる。

番号	名　　　称	用　　　途	関　連　知　識
54	レーザ墨出し器  	レーザ光を利用した墨出器で，照明器具やボックスなどの位置をしるす時に用いる。	
55	張線器 	メッセンジャワイヤや電線，鉄線などを引っ張る時に用いる。	1. ワイヤの代わりにロープを用いたものもある。 2. 一般に，シメラーと呼ばれる。
56	はしご  脚 立  はしご・スライド式  電気工事用絶縁はしご 　作業用踏台	高所作業に用いる。 高所作業とは，一般的に2 m以上の高さで行う作業のことを指す。	1. 脚立及びはしごを使用して，高さ2 m以上の箇所で作業を行う場合は，墜落制止用器具（安全帯）を使用する。 2. 脚立は脚を開き，止め金具で固定して使用する。 3. はしごを工作物に立て掛ける場合は，床面との角度を75°前後とする。 出所：(電気工事用絶縁はしご)長谷川工業（株），(作業用踏台）トラスコ中山（株）

番号	名　　　　称	用　　　　途	関　連　知　識
57	高所作業車 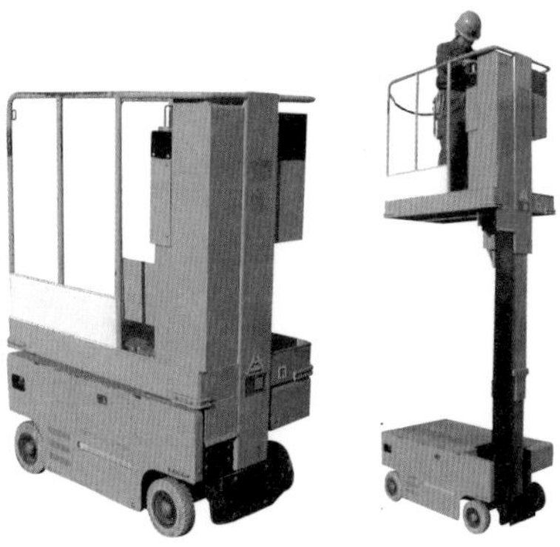 高所作業車・マスト式  高所作業車・シザーズ式 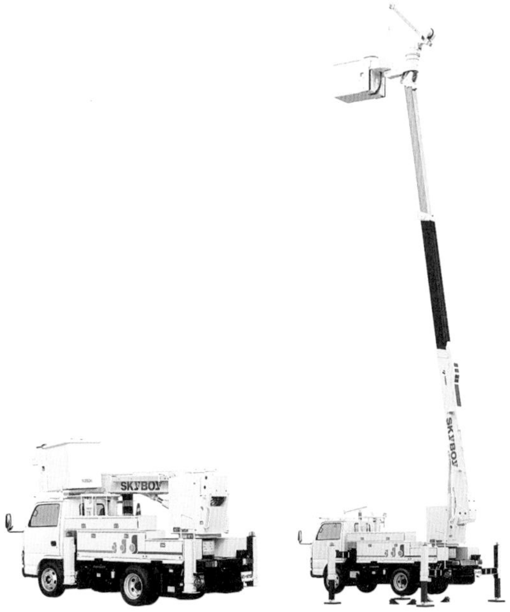 高所作業車・トラック式 出所：(高所作業車・トラック式) (株) タダノ	電線路，通信路およびその支持物の建設，保守工事等や街灯の電球交換工事に用いる。 高所作業車は，高所作業時において作業員の足場となる作業床を備えた建設車両のこと。作業用バスケット（作業床）が2 m以上の高さに上昇出来る能力を持ち，昇降装置，走行装置等により構成され，不特定の場所に動力を用いて自走できる機械の事を指す（労働安全衛生法施行令第10条4項等)。	高所作業車の運転には資格が必要である。 ・作業床の高さが10 m未満の高所作業車は，高所作業車の運転の業務に係る特別教育（労働安全衛生規則第36条第10号の5） ・作業床の高さが10m以上の高所作業車は，高所作業車運転技能講習（労働安全衛生規則第83条，高所作業車運転技能講習規程)
58	墜落制止用器具（安全帯）  フルハーネス型 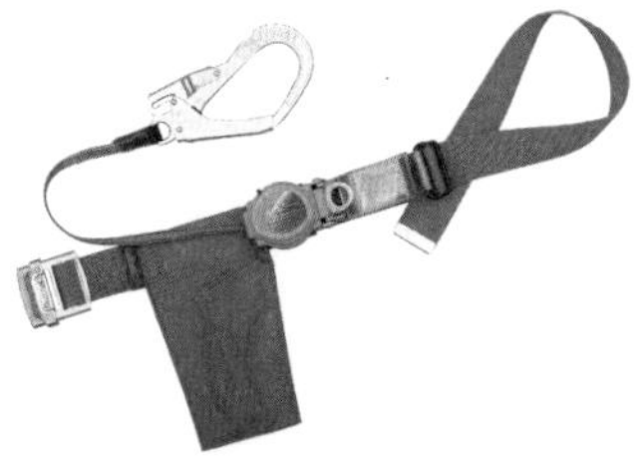 胴ベルト型	高所作業の時に，落下防止に用いる。	出所：藤井電工（株）

番号	名　　　称	用　　　途	関 連 知 識
59	ショベル	土砂の掘削や埋め戻しに用いる。	丸穴の掘削には長柄ショベルを用いるとよい。
60	滑　車	建柱作業のつり込みや，重い機器をつり上げる時に用いる。	滑車は一つ車と二つ車が用いられる。
61	通い綱	高所作業の場合，材料や工具をつり上げる時に用いる。	
62	通い袋	材料や工具を入れて持ち運ぶ時に用いる。	
63	卓上ボール盤	鋼材などの穴あけ作業に用いる。	ベルトを掛け替えると変速できるので，材質によって回転速度を変えて使用する。

番号	名　　　　称	用　　　　途	関　連　知　識
64	**両頭研削盤**	ドリル，たがねなどを研削する時に用いる。	グラインダともいう。
65	**油圧式工具** 油圧ベンダ ノックアウトパンチャ 手動式油圧ポンプ 電動式油圧ポンプ	1. 油圧ベンダは，油圧により金属管を曲げる時に用いる。 2. ノックアウトパンチャは，油圧により金属製ボックスや盤などに穴をあける時に用いる。 3. ケーブルカッタは，油圧により太い電線を切断する時に用いる。 4. 圧着工具は，油圧によりスリーブの一部分を圧着して電線を接続する。 5. 圧縮工具は，油圧によりスリーブを圧縮し電線を接続する。	

油圧式ケーブルカッタ

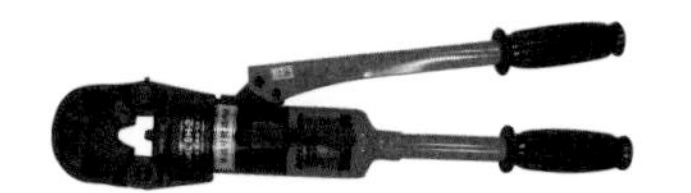

手動油圧式圧着工具

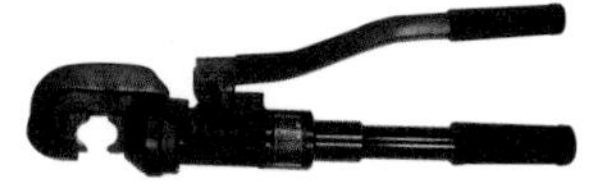
手動油圧式圧縮工具

番号	名　　称	用　　途	関　連　知　識
66	折り尺 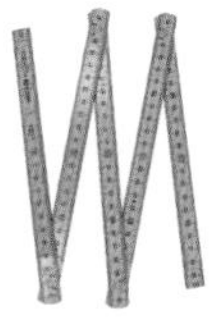	寸法を測る時に用いる。	長さは1mで，六つ又は八つに折れるので，携帯に便利である。
67	コンベックスルール 	1. 寸法を測る時に用いる。 2. 自由に曲がったり伸びるので，高い場所や円形のものを測るのに便利である。	1. 2m，3.5m，5m，5.5m，7.5m等がある。 2. JIS B 7512：2018「鋼製巻尺」で規定されている。
68	巻き尺 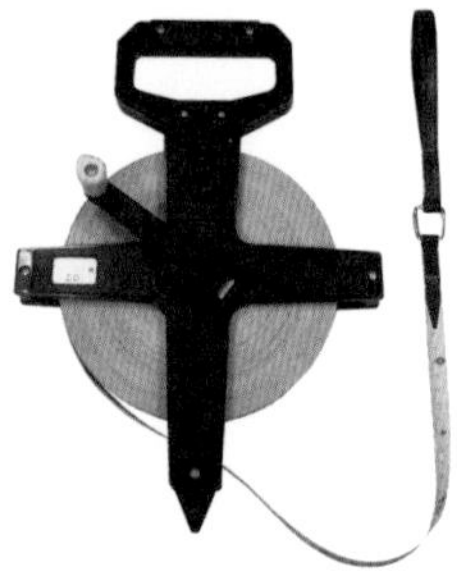	建物や電線の長さを測る時に用いる。	布製と鋼製があり，長さは10m，20m，30m，50mのものがある。
69	ワイヤゲージ  	電線や鉄線の太さを測る時に用いる。	折りたたみ式のものがある。 出所：(ワイヤゲージ（上)) フジツール（株)
70	ノギス 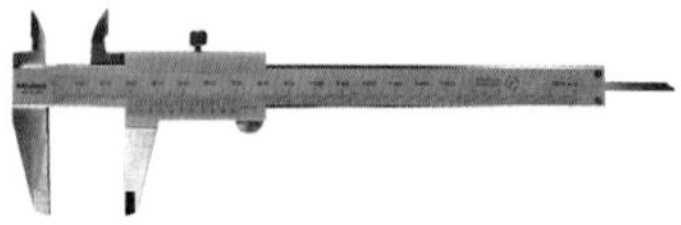	外径，内径及び深さを測る時に用いる。	副尺により1/10mmあるいは1/20mmまで測定することができる。

番号	名　　　称	用　　　途	関 連 知 識
71	外側マイクロメータ 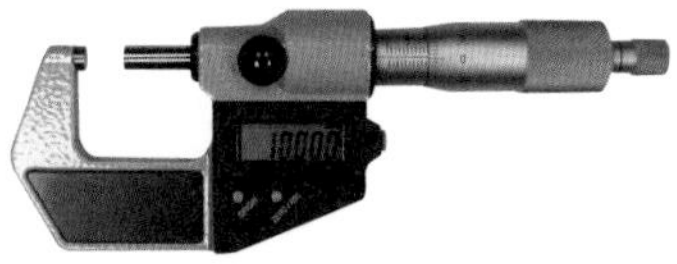	外径を精密に測る時に用いる。	1. 精密工具で 1/100mm まで正確に測ることがでる。 2. 内径や深さを測る特殊なマイクロメータもある。
72	絶縁抵抗計  ディジタル式 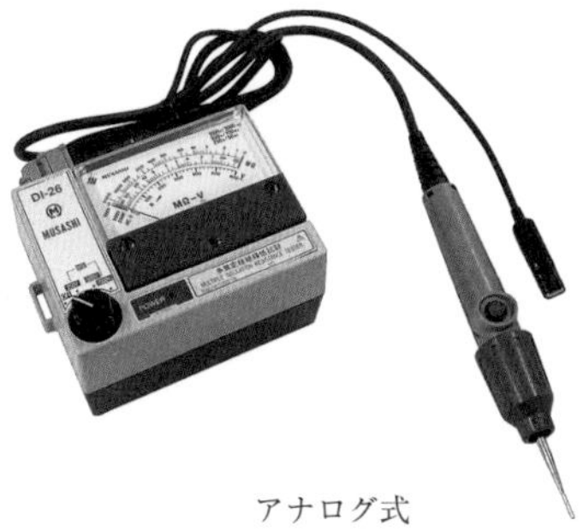 アナログ式	配線や機器の絶縁抵抗を測る時に用いる。	1. 定格測定電圧により 25V，50V，100V，125V，250V，500V，1 000V がある（JIS C 1302：2018「絶縁抵抗計」）。 2. 一般に，メガーと呼ばれる。 3. 通信機能を搭載し，データを送信できるものがある。 出所：（ディジタル式（上））横河計測（株）， （アナログ式）（株）ムサシインテック

番号	名　　　　称	用　　　　途	関　連　知　識
73	接地抵抗計  ディジタル式  クランプ式 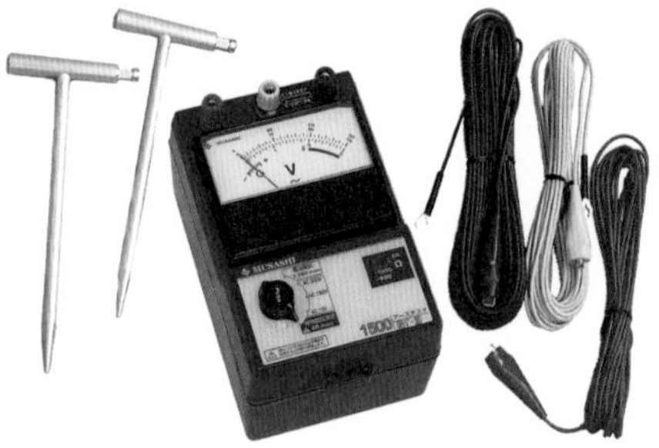 アナログ式	接地抵抗を測る時に用いる。	1. A～D種接地工事に対応可能な3極法測定用と，B，D種接地工事のみ対応の2極法測定用がある。 2. 通信機能を搭載し，データを送信できるものがある。 3. クランプ式のものは，多重接地の接地抵抗測定用である。 出所：(ディジタル式) 共立電気計器（株） (クランプ式) 日置電機（株） (アナログ式)（株）ムサシインテック
74	回転速度計  接触式 　　非接触式	回転機の回転数を測定する時に用いる。	出所：(株) 小野測器

番号	名　　　称	用　　　途	関　連　知　識
75	**検電器**  低圧ネオン式  高圧ネオン式 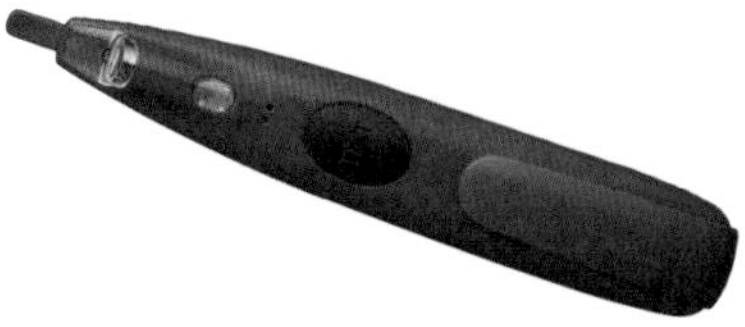 低圧用音響発光式 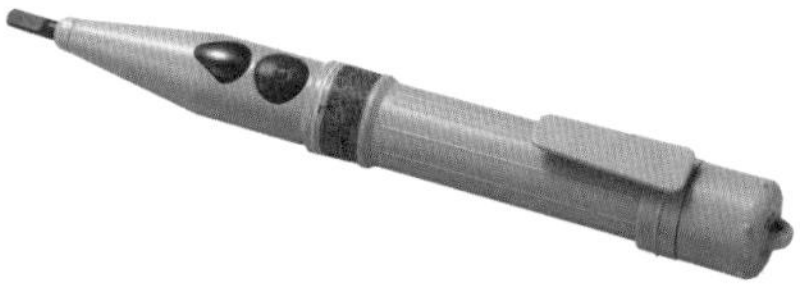 高低圧用音響発光式	電線路や機器などの充電，停電状態を調べる時に用いる。	1. ネオン式は，充電状態をネオン管の放電発光により表示し，音響発光式は音と表示灯によって表示する。 2. 接地側電線の確認だけでは，充電，停電状態を調べられないので，非接地側電線の確認も合わせて行うこと。 3. 試験回路の電圧に適合した検電器を使用する。 4. 特別高圧の場合は，検電器の先端を接近するだけで充電状態を表示する場合がある。 5. 非接触形充電検出器は，先端を充電部に接触させてはならない。必要離隔距離を守り，検電器ではないため充電検出の補助的手段として用いる。 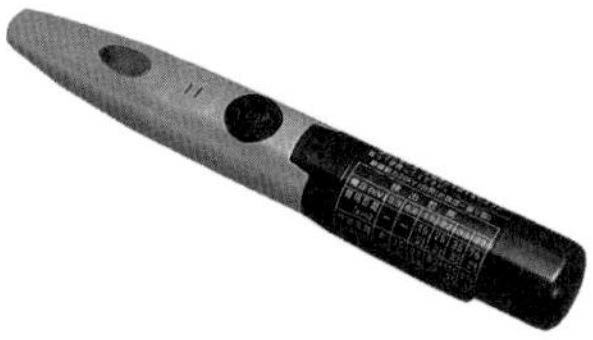 非接触形充電検出器  検電器試験器 出所：(低圧用音響発光式，高低圧用音響発光式，非接触形充電検出器）長谷川電機工業（株)

番号	名　称	用　途	関連知識
76	**電圧計** 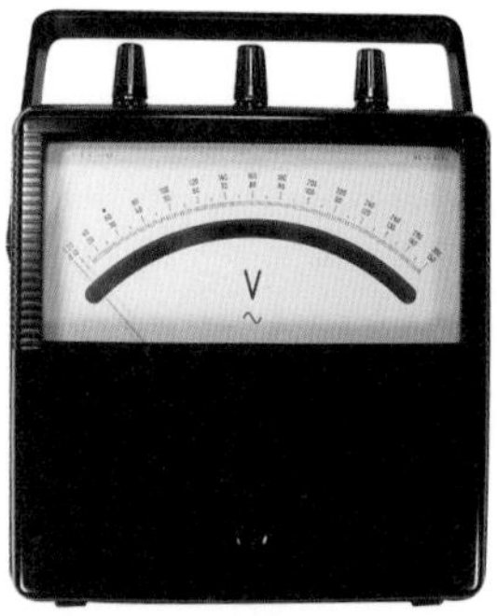 携帯用	電圧の大きさを測る時に用いる。	1. 交流用と直流用がある。 2. 携帯用と配電盤用がある。 3. 精度により 0.2～2.5 級まである。
77	**電流計** 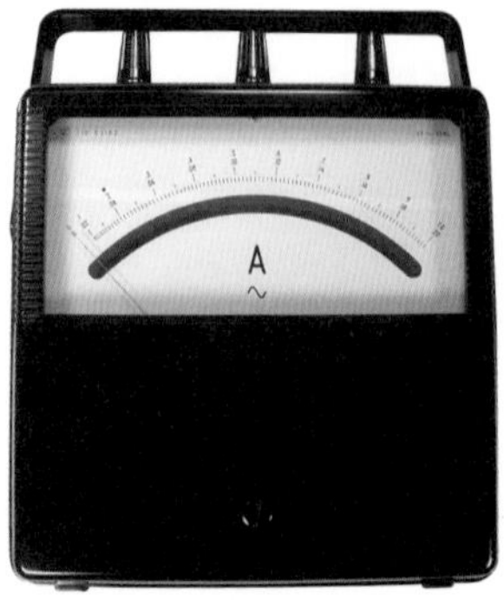 携帯用	電流の大きさを測る時に用いる。	1. 交流用と直流用がある。 2. 携帯用と配電盤用がある。 3. 精度により 0.2～2.5 級まである。
78	**線路用電流計（クランプメータ）**   リーククランプメータ	電流の流れている回路を切り開くことなく，負荷の電流を測る時に用いる。	一般に，クランプメータと呼ばれる。 負荷電流計測のほかに，微小な漏電電流が計測できるものをリーククランプメータという。最近では，絶縁抵抗計の代用として，停電せずに絶縁状態を調べる計測器としても用いることができる（参考：「電気設備に関する技術基準を定める省令」第 14 条, 内線規程 : 2016 1345-2 等）。 出所：(上)（株）ムサシインテック, (下）共立電気計器（株）

番号	名　　　称	用　　　途	関　連　知　識
79	電力計  携帯用単相電力計  携帯用三相電力計	負荷の電力の大きさを測る時に用いる。  	1. 単相電力計を2台使用すると，三相電力の大きさを測ることができる。 2. 配電盤用もある。
80	電力量計  アナログ式  ディジタル式  スマートメータ	電力量を測る時に用いる。	電気の取り引き及び使用電力の確認に使用されるものであるため，正確で信頼できるものでなければならない。 わが国では検定試験を行い，誤差が3%以内を合格としている。 出所：（スマートメータ）大崎電気工業（株）

番号	名　　　称	用　　　途	関　連　知　識
81	回路計 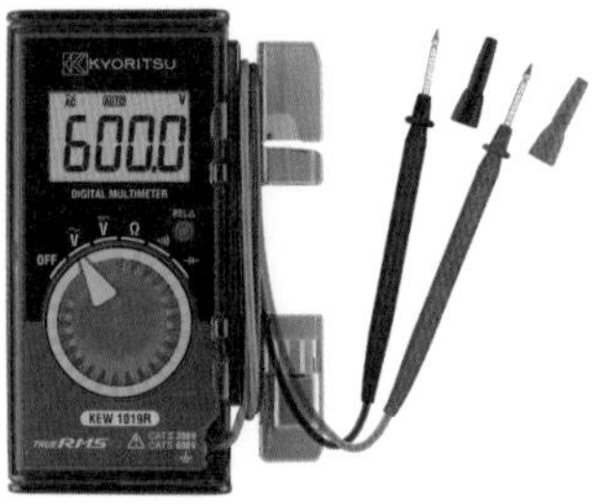 ディジタル式  アナログ式	電圧・電流・抵抗を測る時に用いる。	1. レンジを切り替えるだけで電圧・電流・抵抗が測定できる。 2. テスタ，回路試験器又はサーキットテスタともいう。 3. 精度は高くないが，手軽に測定できる。 出所：共立電気計器（株）
82	照度計 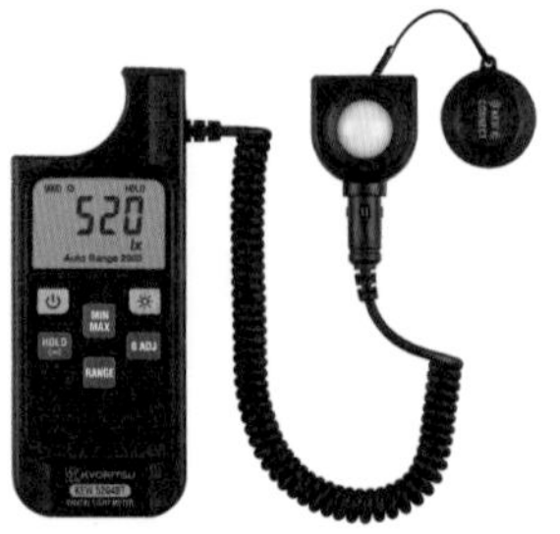 ディジタル式  アナログ式	照度（ルクス）を測る時に用いる。	通信機能を搭載し，データを送信できるものがある。 出所：（ディジタル式）共立電気計器（株）

番号	名　　　　称	用　　　　途	関　連　知　識
83	周波数計  アナログ式 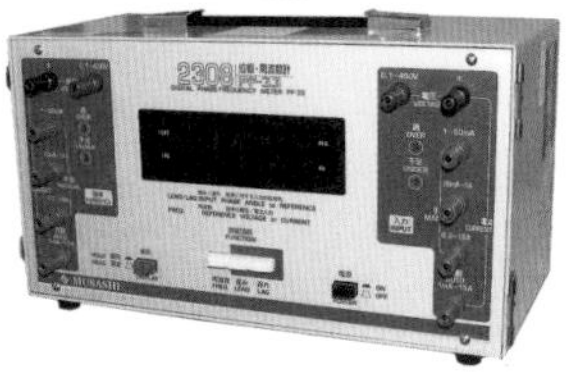 ディジタル式	周波数を測る時に用いる。	出所：(ディジタル式)（株）ムサシインテック
84	ストップウォッチ 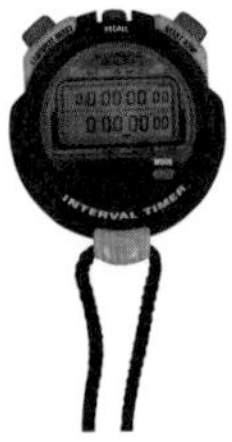	時間を測定する時に用いる。	
85	しゅう動形電圧調整器 	電圧調整に用いる。	
86	変流器（CT） 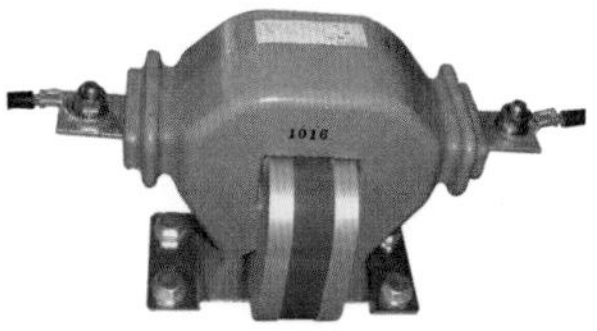 高圧用  低圧用貫通形	大電流や高圧回路の電流を測定する時に用いる。	二次電流は，5 A が一般的である。

番号	名　　　称	用　　　途	関 連 知 識
87	計器用変圧器（VT） 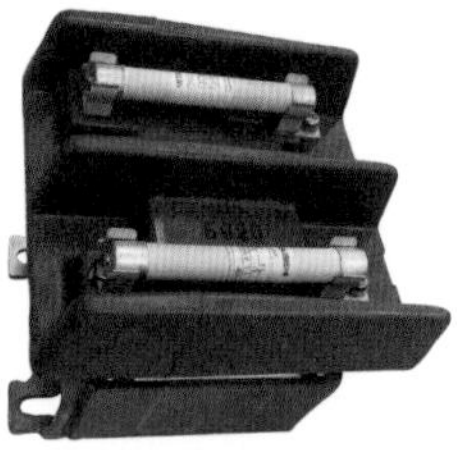 高圧用  低圧用	高電圧を測定する時に用いる。	1. 高圧用は，6 600V を 110V に変圧する。 2. 低圧用は，220V 又は 440V を 110V に変圧する。
88	サイクルカウンタ 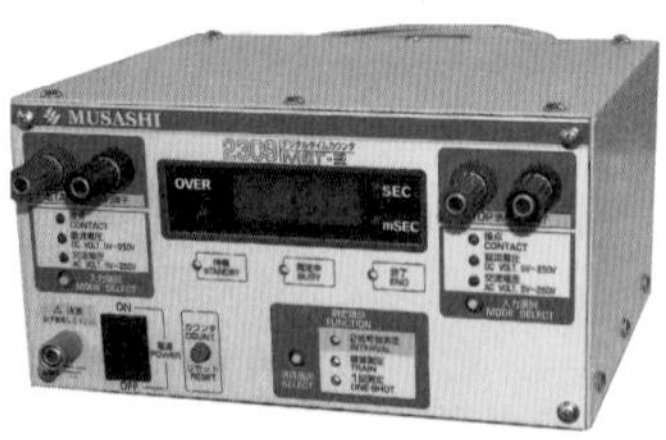 ディジタル形  指針形	継電器の試験やヒューズの溶断試験の際に，時間を計測する時に用いる。	出所：（ディジタル形）（株）ムサシインテック

番号	名　　称	用　　途	関 連 知 識
89	力率計 	負荷の力率を測定する時に用いる。	パワーファクタメータともいう。
90	検相器 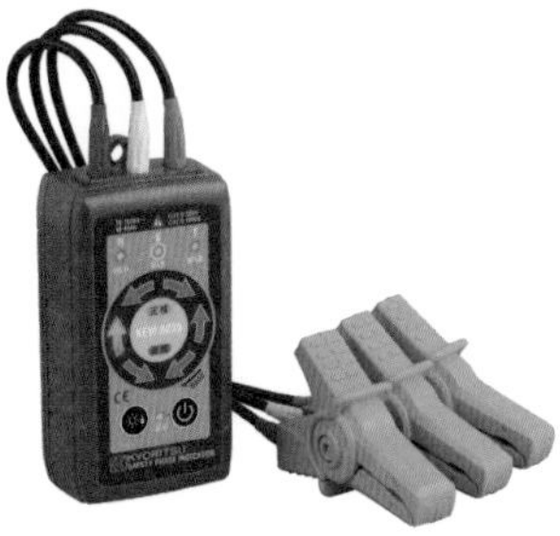 ランプ式（非接触）  回転式（接触）	三相回路の相順を調べる時に用いる。	検相器には，ランプ式（非接触又は接触）と回転式（接触）がある。 出所:（ランプ式（非接触））共立電気計器（株）
91	水抵抗器 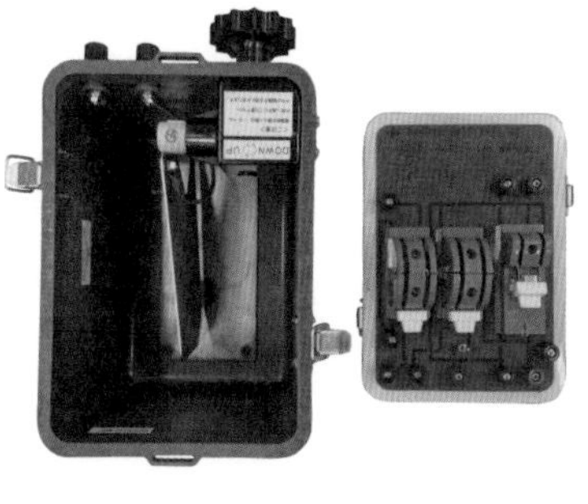	発電機や継電器の試験の際に抵抗器として用いる。	水抵抗器は，絶縁性の枠からなる水槽中に電極を挿入し，その挿入量又は極間隔を加減して負荷を調整する。

2. 電線の取り扱い

番号	No. 2.1

作業名	電線の取り扱い	主眼点	電線の伸ばし方

図1　電線の取り出し方

材料及び器工具など

ビニル絶縁電線（1.6mm～5.5mm²）
平形ビニル外装ケーブル
電線リール
ペンチ

番号	作業順序	要点
●電線リールを使用しない場合		
1	準備をする	1. 使用する電線のサイズなど仕様書を確かめる。 2. 保護用の紙テープを取り除く。 3. 電線束の結束ひもを取り除く。
2	電線を伸ばす	1. 電線束の内側の終端をつまみ出す。 2. 電線の巻きぐせを戻すために終端を回転させながら内側から取り出し，伸ばす（図1）。 3. 2.の動作をしないで引き伸ばすとキンクができるので注意すること。
●電線リールを使用する場合		
1	準備をする	1. 使用する電線のサイズなど仕様書を確かめる。 2. 保護用の紙テープを取り除く。 3. 電線束の結束ひもを取り除く。
2	電線リールに収める	1. 電線リールの内径調整棒を内側に寄せる。 2. 電線をリール内に収める（図2）。 3. 内径調整棒を電線内径に広げて電線を固定する。
3	電線を伸ばす	1. 電線束の外側の終端をつまみ出す。 2. リールの引き出し口から電線終端を引き出す。 3. 必要寸法の長さをゆっくりと伸ばす。

図解

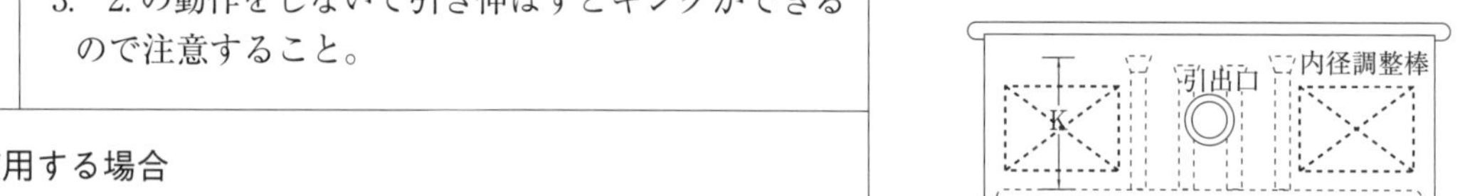
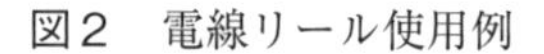

図2　電線リール使用例

備考

1. 長尺の太物ケーブルは，ケーブルドラムで搬入される。
2. ケーブルドラムの電線ケーブルの引き出しには，ケーブルジャッキが使用される（参考図1）。
3. ケーブルジャッキにはラチェットハンドル式，ハンドル回転式，油圧式がある（参考図2）。

参考図1　6t ケーブルジャッキ

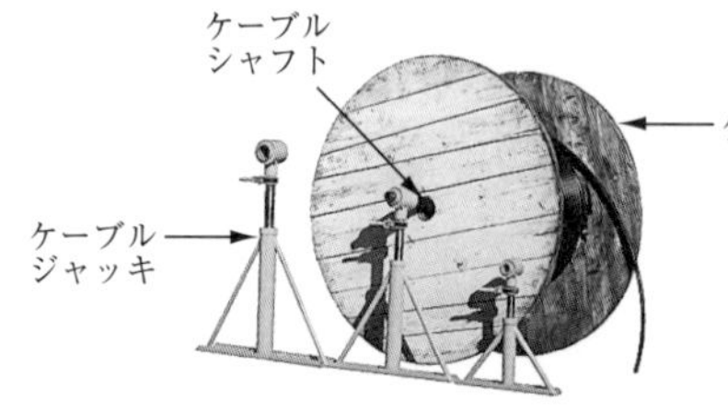

参考図2　ケーブルジャッキ使用例

出所：（参考図1）（株）大阪ジャッキ製作所，（参考図2）育良精機（株）

3. 電線の接続

番号	No. 3.1

作業名	太い線の切断	主眼点	ペンチによる切断

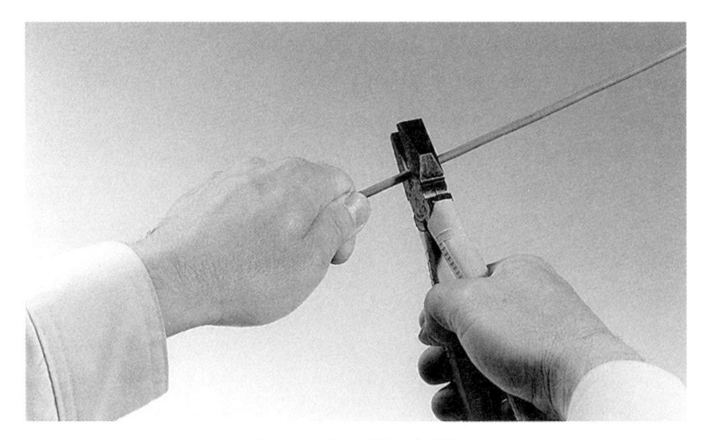

図１　太い線の切断

材料及び器工具など

ビニル絶縁電線（3.2～5 mm，22 mm^2）
鉄線（3.2～4 mm）
ペンチ

番号	作業順序	要　　点
●電線の場合		
1	線をペンチで挟む	ペンチ（図２）は刃が見えるように持ち，切断箇所に刃の根元を直角に当てる（図１）。
2	被覆の部分を切る	ペンチの位置を変えながら，全周にわたり被覆の部分をまず切る。
3	導体を切る	導体の全周にわたり少しずつ傷を入れながら，ペンチの握りの強さを強めて切っていく。
●鉄線の場合		
1	線をペンチで挟む	電線の場合と同様に，ペンチは刃が見えるように持ち，切断箇所に刃の根元を直角に当てる。
2	周囲に傷を入れる	全周にわたりペンチの刃で傷を入れる。
3	１箇所は深く傷を入れる	折り切りやすいように，１箇所は深く傷を入れる。
4	線を斜めに挟む	線に深く傷を入れた箇所を，ペンチで斜めに挟む。
5	線を折り切る	線を上下に動かし，深く傷を入れた箇所を折り切る（図３）。

図　　解

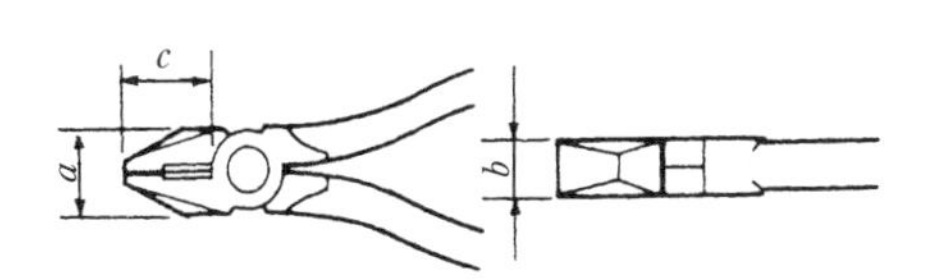

サイズ [mm]	a [mm]	b [mm]	c [mm]	重量 [g]
150	22.5	12.5	25.0	200
175	24.0	13.5	29.0	280
200	25.0	14.5	32.0	360

図２　ペンチ

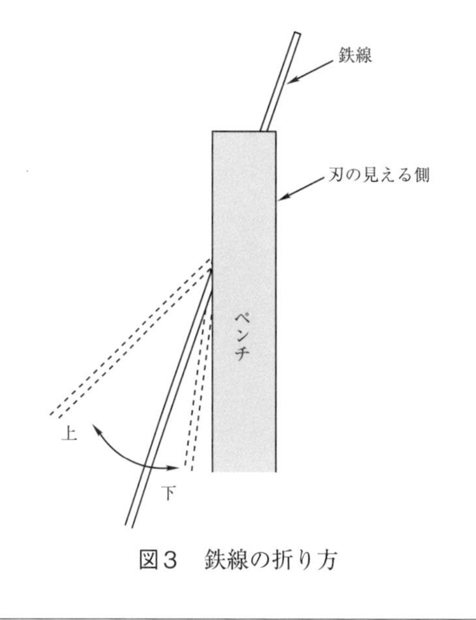

図３　鉄線の折り方

備考

ペンチを握るときは，握る力が半減するので，ペンチの柄の内側に小指や薬指を入れないこと。

番号	No. 3.2

作業名	被覆のむき取り（1）	主眼点	ナイフによるむき取り

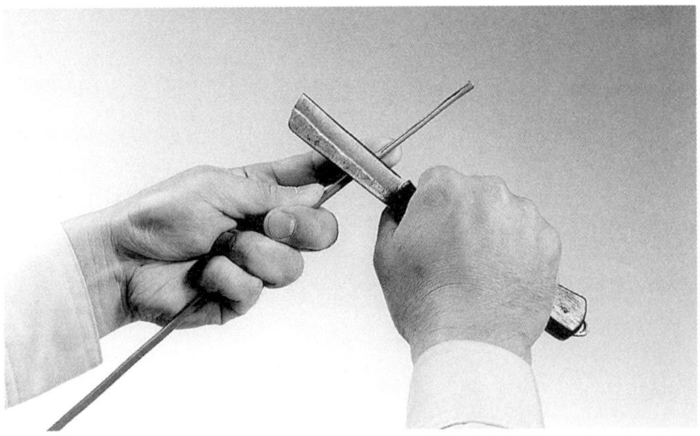

図1　ナイフを使った被覆のむき取り

材料及び器工具など

ビニル絶縁電線（1.6～2.0mm）
ペンチ
ナイフ

番号	作業順序	要点
●鉛筆むき		（図1，図2）
1	電線のくせを直す	被覆をむく部分の曲がりくせを直す。
2	電線にナイフを当てる	むき取り部分を人差し指の腹の上に乗せ，刃は約20°斜めに当てる。
3	電線被覆の片面をむく	1. 心線を傷付けないように，刃をジグザク状に移動させながら電線被覆の片面をむく。 2. 被覆を長くむく場合は，ナイフのジグザグ移動に合わせて指も移動させる。
4	電線周囲の被覆を切り取る	電線周囲の被覆を，鉛筆を削る要領で切り取る。
5	残りの被覆を取り除く	切り取った被覆が電線にくっついている場合は，被覆を手又はペンチで取り除く。
6	点検する	心線に傷はないか，鉛筆削りの被覆部分の長さが不ぞろいになっていないか，点検する。
●段むき		（図3）
1	電線のくせを直す	被覆をむく部分の曲がりくせを直す。
2	電線にナイフを当てる	むき取る部分の直近で電線を持つ。刃を電線に直角に当てる。
3	切れ目を入れる	心線に傷をつけないように，全周囲にわたって，絶縁被覆の4/5程度の深さまで切れ目を入れる。
4	被覆の片面を切り除く	むき取り部分を人差し指の腹の上に乗せ，刃は約20°斜めに当てる。
5	残りの被覆を取り除く	切り取った被覆が電線にくっついている場合は，被覆を手かペンチで取り除く。
6	点検する	心線に傷はないか。

図解

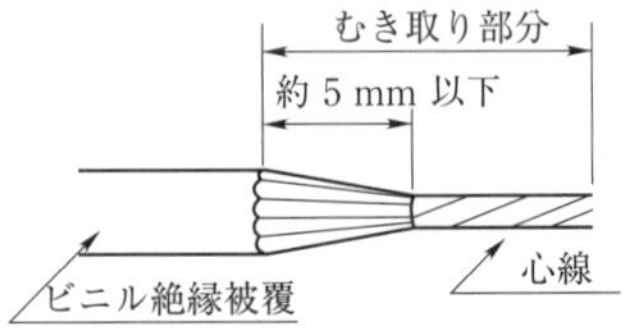

むき取り部分
約5 mm 以下
ビニル絶縁被覆
心線

図2　鉛筆むき

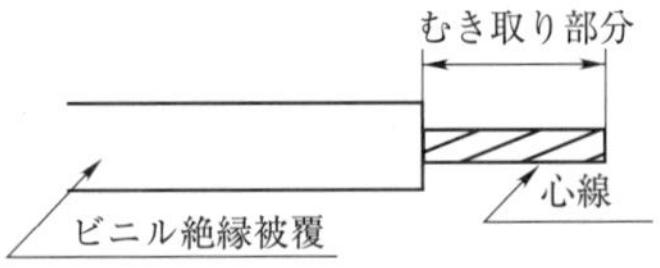

むき取り部分
ビニル絶縁被覆
心線

図3　段むき

番号	No. 3.3

作業名	被覆のむき取り（2）	主眼点	ワイヤストリッパによるむき取り

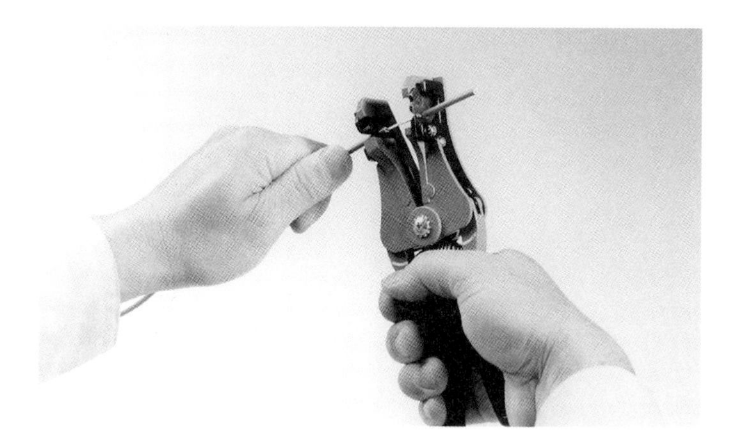

図1　ワイヤストリッパによる被覆のむき取り

材料及び器工具など

ビニル絶縁電線（単線1.6～2.0 mm，より線1.25～2 mm²）
ペンチ
ワイヤストリッパ

番号	作業順序	要点
1	電線のくせを直す	ワイヤストリッパで挟みやすいように，被覆をむく部分の曲がりくせを直す（図1）。
2	電線とワイヤストリッパを持つ	ワイヤストリッパは，刃のサイズが見えるように持つ。
3	電線サイズと刃のサイズを合わせる	電線サイズと刃のサイズを合わせる（図2，図3）。
4	電線を挟む	被覆をはぎ取る長さを確認し，はぎ取り位置をワイヤストリッパで挟む。
5	被覆をむく	ワイヤストリッパを強く握りしめて被覆をむく。
6	電線を外す	電線をワイヤストリッパから外す。
7	被覆を抜く	電線に残っている被覆を抜く。
8	点検する	心線に傷はないか点検する。

図解

1.0 1.6 2.0 2.6 3.2

図2　単線用

0.9 1.25 2 3.5 5.5

図3　より線用

備考

単線用とより線用では使用する刃が異なるため，ワイヤストリッパを使い分ける。

番号	No. 3 . 4

作業名	直線接続（ツイストジョイント）	主眼点	供巻きによる直線接続

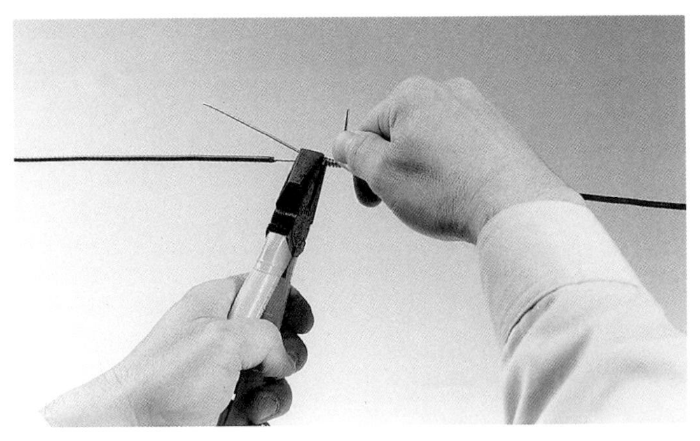

図１　直線接続（ツイストジョイント）作業

材料及び器工具など
ビニル絶縁電線（1.6～2.6mm） ペンチ ナイフ

番号	作業順序	要　　点
1	被覆をむき取る	直径の約 80 倍をむき取る。
2	心線を交差させ，ペンチで線を挟む	1.　心線は約 60°の角度で交差させ，被覆端より約 1/3 のところをペンチの刃先で挟む（図２）。 2.　ペンチは歯が見えるように持ち，心線に刃傷をつけないようにする。
3	心線をねじる	人差し指と親指の腹で，根元を持ち，２線に同じ力が掛かるようにして，縄目が１回できるようにねじる（図３）。
4	巻き付け線を起こす	巻き付けるほうの線を直角に起こす。
5	線を巻き付ける	親指と人差し指で，起こした線の根元を押し付けながら密着させ，４回以上巻き付ける（図１）。
6	余分な線を切る	十分巻き付けた後，残りの線を切り落とす。切り落とすとき，ペンチで巻き方向に締めながら落とす。
7	切り落とした端の突起を押さえる	ビニルテープを巻くとき，突起でテープが破れて，絶縁不良の原因になるので，巻きじりの突起をペンチで押さえる。
8	線を持ち替えペンチで挟む	反対側の線を巻き付けるために，線を持ち替え，ペンチで線を挟み，安定させる。
9	反対側を同様に巻き付ける	「番号３～７」と同様に行う。
10	接続部分を整える	接続部分のくせを直し，線を真っすぐに整える（図４）。
11	点検する	心線に傷はないか，巻き回数はよいか，巻き付け部分にすきまはないか，巻きじりが突起していないか点検する。

図　　解

約 60°くらい　l　ペンチ　$\frac{1}{3}l$　（裏）（表）

図２　電線の合わせ方

ペンチ

図３　電線と指の位置

約10 mm　4 回以上　1 回以上　4 回以上　約10 mm

図４　でき上がり

備考	点検後，ろう付け（はんだ付け）と絶縁テープ巻きの処理を行う。

番 号	No. 3 . 5

作業名	分 岐 接 続	主眼点	供巻きによる分岐接続

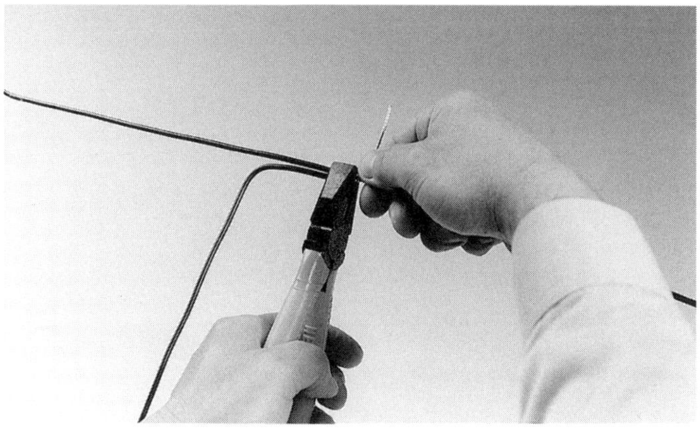

図1 分岐接続作業

材料及び器工具など

ビニル絶縁電線（1.6～2.6 mm）
ペンチ
ナイフ

番号	作業順序	要 点
1	被覆をむき取る	幹線は，分岐線直径の約 25 倍，分岐線は，幹線直径の約 60 倍をむき取る。
2	線を挟む	心線に刃傷を付けないようにするため，ペンチは刃が見えるように持ち，幹線と分岐線の被覆端をそろえて，ペンチで挟む（図 1 ）。
3	分岐線を素巻きする	分岐線を約 45° の角度に曲げ，45° に傾けたまま，親指と人差し指で幹線に密着させて 1 回素巻きする（図 2 ）。
4	分岐線を起こす	分岐線を直角に起こす（図 3 ）。
5	分岐線を巻き付ける	直角に起こした分岐線を，幹線に密着させて 5 回以上巻き付ける（図 4 ）。
6	余分な線を切る	十分巻き付けた後の残りの線を切り落とす。切り落とすとき，ペンチで巻き方向に締めながら切り落とす。
7	巻きじりの突起を押さえる	ビニルテープを巻くとき，突起があるとテープが破けて絶縁不良の原因になるので，分岐線の巻きじりの突起をペンチで押さえる（図 4 ）。
8	点検する	心線に傷はないか，巻き回数はよいか，巻き付け部分にすきまはないか，巻きじりが突起していないか点検する。

図 解

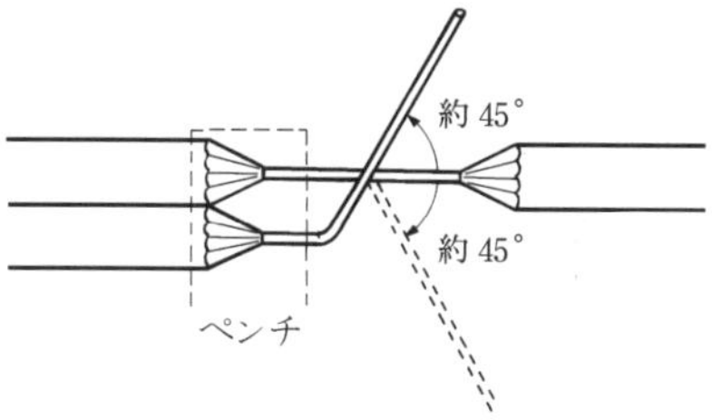

図2 分岐線の素巻法

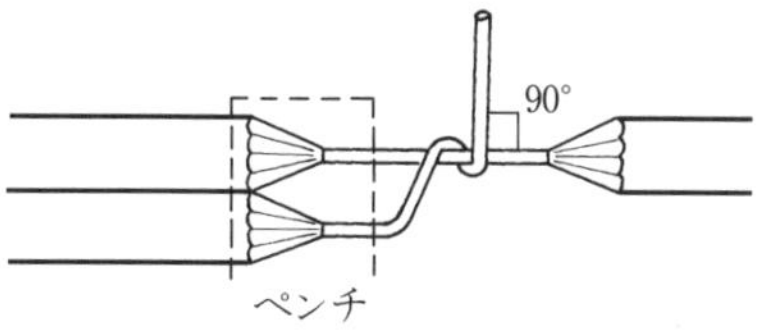

図3 分岐線起こし

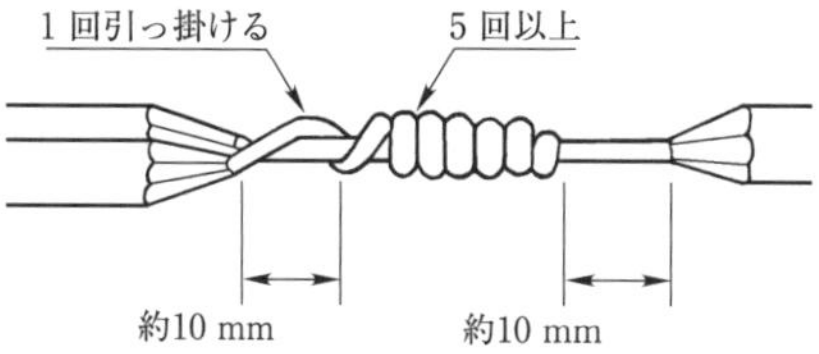

図4 完成図

備考

点検後，ろう付け（はんだ付け）と絶縁テープ巻きの処理を行う。

番 号	No. 3.6

作業名	より線の直線接続（アンブレラジョイント）	主眼点	供巻きによる直線接続

図１　より線の直線接続（アンブレラジョイント）作業

材料及び器工具など

ビニル絶縁電線（8 ～22 mm^2）
ペンチ
ナイフ

番号	作業順序	要　点
1	被覆をむき取る	心線直径の約 40 倍をむき取る。
2	素線のよりを戻す	素線は右巻きにより合わせてあるので，素線をほどき１本，１本，ペンチで挟み，引っ張ると同時に左に反転させて，よりを戻す。
3	素線を傘の骨状に広げる	よりを戻し，真っすぐにした素線を，傘の骨状に広げる。
4	中心線を切る	中心になる素線を約 1/3 残して切る。
5	素線を交互に組み合わせる	中心線を突き合わせ，傘の骨状に広げた素線を交互に線と線の間に入れ，傘をすぼめるように両手で丸く押さえる（図２）。
6	素線を接続部の中央で曲げる	隣接する左右の素線を１本ずつ取り出し，中央で交差させる。交差させるとき，最初に巻き付ける線を上向きにする（図３）。
7	仮巻きをする	傘をすぼめた状態になっている線を束ねておくため，最初に巻き付ける素線の反対側の線で仮巻きをする（図４）。
8	素線を巻き付ける	1. 素線の束を丸く締め付けるように，最初の１本をペンチで５回以上巻いて（図１），残りの部分を切り落とす。 2. 線を切り落とすときは，素線の束に直角に当てたペンチでテコの力を利用し，素線の束を締め付けるように切り落とす。 3. 巻きじりは，突起ができないようにペンチで押える。 4. 残りは，巻きじりに近い素線を取り出し，３回以上同じ要領で巻き付ける（図５）。
9	反対側の素線を巻き付ける	仮巻きをほどいて伸ばしてから，「番号８」と同じ要領で巻き付ける。
10	点検する	心線に傷はないか，巻き回数はよいか，巻き付け部分にすきまはないか，巻きじりが突起していないか点検する。

図　解

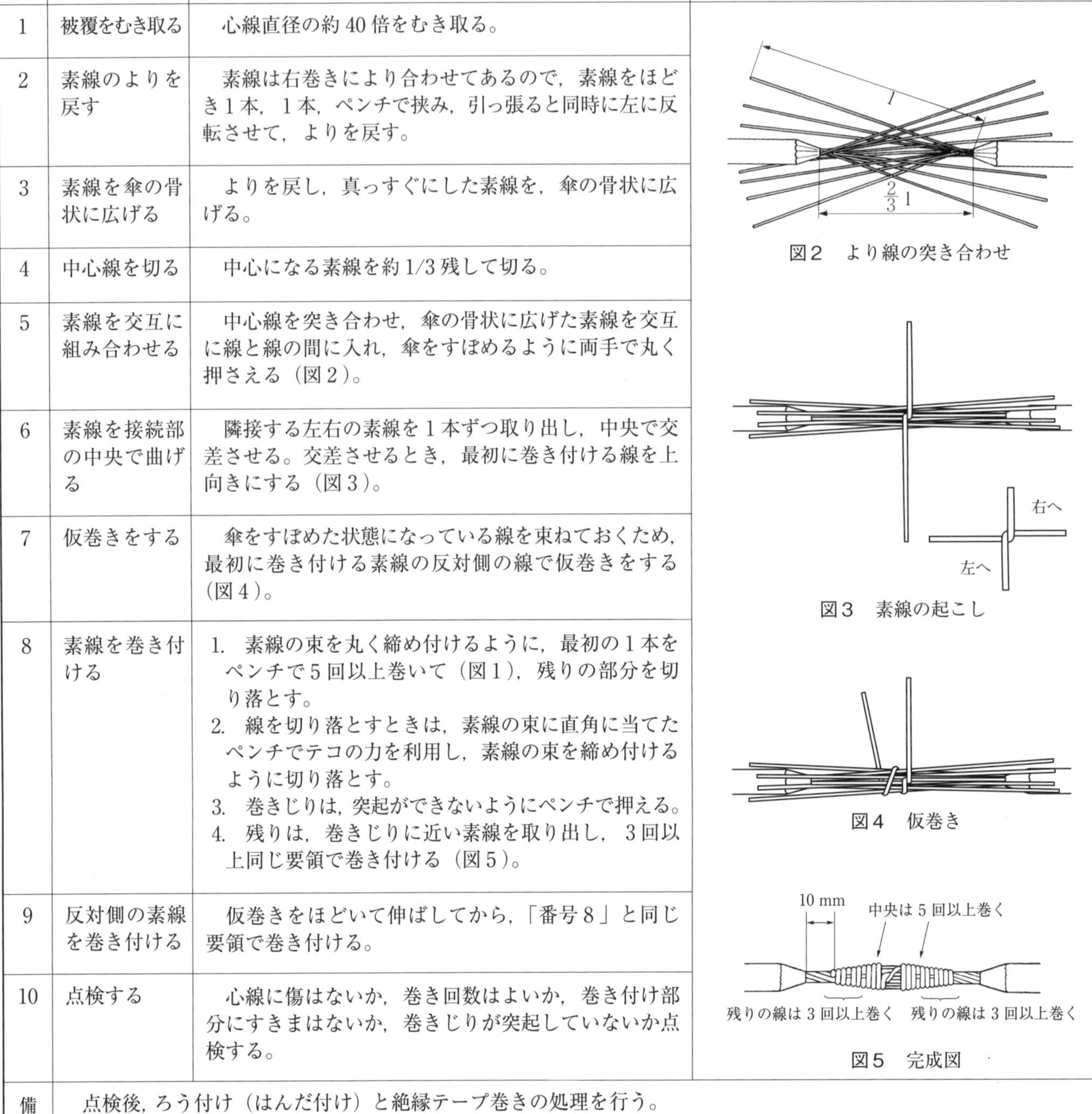

図２　より線の突き合わせ

図３　素線の起こし

図４　仮巻き

図５　完成図

備考	点検後，ろう付け（はんだ付け）と絶縁テープ巻きの処理を行う。

番 号	No. 3 . 7

作業名	より線の分岐接続	主眼点	供巻きによる分岐接続

材料及び器工具など

ビニル絶縁電線（8 ～22 mm^2）
ペンチ
ナイフ

図１　より線の分岐接続作業

番号	作業順序	要　　点	図　　解
1	被覆をむき取る	1. 幹線は，分岐線直径の約 15 倍をむき取る。 2. 分岐線は，幹線の約 30 倍をむき取る。	切り端にいちばん近いこの素線を次に巻く 10～20 mm 図２　素線の巻き付け順序 幹線 10～20 mm 10～20 mm 各素線を３回ずつ巻く 分岐線 図３　完成図
2	分岐線のよりを戻す	素線をほどき，１本，１本，ペンチで挟み，引っ張ると同時に左に反転させて，よりを戻し，素線を真っすぐに伸ばす。	
3	分岐線を幹線に沿わせて持つ	被覆端をそろえて，幹線の周囲に沿わせて持つ。	
4	巻き付ける	1. 被覆端より約 10～20 mm のところで，素線の１本をペンチを使って，すきまのないように３回巻き付ける（図１，図２）。 2. ３回巻き付けたら，余分な線を切り落とす。 3. 線を切り落とす時は，ペンチの刃で巻き付け線を軽く挟み，ペンチをテコの力を利用して素線を締め付けながら切り落とす。 4. 巻きじりは突起ができないようにペンチで押さえる。 5. 切り端に一番近い素線を取り出し，直角に起こす。 6. 起こした素線を３回密着巻きして切る。 7. 残りの素線を同様に３回ずつ巻く（図３）。	
5	仕上げる	形を整える。	
6	点検する	1. 巻き回数はよいか。 2. 巻き部分にすきまはないか。 3. 巻きじりが突起していないか。	
備考	点検後，ろう付け（はんだ付け）と絶縁テープ巻きの処理を行う。		

番 号	No. 3 . 8

作業名	電線の終端接続（1）	主眼点	同じ太さの線のねじり接続

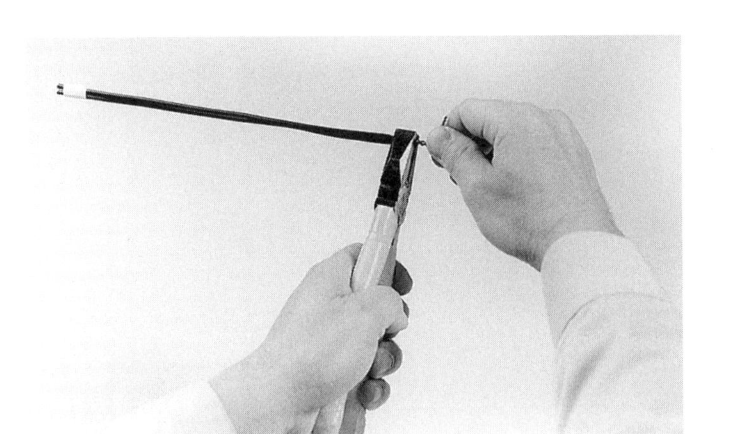

図1　終端接続作業（2本）

材料及び器工具など

ビニル絶縁電線（1.6～2.0 mm）
ペンチ
ナイフ

番号	作業順序	要　点
1	被覆をむき取る	心線直径の約30倍をむき取る。
2	2本そろえて持つ	1. 心線のくせを直す。 2. 2本の被覆端をそろえて持ち，被覆端にわずかに掛かるように，ペンチで軽く挟んで持つ。
3	心線を開く	ペンチで挟んだところから，線の先の部分を約90°に開く（図2）。
4	心線をねじる	1. 心線を開いた根元の部分を，人差し指と親指の腹で押さえる（図1）。 2. 2線には同じ力が掛かるようにして，縄目が2回以上できるようにねじる（図3）。
5	余分な線を切る	接続部分が過度に長いと，ボックスに納まりにくいので，余分な線は切る（図4）。
6	切り落とした端の突起を押さえる	ビニルテープを巻くとき，突起でテープが破れて絶縁不良の原因になるので，切り落とした端の突起をペンチで押さえる。
7	点検する	1. ひねり回数はよいか。 2. 切り落とした線の，先端は突起していないか，指先で触ってみる。 3. 仕上がりは長過ぎないか。

図　解

約5 mm以下
約90°
ねじる中心
ペンチで挟む

図2　心線の開き方

2回（4山）
約5 mm以下
残して切断する

図3　心線のねじり

切断
2回（4山）
約5 mm以下
残して切断する

図4　完成図

備考	点検後，ろう付け（はんだ付け）と絶縁テープ巻きの処理を行う。

番号	No. 3 . 9

作業名	電線の終端接続（2）	主眼点	3本以上の線の供巻き

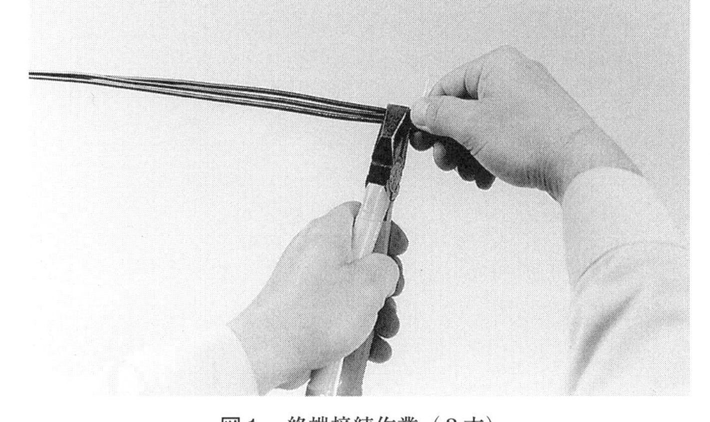

図1　終端接続作業（3本）

材料及び器工具など

ビニル絶縁電線（1.6～2.0 mm）
ペンチ
ナイフ

番号	作業順序	要点
1	被覆をむき取る	1. 巻き付ける1本の線は，心線直径の約 80 倍をむき取る。 2. 他の線は，心線直径の約 30 倍をむき取る。
2	線をそろえて持つ	1. 心線のくせを直し，被覆をむいた部分を真っすぐにする。 2. 被覆端をそろえて，しっかりと持つ。
3	巻き付ける線を起こす	巻き付け線を約 45° に起こす（図2）。
4	線を巻き付ける	1. 被覆端から 5～10 mm のところで，約 45° に起こした線を，手で1回巻き付ける（図1）。 2. 1回巻いた後，線を直角に起こし，5回以上密着巻きにする（図3）。 3. 心線と巻き付ける線の間，巻き付ける線同士の間にすきまができないように密着巻きにする。
5	余分な線を切る	1. 巻き付け線の余分を切り落とす。 2. 巻きじりをペンチの刃で挟み，巻き付ける方向にテコの力を利用して，心線を締め付けながら切り落とす。 3. 心線は，約 3～5 mm 程度残し，切り取る。 4. やすりで突起を滑らかにする（図4）。
6	点検する	1. 巻き回数はよいか。 2. 巻き付け部分にすきまはないか。 3. 巻きじりが突起していないか。 4. 心線に傷はないか。

図解

約 5 mm 以下
約45°
ペンチ
起こす

図2　巻き付け線の起こし

約 5 mm 以下　約 7 mm
ペンチ

図3　巻き付け

約 5 mm 以下　約 7 mm　5 回以上
約 3～5 mm

図4　完成図

備考

点検後，ろう付け（はんだ付け）と絶縁テープ巻きの処理を行う。

番号	No. 3.10

作業名	電線の終端接続（3）	主眼点	太さが異なる線の供巻き

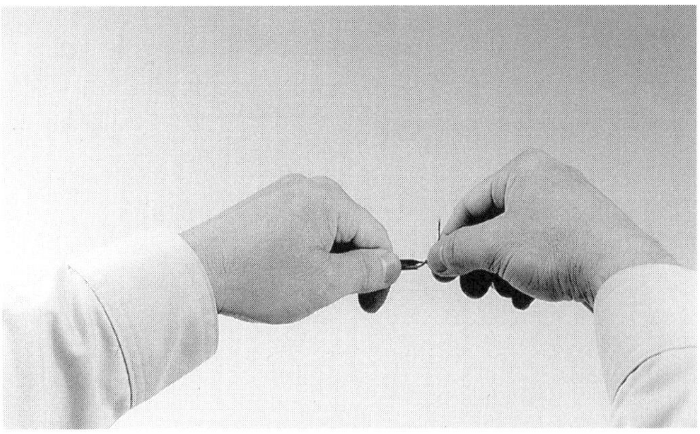

図1　終端接続作業（より線と単線）

材料及び器工具など

ビニル絶縁電線（1.6～2.6 mm）
ビニルコード
ペンチ
ナイフ

番号	作業順序	要点
1	被覆をむき取る	1. 太い線は，心線直径の約30倍をむき取る。 2. 細い線は，太線直径の約60倍をむき取る。
2	2線をそろえて持つ	1. 心線のくせを直し，被覆をむいた部分を真っすぐにして，手でしっかりと持つ。 2. 巻き付け線がコードの場合は，軽くよっておく。
3	線を巻き付ける	被覆端から約 10 mm 離したところから，線と線の間が透かないように，5回以上密着巻きする（図1）。
4	余分な線を切る	1. 巻き付け線の残りを切り取る。 2. 心線は巻き付け端から 約15 mm残して切り取る。
5	心線を折り曲げる	約15 mm 残した心線を折り曲げ，巻き付け線を押さえる（図2，図3）。
6	点検する	1. 巻き回数はよいか。 2. 巻き付け部分にすきまはないか。 3. 心線に傷はないか。 4. 巻きじりが突起していないか。

図解

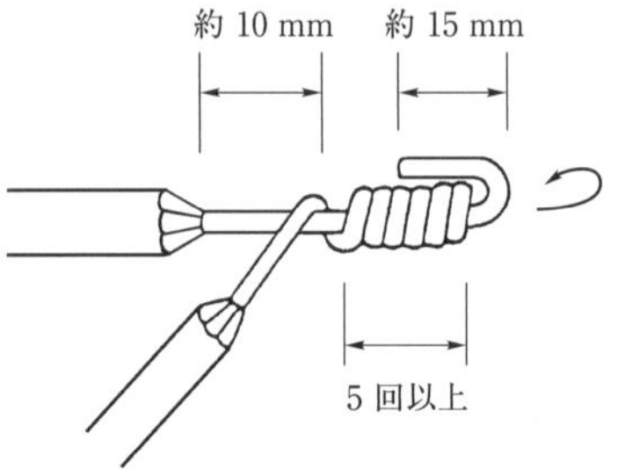

図2　単線の場合

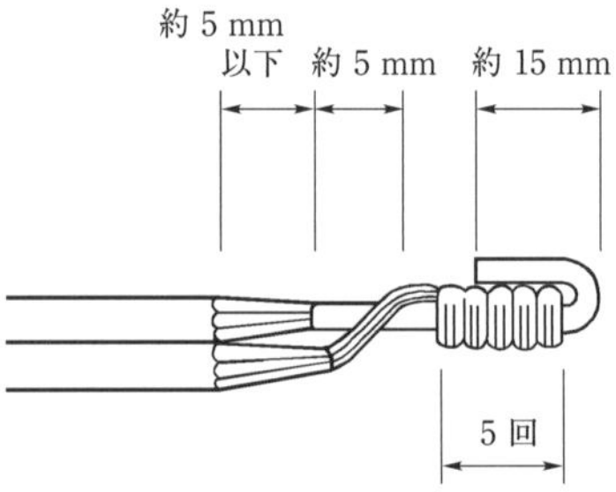

図3　単線とコードの接続

備考

点検後，ろう付け（はんだ付け）と絶縁テープ巻きの処理を行う。

		番 号	No. 3.11
作業名	器具による電線の接続（1）	主眼点	E形スリーブ

図1　E形リングスリーブによる接続

材料及び器工具など

ビニル絶縁電線（1.6～2.6 mm）
E形リングスリーブ（小，中，大）
ペンチ
ナイフ
やすり
リングスリーブ用圧着ペンチ

番号	作業順序	要　点	図　解
1	電線の被覆をはぎ取る	2本の電線を接続する場合は，約 20 mm 被覆をはぎ取り，3～4本の電線を接続する場合は，約 40 mm 被覆をはぎ取る。	図2　心線の処理
2	電線のくせを直す	心線を真っすぐに伸ばし，平行にそろえて密着させ，電線をスリーブに入れやすいようにする（図2）。	
3	スリーブに電線を差し込む	1. 電線のサイズ及び本数に適合したスリーブを選び，電線の被覆端をそろえて持ち，差し込む（図3）。 2. 電線被覆がスリーブに食い込まないように，被覆端とスリーブは約2～5 mm 離す。	約 2～5 mm 図3　スリーブの差し込み位置
4	圧着する	1. 圧着ペンチはリングスリーブ用であることを確認する（図4）。 2. スリーブに適合したダイスを選定する。 3. 歯形がスリーブの中央に付くように位置を合わせて，圧着ペンチが自然に開くまで強く握る（図1）。	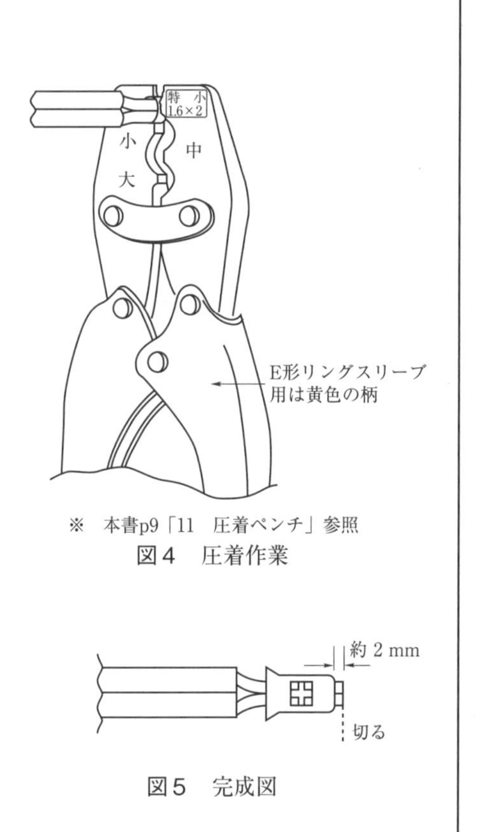 ※　本書p9「11　圧着ペンチ」参照 図4　圧着作業
5	心線の先端を切る	電線をスリーブ先端から約 2 mm 残し，余分な線を切る（図5）。	
6	仕上げる	電線を切り落とした部分には突起ができやすい。鋭い突起は絶縁テープを破るため，切り落とした電線の先端をやすりで滑らかにし，突起をなくす。	
7	点検する	1. 電線サイズ及び本数と，スリーブの大きさは適合しているか。 2. 圧着ペンチの刻印は正しく付いているか。 3. 電線被覆がスリーブに食い込んでいないか。また，被覆端とスリーブの間が過度に長くないか。 4. 鋭い突起がないか，電線を切り落とした先端を指先で触ってみる。 5. 点検後，絶縁テープ巻きの処理を行うか，絶縁キャップを取り付ける。	約 2 mm 切る 図5　完成図

備考

1. 終端重ね合わせ用スリーブ（E）の最大使用電流及び使用可能電線の組み合わせを参考表に示す。
2. 圧着作業の良否の例を参考図に示す。

参考表　終端重ね合わせ用スリーブ（E）の最大使用電流及び使用可能電線の組み合わせ
(JIS C 2806：2003「銅線用裸圧着スリーブ」)

リングスリーブ［呼び］	最大使用電流［A］	電線の組み合わせ				工具［適合ダイス］	刻印［ダイスマーク］
		1.6mm［本］	2.0mm［本］	2.6mm［本］	異なる径の場合［mm］		
小	20	2	—	—	1.6×1＋0.75 mm^2×1 1.6×2＋0.75 mm^2×1	1.6×2 特小	○小
		3－4	2	—	2.0×1＋1.6×1～2	小	小
中	30	5－6	3－4	2	2.0×1＋1.6×3～5 2.0×2＋1.6×1～3 2.0×3＋1.6×1 2.6×1＋1.6×1～3 2.6×1＋2.0×1～2 2.6×2＋1.6×1 2.6×1＋2.0×1＋1.6×1～2	中	中
大	30	7	5	3	2.0×1＋1.6×6 2.0×2＋1.6×4 2.0×3＋1.6×2 2.0×4＋1.6×1 2.6×1＋2.0×3 2.6×2＋1.6×2 2.6×2＋2.0×1 2.6×1＋2.0×2＋1.6×1	大	大

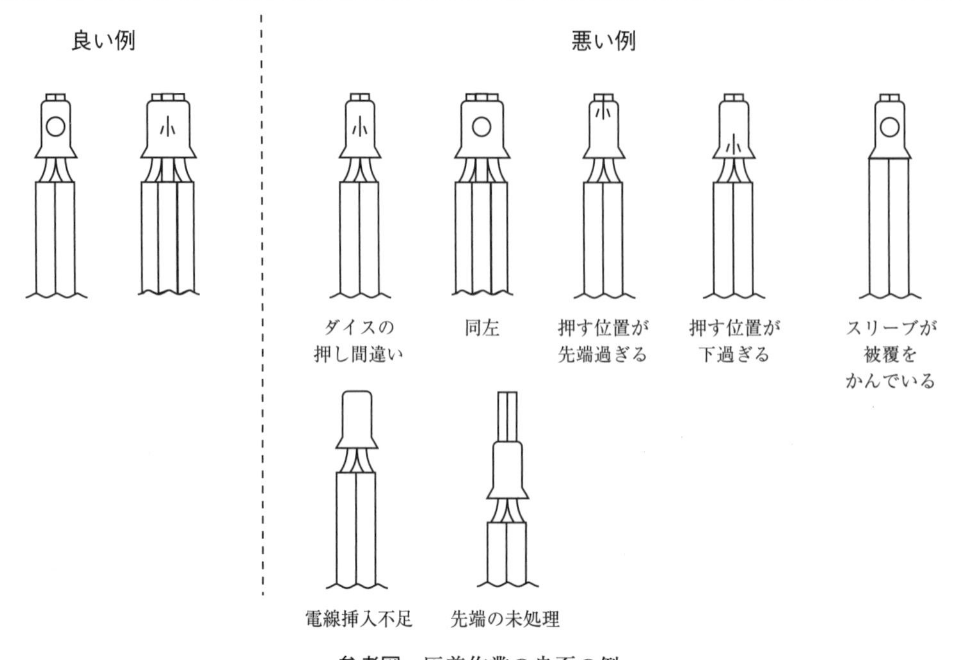

参考図　圧着作業の良否の例

番 号	No. 3.12

作業名	器具による電線の接続（2）	主眼点	P 形スリーブ

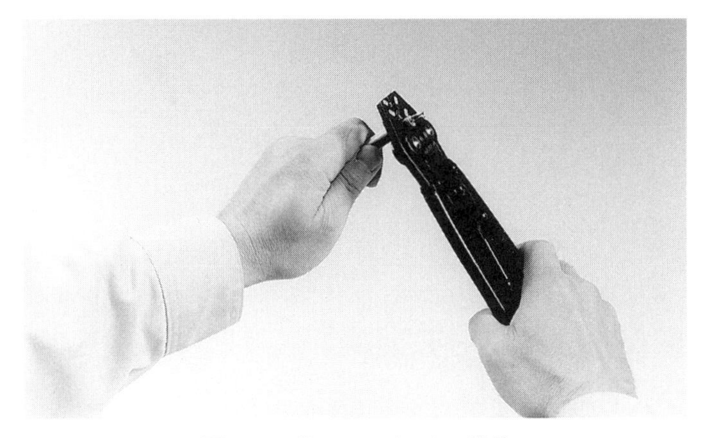

図１　P 形スリーブによる接続

材料及び器工具など

ビニル絶縁電線（5.5～22 mm²）
P 形スリーブ（P 5.5～P 60）
ペンチ
ナイフ
やすり
圧着工具

番号	作業順序	要　　点
1	電線被覆をはぎ取る	スリーブの長さプラス 30～50 mm をはぎ取る。
2	心線を整える	1. 心線の広がりやくせを直し，スリーブに心線を差し込みやすいように整える（図２）。 2. 接続本数が多い場合は，素線のよりを戻しておく。
3	スリーブに電線を差し込む	1. 電線のサイズ及び本数に適合したスリーブを選び，電線の被覆端がそろうように差し込む（図３）。 2. 電線の被覆端が不ぞろいの場合は，ペンチを使用して，被覆端をそろえる。 3. 電線の被覆がスリーブに食い込まないように，スリーブの大きさに応じて，被覆端とスリーブは適度に離す。
4	圧着する	1. 圧着工具は，P 形スリーブ用であることを確認する（図４）。 2. スリーブに適合したダイスを選定する。 3. スリーブの太さを示すマークと圧着歯形は，反対側になるように，位置を合わせて圧着する（図１）。 　マークがつぶされ，見えなくならないようにする。 4. 細い線は圧着歯形の反対側に配置して圧着する（図５）。

図　　解

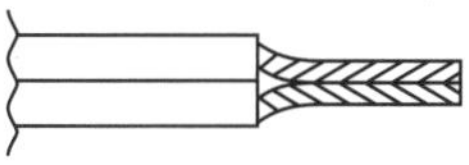

図２　心線の処理

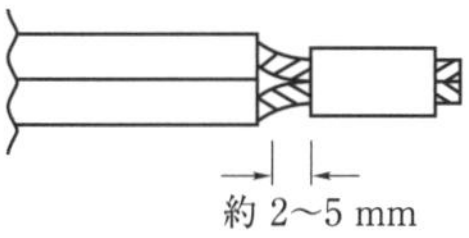

約 2～5 mm

図３　スリーブの差し込み位置

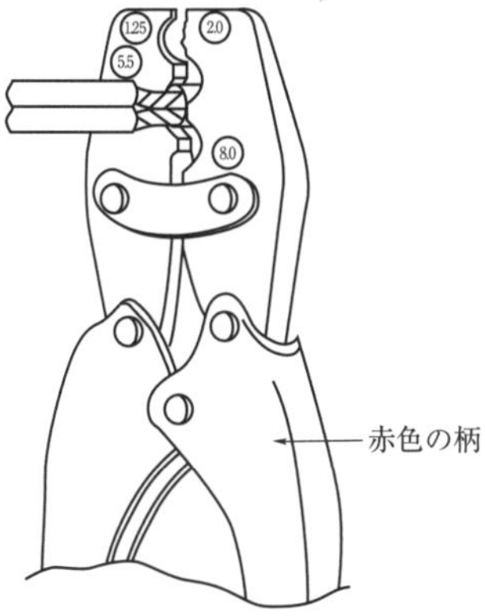

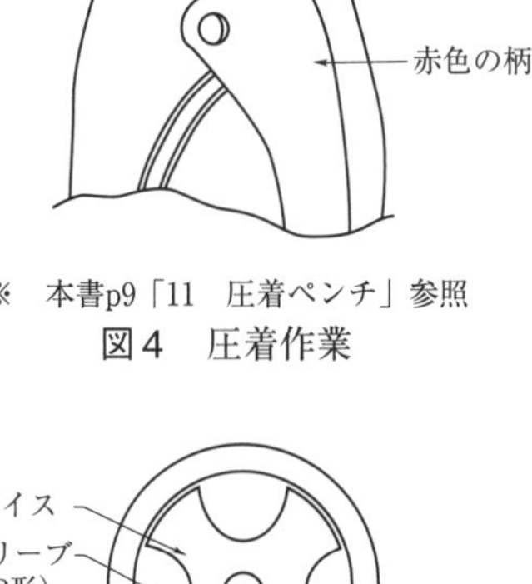

※　本書p9「11　圧着ペンチ」参照

図４　圧着作業

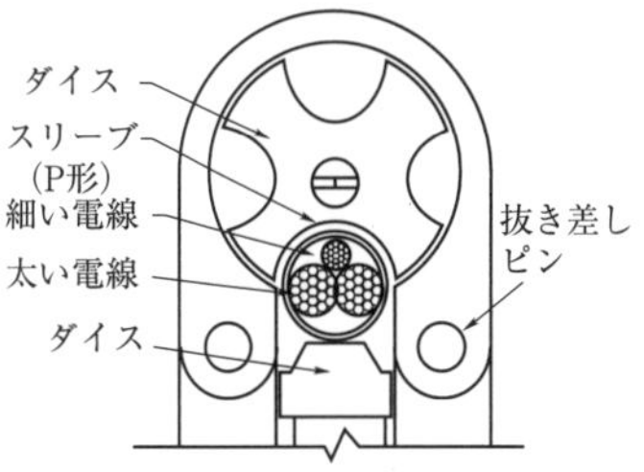

ダイス
スリーブ（P形）
細い電線
太い電線
ダイス
抜き差しピン

抱き合せ容量が 14 mm² 以上の場合は，油圧圧着工具を使う

図５　油圧式圧着工具

番号	作業順序	要　点	図　解
5	心線の先端を切る	電線の先端を約2～5mm 程度残し（スリーブの大きさに応じて長さを調節する），余分な線を切る。	
6	仕上げる	1. 電線を切り落とした部分には突起ができやすいので，切り落とした電線の先端を処理する。 2. 外に広がった素線をペンチで内側に寄せる。 3. やすりで突起を滑らかにする。	
7	点検する	1. 電線サイズ及び本数と，スリーブの大きさは適合しているか。 2. 電線の被覆がスリーブに食い込んでいないか。また，被覆端とスリーブの間が過度に長くないか。 3. 電線を切り落とした先端は整っているか。鋭い突起はないか，指先で触ってみる。	
備考	点検後，絶縁テープ巻きの処理を行う。		

番 号	No. 3 .13

作業名	器具による電線の接続（3）	主眼点	B形スリーブ

図1　B 形スリーブによる接続

材料及び器工具など

ビニル絶縁電線（5.5～14 mm²）
B 形スリーブ（B 5.5～B 14）
ペンチ
ナイフ
圧着工具
やすり

番号	作業順序	要　　点	図　　解
1	電線の被覆をむき取る	1.　2 線とも，スリーブの長さの半分プラス約 10～15mm をむき取る。 2.　むき取り長さが長い場合は，スリーブの長さに合わせて電線を切る（図 2 ）。	約1/2 l ＋約10～15 mm　l　約1/2 l ＋約10～15 mm　電線止め 図2　電線むき取り長さ
2	電線の切り口をそろえる	電線の切り口を丸くそろえて，スリーブに電線が入りやすいようにする。	電線止め　約10～15 mm　約10～15 mm 図3　完成図
3	スリーブに電線を差し込む	1.　電線サイズに適合したスリーブを選び，電線止めまで確実に差し込む。 2.　電線被覆がスリーブに食い込まないように，被覆端とスリーブの間は約 10～15 mm 程度離れているか確認する（図 3 ）。	
4	圧着する	1.　圧着工具は，B 形スリーブ用であることを確認し，スリーブに適合したダイスを選定する。 2.　電線が電線止めから移動しないように，しっかりと持ち圧着する（図 1 ）。 3.　反対側の電線も同様に圧着する。	

番号	作業順序	要　　点	図　　解
5	整える	接続部分のくせを直し，電線を真っすぐにする。	
6	点検する	1. 圧着位置はよいか，スリーブが被覆をかんでいないかを確認する。 2. 圧着は，正しくできているか。スリーブを回したり，電線を軽く引っ張って確認する。	
備考	点検後，絶縁テープ巻きの処理を行う。		

番 号	No. 3 .14

作業名	器具による電線の接続（4）	主眼点	C 形コネクタ

図1　C 形コネクタによる接続

材料及び器工具など

ビニル絶縁電線（5.5～14mm²）
C 形コネクタ
ペンチ
ナイフ
圧縮工具（ダイス）

番号	作業順序	要　点	図　解
1	電線の被覆をむき取る	コネクタ（図2）の長さより約 20～30 mm 長くむき取る。	
2	ダイスをセットする	コネクタのサイズに合わせて，圧縮器にダイス（図3）をセットする。	
3	心線をコネクタに挟み，圧縮器にセットする	コネクタと電線の被覆端は，約 10～15 mm 離す。	
4	圧縮する	1. コネクタのサイズに適合したダイスで圧縮する（図1）。 2. コネクタの中央部より左右の端部へ，上下のダイスが完全に付くまで圧縮する（図3）。	
5	整える	接続部分のくせを直し，電線を真っすぐにする（図4）。	
6	点検する	1. コネクタのサイズは，電線の太さに適合しているか。 2. 圧縮したダイスは，コネクタのサイズに適合しているか。	

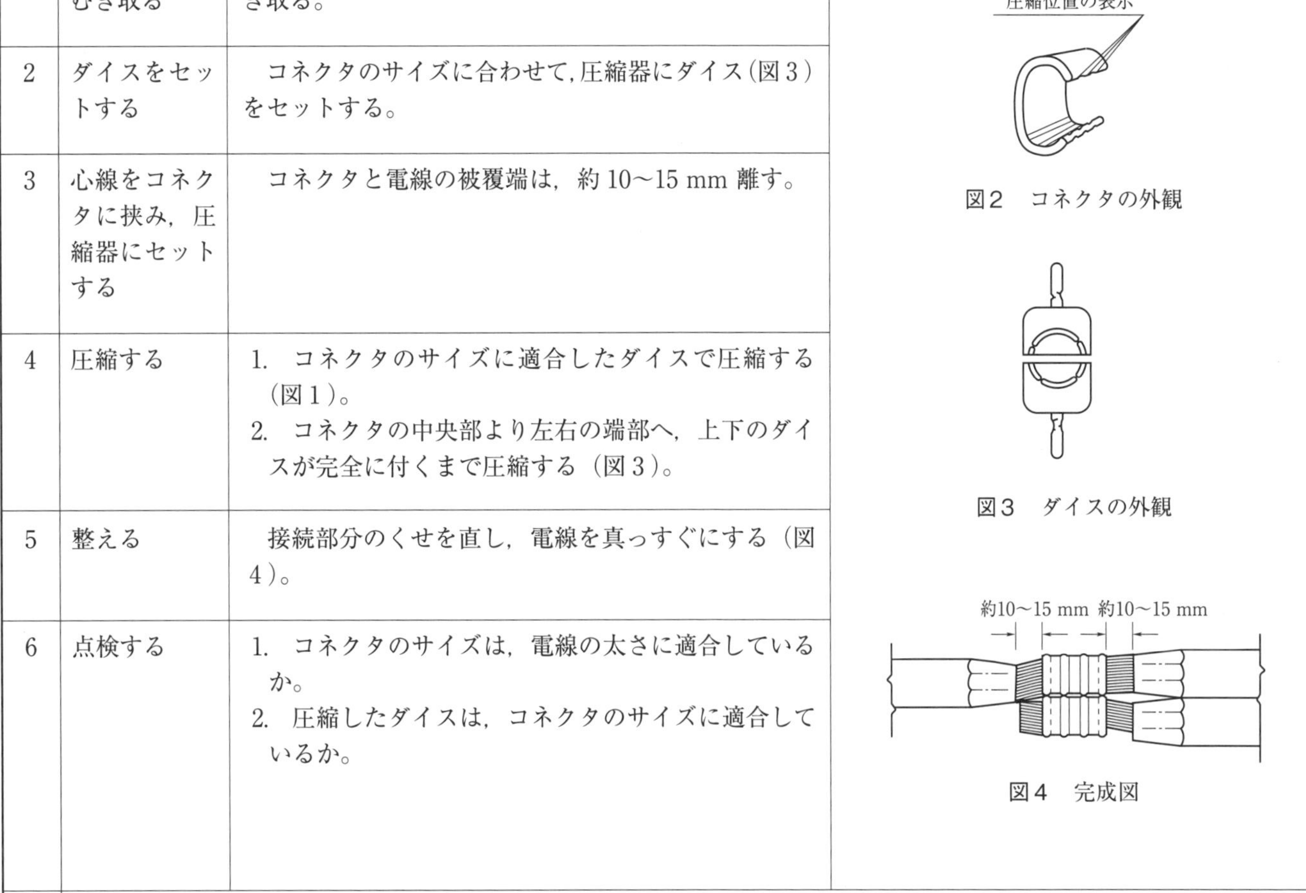

図2　コネクタの外観

図3　ダイスの外観

図4　完成図

備考

点検後，絶縁テープ巻きの処理を行う。

番 号	No. 3 .15

作業名	器具による電線の接続（5）	主眼点	ボルト形コネクタ

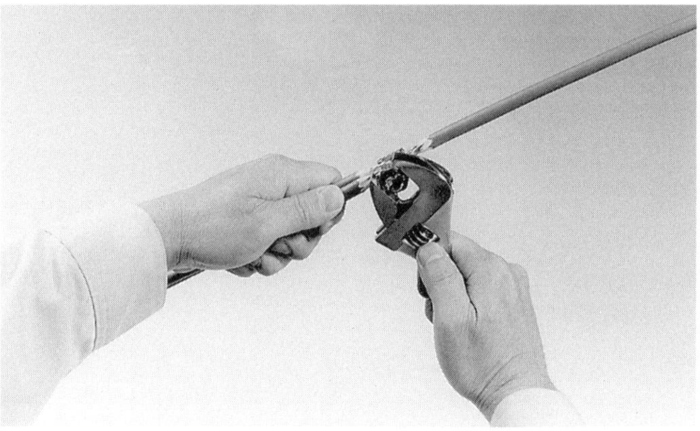

図１　ボルト形コネクタによる接続

材料及び器工具など

ビニル絶縁電線（5.5mm², 8mm², 14mm²）
ボルト形コネクタ
ペンチ
ナイフ
モンキレンチ

番号	作業順序	要　点
1	電線の被覆をむき取る	ボルト形コネクタ（図２）の約２倍の長さの被覆をむき取る。
2	心線をコネクタに差し込む	1. 電線の太さに適合したコネクタを選ぶ。 2. ボルト形コネクタのナットを緩め，心線をコネクタに差し込む。 3. 電線の被覆を挟まないように，被覆端とコネクタは約 10mm 離す（図３）。
3	ナットを締める	コネクタのナットを，スパナかモンキレンチで締め付ける（図１）。
4	整える	接続部分のくせを直し，電線を真っすぐにする（図３）。
5	点検する	1. 電線の太さに適合したコネクタが使われているか。 2. ナットの締め付けは十分か。 3. 電線の被覆を挟んでいないか。

図　解

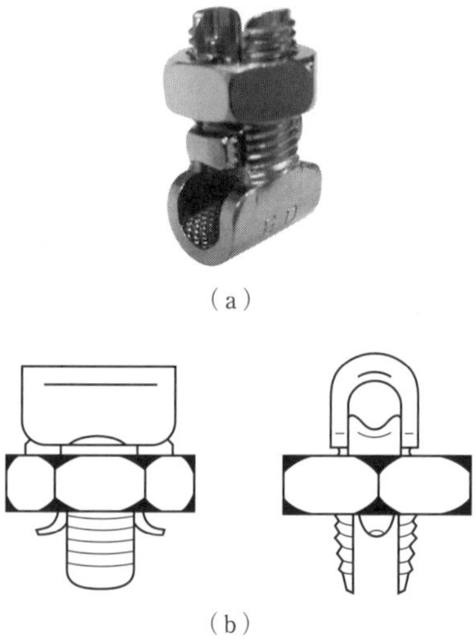

（a）

（b）

図２　ボルト形コネクタ外観

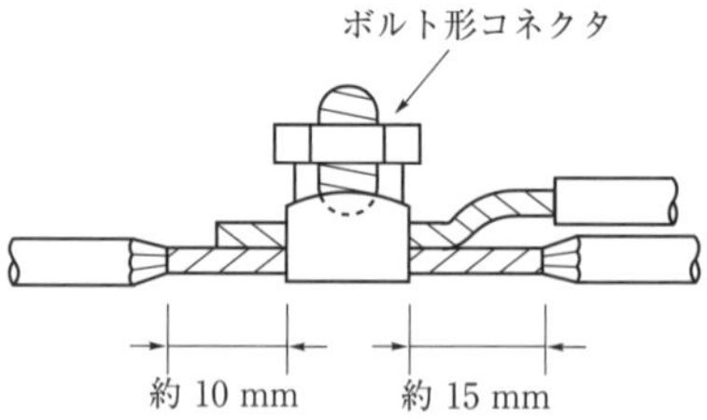

図３　完成図

備考

点検後，専用のカバーを取り付け，自己融着テープ巻き，絶縁テープ巻きの処理を行う。

番号	No. 3.16

作業名	器具による電線の接続（6）	主眼点	差込形コネクタ

図1　差込形コネクタによる接続

材料及び器工具など

ビニル絶縁電線
差込形コネクタ
ペンチ
ナイフ

番号	作業順序	要　　点
1	電線の被覆をむき取る	差込形コネクタ（図2）にあるストリップゲージに合わせて被覆をむき取る（図3）。
2	心線をコネクタに差し込む	1. 心線を差込形コネクタに突き当たるまで差し込む（図1，図4）。 2. 電源側の線は，コネクタの差し込み穴の端の位置に差し込む（図5）。 3. 被覆をむき過ぎて，心線の導体部分が露出しないようにする（図6）。
3	点検する	1. 差し込んだ電線を1本ずつ引っ張って，抜けないか。 2. 心線の被覆をむいた部分が露出していないか。 3. 電線のくせは整えられているか。
4	電線をコネクタから外す方法	電線をコネクタから外したい時は，電線を回しながら引き抜く。コネクタから引き抜いた電線は，傷が付いているのでそのまま他の接続には使用しない。必ず新たに被覆をむいた心線を使用すること。
備考		接触不良を防ぐため，心線は必ず真っすぐな状態にしてから差し込むこと。

図　　解

図2　差込形コネクタ

図3　ストリップゲージ

図4　電線挿入時

図5　電線接続図例

図6　完成図

番号	No. 3 .17

作業名	トーチランプの使用法	主眼点	ガス用の取り扱い方

点火ボタン
器具上部
（噴射装置＋バーナ）
器具栓つまみ
黒ゴムパッキン
肩みぞ
カートリッジケース（ボディ）
底ぶた

図１　ガストーチランプの概要

材料及び器工具など

ガストーチランプ（図１）
ガスカートリッジ

番号	作業順序	要　点
1	使用済みのカートリッジを外す	1. ガスが残っていないか点火してみて，火が付かないことを確認する。 2. ヘッドを外す（図２）。 3. カートリッジを押さえている底の金具を押しながら回し，使用済みのカートリッジを外す（図３）。
2	カートリッジを装着する	カートリッジを装着し，底の金具でしっかりと押さえる（図４）。
3	ヘッドを取り付ける	1. ヘッドのピンがカートリッジに刺さるまで，ヘッドを回していく（図５）。 2. ガスが漏れていないか確認する。
4	点火する	1. バルブを少し開け，点火する。 2. 使用できる強さに炎をバルブで調節する。

図　解

図２　ヘッドを外す

図３　底ぶたを外す

図４　カートリッジを装着する

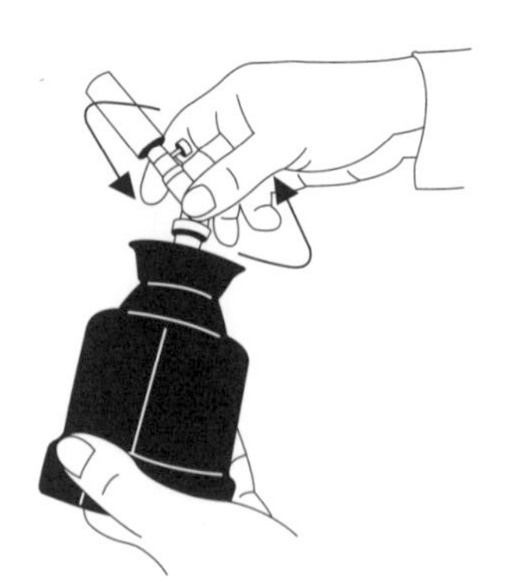

図５　ヘッドを取り付ける

備考

■ガストーチランプ（カセットボンベ式）
1. 適切なカセットボンベに，専用のトーチヘッドを装着する。
2. トーチヘッドのバルブを少し開け（参考図１），点火ボタンを押して点火する（参考図２）。
3. 炎をバルブで調節する。

参考図１

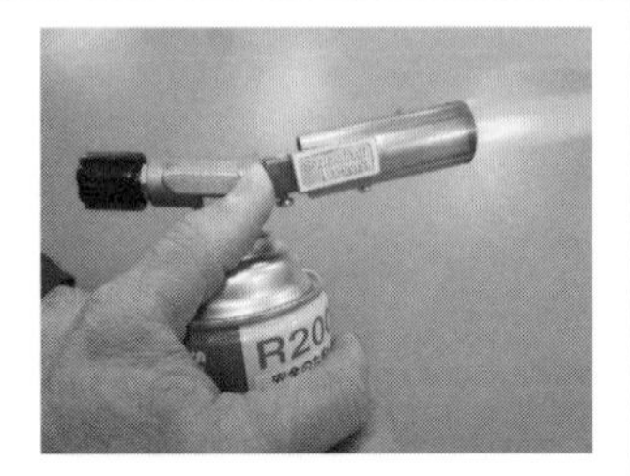

参考図２

番号	No. 3 .18

作業名	はんだ付け	主眼点	トーチランプによる方法

図１　はんだ付け作業

材料及び器工具など

ビニル絶縁電線
トーチランプ
はんだ
ペースト
ウエス

番号	作業順序	要　　点	図　　解
1	準備をする	1. はんだ付けをする電線を用意する。 2. ペースト，はんだのこぼれを受けるものを用意する。 3. トーチランプに点火する。 4. 被覆端が焼けないように，耐熱テープ又はぬれたウエスを巻く。 5. 接続部に竹べらなどでペーストを薄く，一様に塗る。	ぬらしたウエス ぬらしたウエス 図２　ペーストを塗り熱する 図３　はんだを当てがう
2	炎を当てる	はんだ付けするところ全体に，一様に，また焼け過ぎないように炎を当てる（図１，図２）。	
3	はんだを付ける	熱せられた導体にはんだを当て，導体の熱とトーチランプの炎ではんだを溶かし，接続部へはんだを十分に染み込ませる（図３）。	
4	ペーストなどを拭き取る	1. 乾いたウエスで，接続部表面の汚れなどを手早く，はんだの突起が残らないように拭き取る。 2. ペーストを拭き取る。	
5	接続部を冷やす	被覆の端から徐々に接続部へ，ぬれたウエスで冷やす。	
6	巻き付けたウエスを外す	被覆端に巻き付けた耐熱テープ，又はウエスを外す。	
7	トーチランプを消す	トーチランプを消す。	

備考	火気を扱う作業なので，消火の備えをしておくこと。

番号	No. 3.19

作業名	こて面づくりとはんだ付け	主眼点	焼きごてによる方法

一面にはんだめっきをする

図1　焼きごて

材料及び器工具など

ビニル絶縁電線
トーチランプ
焼きごて（図1）
やすり
はんだ
ペースト
ウエス

番号	作業順序	要点
●こて面作り		
1	こてを焼く	1. トーチランプで，こてを加熱する。 2. 糸はんだを軽く当て，溶ける程度に加熱する（図2）。
2	こて面を磨く	加熱したこての一面を，やすりで平滑にする。使わない面を磨くと，はんだが流れ落ちるので一面だけ磨き，表面の酸化物を除去する（図3）。
3	こて面にはんだめっきをする	1. こて面にペーストを塗り，すばやくはんだを溶かす。 2. まんべんなくめっきができるように，乾いたウエスで，はんだの載ったこて面を軽くこする。
●はんだ付け		
1	準備をする	1. 接続部分に竹べらなどで，まんべんなくペーストを塗る。 2. はんだめっきしたこてを，トーチランプで加熱する。
2	はんだを溶かす	はんだを，こぼれ落ちない程度にこて面に溶かす。
3	はんだ付けをする	1. こてを接続部分の中央に，下から当てる（図4）。 2. はんだが，接続部分の全面に吸い上げられるのを確認する。 3. はんだが不足した場合は，電線とこて面の間から補給する。 4. 接続部分を長時間熱すると電線の被覆を傷めるので，はんだ付けは手際良く行う。 5. こての温度が高過ぎると，はんだが玉状になりこて面からこぼれやすく，冷えると，接続部分から離すときに糸を引き，突起ができやすくなる。
4	ペーストを拭き取る	1. 熱いうちに接続部分の汚れを乾いたウエスで拭き取る。 2. 接続部分に付着しているペーストを拭き取る。

図解

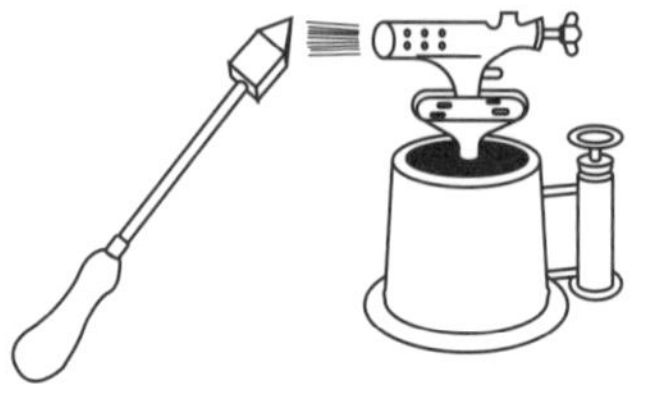

図2　こてを焼く

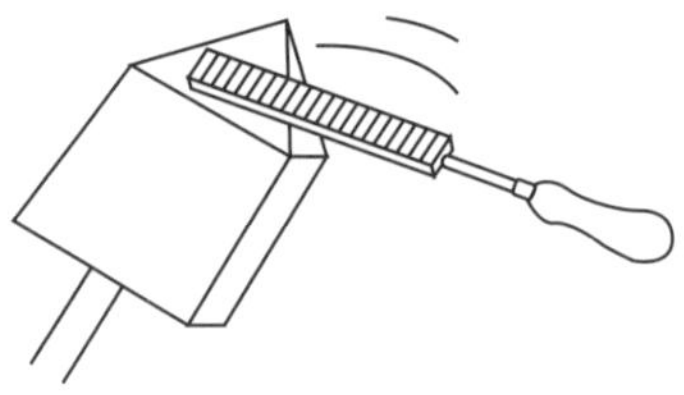

図3　やすりで磨く

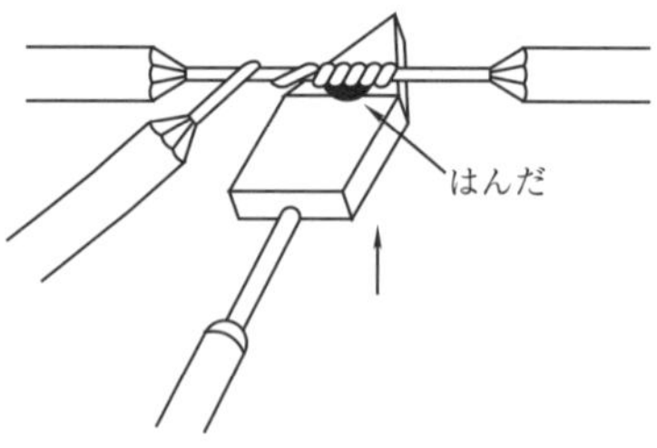

はんだ

図4　はんだ付けをする

番 号	No. 3 .20

作業名	電線と器具端子の接続	主眼点	単線（輪づくり）

図１　電線の輪づくり

材料及び器工具など

ビニル絶縁電線（1.6〜2.0 mm）
ペンチ
ナイフ

番号	作業順序	要　　　点
1	被覆をむき取る	約 30 mm くらいむき取る。
2	心線の根元を直角に曲げる	むき取った心線の被覆端から約３mm の位置で，ほぼ直角に曲げる（図２）。
3	輪を作る	1. 心線の先端をペンチで挟み，内側に巻くように曲げて輪をつくる（図１，図３）。 2. 輪の大きさを止めねじの径に合わせて調節する。 3. 心線が長い場合は，余分な先端を切る。 4. 心線の巻き終わりが重ならないようにする。 5. 輪が開かないように，完全な輪を作る。
4	ねじに取り付ける	1. ねじの回転方向と，輪の巻き方向が同じになるように取り付ける。 2. ねじを固く締め付ける（図４）。
5	点検する	1. ねじは，よく締まっているか。 2. 被覆をかんでいないか（図５）。 3. 被覆をむいた部分が，過度に露出していないか。 4. 心線の円形が，ねじからはみ出していないか（図５）。

図　　解

図２　心線根元の曲げ方

図３　ペンチの使い方

備考

輪づくりの方法を参考図に示す。

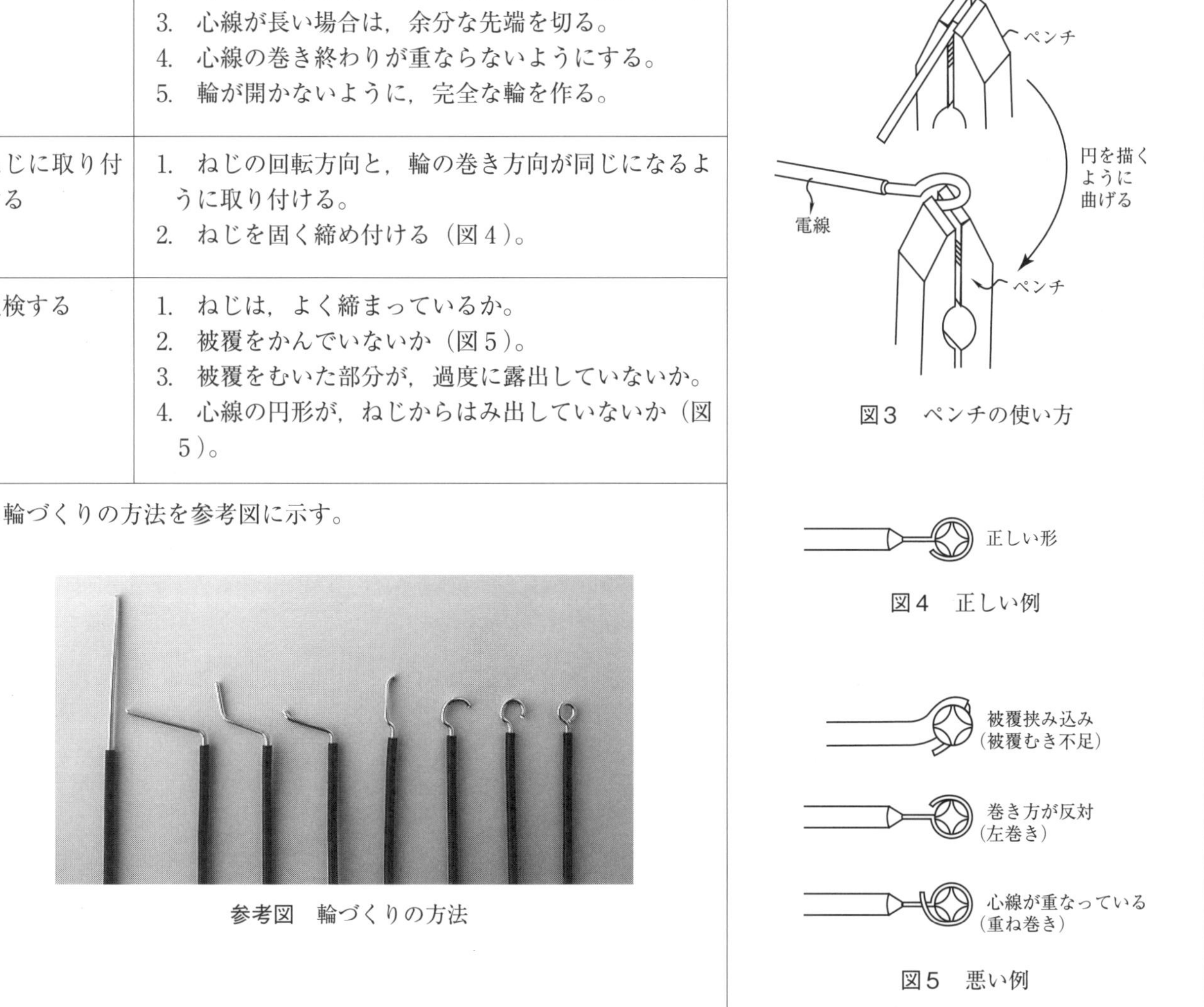

参考図　輪づくりの方法

図４　正しい例

図５　悪い例

番号	No. 3.21

作業名	電線と圧着端子の接続	主眼点	より線（R形，Y形端子）

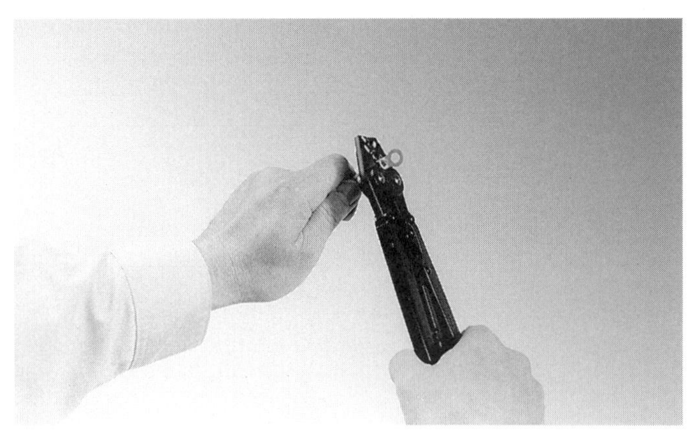

図1　裸圧着端子による接続

材料及び器工具など

ビニル絶縁電線（1.25～8 mm^2）
R形圧着端子
Y形圧着端子
裸圧着端子用圧着ペンチ
ペンチ
ナイフ

番号	作業順序	要　　点
1	圧着端子を選定する	電線の太さ，取り付けねじ径に合わせて，圧着端子を選定する（図2）。
2	電線の被覆をむき取る	端子の大きさに合わせて，必要な長さをむき取る。
3	圧着ペンチに端子を挟む	1. 圧着ペンチは，裸圧着端子用を使う。 2. 端子のサイズに適合したダイスに挟む。 この時，ダイスの凸部が端子のろう付け部中央に当たるようにする。 3. 歯形の位置に注意し，端子がつぶれないように軽く挟む。
4	心線を端子に差し込む	1. 心線の先が1～2 mm 程度見え，被覆端と端子は 3 mm 程度離すように差し込む（図3）。 2. 心線が長過ぎる場合は切断し，短い場合は被覆をむき直す。
5	圧着する	1. 心線を突き出し過ぎてねじ穴をふさいだり，被覆をかまないように注意し，端子の中央に歯形がくるように位置を合わせ，圧着する（図1）。 2. 完全に圧着されたとき，圧着ペンチは自動的にハンドルが開く構造になっている。
6	点検する	1. 端子の表を圧着して，歯形の位置が中央にきているか（図4）。 2. 被覆が圧着部分に食い込んでいないか。 3. 心線が圧着部分から過度に露出して，端子を止めるねじ穴をふさいでいないか。 4. 完全に圧着されているかどうか，端子を回しながら軽く引っ張ってみる。
備考		■裸圧着端子の呼び（例） R　1.25 － 3.5 種類 / より線の呼び断面積［mm^2］/ 使用ねじの呼び径

図　　解

R形
Y形
棒形

図2　圧着端子の例

絶縁被覆　心線　1/2　1/2　ろう付け
端子　圧着端子のほぼ中央部を圧着する
約 3 mm 以内　約 2 mm 以内
絶縁被覆　端子　心線

図3　施工寸法

絶縁被覆をかんでいる　心線が出過ぎ
心線　心線が端子の中へもぐっている
中央部を圧着していない
ろう付け部を圧着していない

図4　悪い例

番号	No. 4．1

作業名	絶縁テープ巻き・絶縁キャップ	主眼点	ビニルテープの巻き方

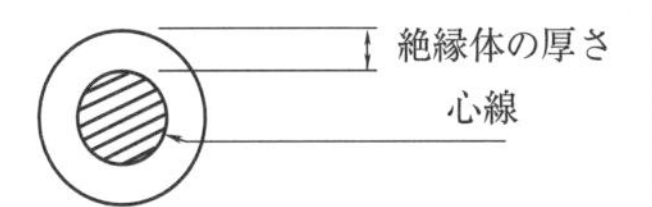

図1　電線断面

表1　絶縁テープの要求事項
（JIS C 2336：2012「電気絶縁用ポリ塩化ビニル粘着テープ」抜粋）

特　性	要求事項	
	A種	B種
厚さ［mm］	0.2±0.03	表示厚さの±0.025 mm又は±15％のいずれか大きいほう。
幅　［mm］	6, 9, 12, 15, 19（±1.0），22, 25, 30, 38, 50（±1.5）	
長さ　［m］	5, 10, 16, 20, 25, 33, 50, 55, 66	

材料及び器工具など

ビニル絶縁電線
ビニルテープ
絶縁キャップ

番号	作業順序	要点
●直線接続		（図2）
1	巻き始めの処理をする	ビニル絶縁電線（断面図；図1）のビニル被覆に約15mm重ねて，ビニルテープ（要求事項；表1）を直角に2回巻く。
2	テープを巻く	1.　2回目から，長さが1.2倍くらいに伸びるように引っ張りながらテープを半幅ずつ重ね，他方の被覆の上まで巻く。 2.　他方の被覆に約15mm重ねて電線に直角に2回巻き，前と同じ要領で巻き戻す。 3.　テープの巻き層数は，電線のビニル被覆の厚さに応じて，テープを重ね巻きする。
3	テープを切る	ナイフでテープを切って，手で押さえる。
4	点検する	1.　巻き層数は十分か。 2.　固く巻き付けてあるか。 3.　テープの巻きじりがほぐれていないか。
●終端接続（絶縁テープ巻き）		（図3）
1	巻き始めの処理をする	ビニル被覆に約15mm重ねて，電線に直角に2回巻く。
2	テープを巻く	1.　2回目から，長さが1.2倍くらいに伸びるように引っ張りながらテープを半幅ずつ重ね，接続部の先端まで巻く。 2.　接続部の先端は，テープ幅の2/3くらいはみ出すように巻く。 3.　はみ出して巻いたテープを折り返す。 4.　折り返したテープを押さえるように，テープを半幅ずつ重ねて，最初のところまで巻き戻す。 5.　テープの巻き層数は，電線のビニル被覆の厚さに応じて，テープを重ね巻きする。
3	テープを切る	ナイフでテープを切って，手で押さえる。
4	点検する	1.　巻き層数は十分か。 2.　固く巻き付けてあるか。 3.　テープの巻きじりがほぐれていないか。

図　解

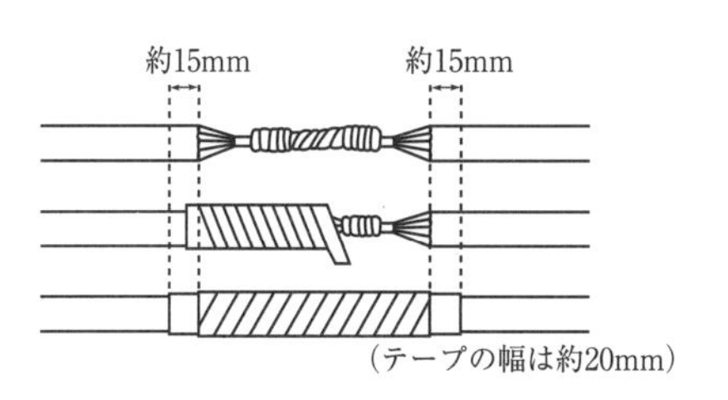

図2　直接接続の場合

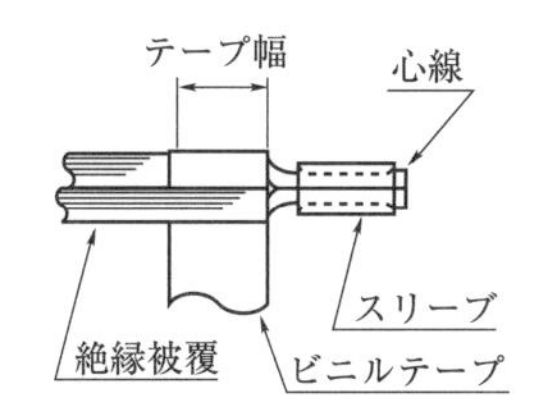

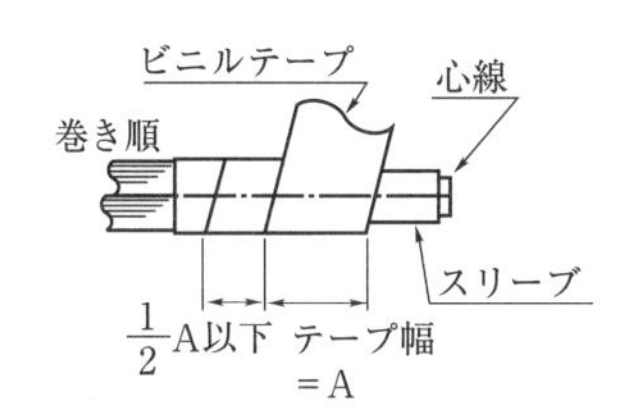

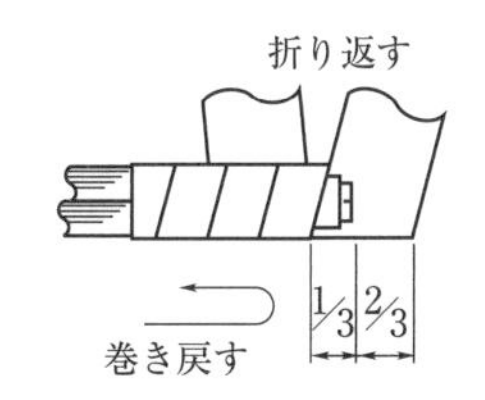

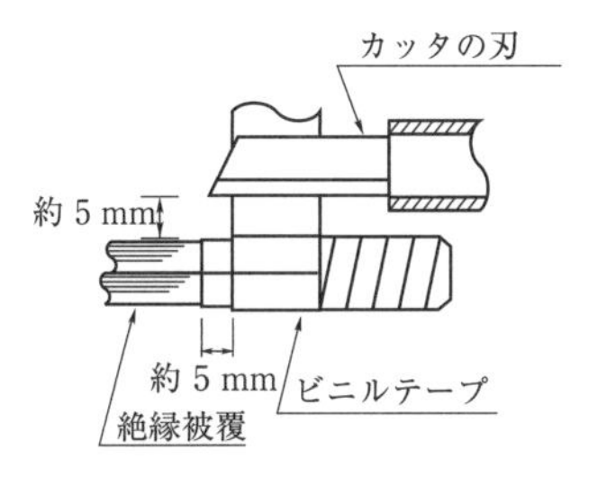

図3　終端接続の場合

番号	作業順序	要　　点	図　　解
●終端接続（絶縁キャップ）		（図４）	図４　絶縁キャップ
1	キャップをはめる	キャップの内側の突起が，電線被覆とスリーブの隙間にはまるまで挿入する。	
2	点検する	1. 十分に挿入されているか。 2. キャップが十分に固定されているか。 3. 充電部が露出していないか。 4. サイズに適合したものを使用しているか。	
備考	絶縁キャップには，ソフトタイプとハードタイプがある。 出所：（図４）オーム電機（株）		

番号	No. 5．1

作業名	バインド掛け	主眼点	両だすきバンド

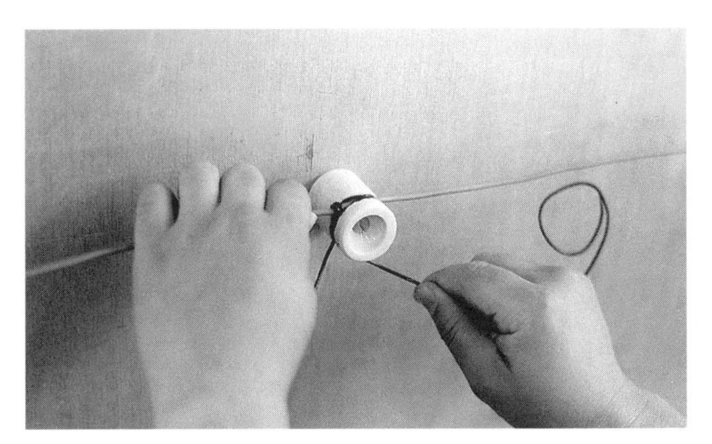

図1　バインド掛け

材料及び器工具など

ビニル絶縁電線
バインド線
小ノッブがいし
木ねじ
ペンチ
ドライバ

番号	作業順序	要点
1	電線にバインド線を巻き付ける	がいしの左側の溝の真上で，電線にバインド線の端から約10cmのところを2回巻き，ペンチで2回ねじる（図2）。
2	バインド線をたすきに掛ける	バインド線の長いほうをがいしの溝に沿わせ，電線にたすき掛けし，ペンチで締める。さらに両だすきになるように巻き付ける（図1，図3）。
3	電線にバインド線を巻き付ける	1. 電線にバインド線を2回巻く（図4）。 2. バインド線の両端でがいしを締めるように引っ張りながら，がいし中央で2回ねじる（図5）。 3. 余分の線を切り，溝に沿わせる（図6）。

図解

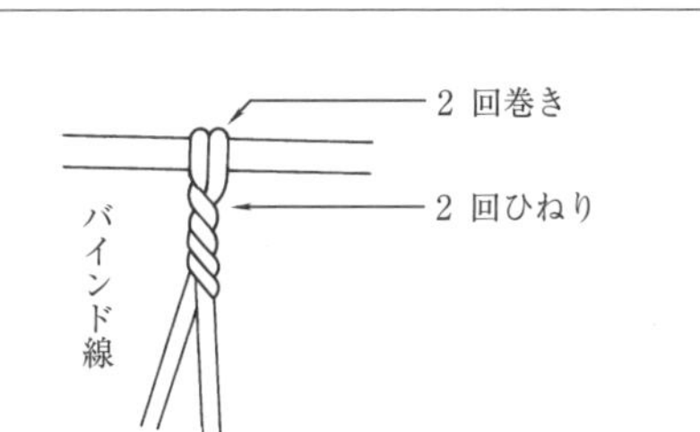

図2　バインド線の巻き付け

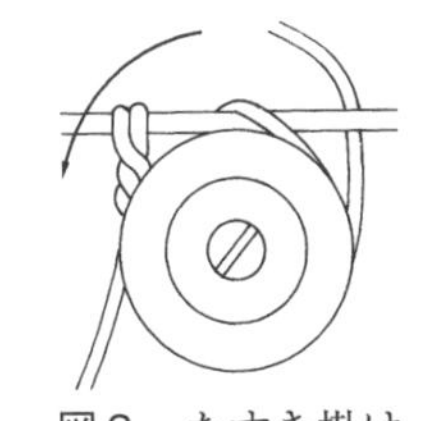

図3　たすき掛け

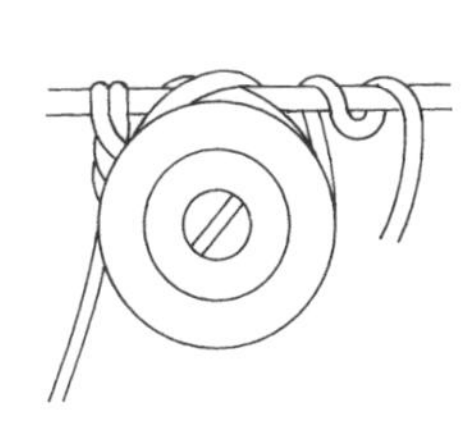

図4　バインド線の巻き付け

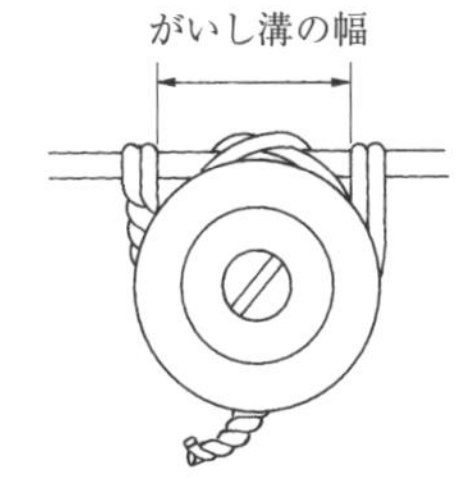

図5　バインド線の締め付け

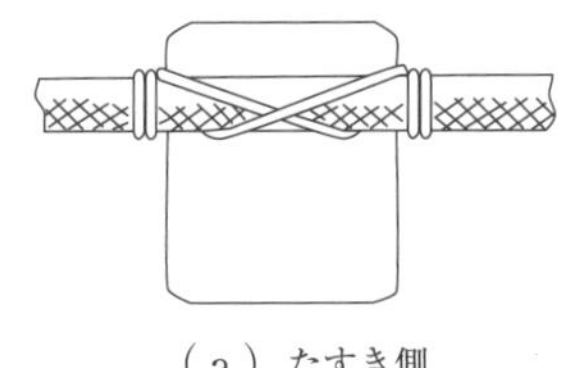

（a）たすき側

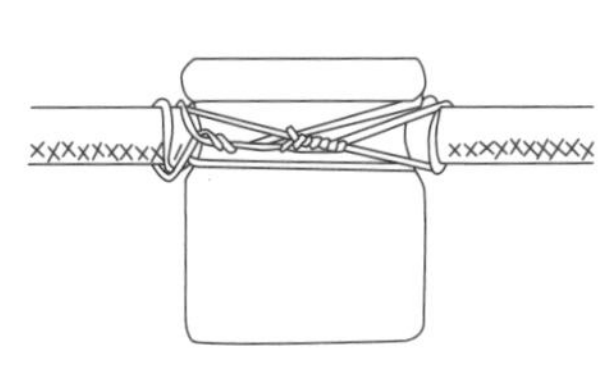

（b）反対側

図6　がいしの前面及び背面

備考

1. がいしと電線の太さの関係を参考表1に示す。
2. 電線の太さとバインド線の関係を参考表2に示す。

参考表1　がいしと電線の太さの関係
（内線規程：2016　3105-1表より一部抜粋）

がいしの種類	使用できる電線の太さ［mm²］	木ねじ 径［mm］	木ねじ 長さ［mm］
小ノッブ	14	5.5	58
中ノッブ	50	5.5	65
大ノッブ	100	6.2	70
特大ノッブ	250	6.2	77

参考表2　電線の太さとバインド線の関係
（内線規程：2016　3105-3表）

バインド線の太さ	使用電線の太さ［mm²］
0.9 mm	14 以下
1.2mm（又は0.9mm×2）	50 以下
1.6mm（又は1.2mm×2）	50 超過

備考）この表は，電線に銅線を使用する場合のものを示す。

番号	No. 5.2

作業名	がいし引き配線	主眼点	直線及び屈曲路の配線

図1　がいし引き配線

材料及び器工具など

ビニル絶縁電線
バインド線
ノップがいし
木ねじ
ペンチ
ドライバ
下げ振り
水平器
コンベックスルール
チョークライン

番号	作業順序	要　　点
1	がいしを打つ	1. 図1のように両端及び屈曲部のがいし8個を取り付ける。 2. 線間距離が6 cm以上（12～15 cmが適当）になるようにする。
2	バインド掛けをする	1. 左下端のがいし2個に，引留めバインド掛けをする（図1，図2）。 2. ドライバの柄などで電線のくせ直しをする（図3）。 3. 屈曲部のがいしに電線を掛けていく。 4. 右下端で電線を十分引っ張り，張力の掛かる反対側にバインド線を巻き付け，右下端のがいし2個に両だすきでバインド掛けをする。 5. 屈曲部で，それぞれ2個のがいしに両だすきでバインド掛けをする。
3	中間にがいしを打つ	1. 両端及び屈曲部の間にがいし8個（図1にAと記したもの）を取り付ける。 2. 屈曲部間のがいしは電線の下側に取り付ける（図4）。 3. 屈曲部と両端との間のがいしは，両線一方側又は，両線外側になるように取り付ける（図5）。 4. 支持点間距離が1.5 m以下になるようにする。
4	バインド掛けをする	中間のがいしに片だすきでバインド掛けをする。（電線にたすき掛けをいずれか片方のみ行う（図5）。）

図　　解

電線の太さ	A の巻き数	B の巻き数
1.6～2.6 mm	8	6
8～22 mm²	12	8

図2　引留めバインド掛け

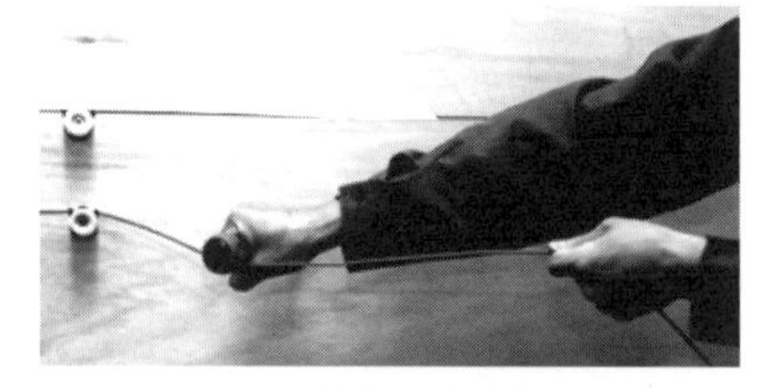

図3　電線のくせ直し

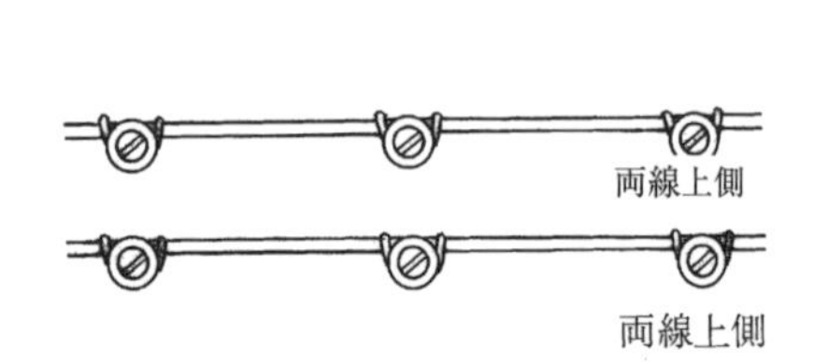

図4　屈曲部間のがいし取り付け方向

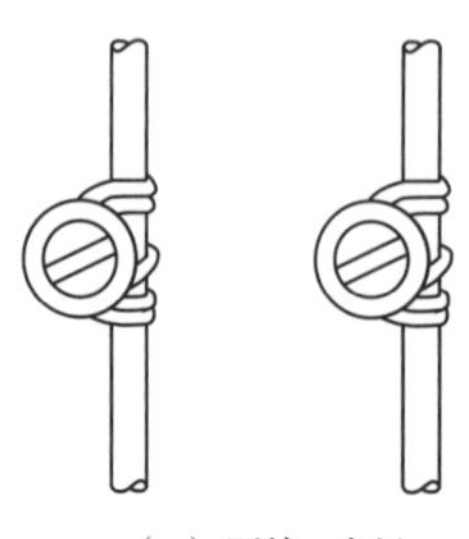

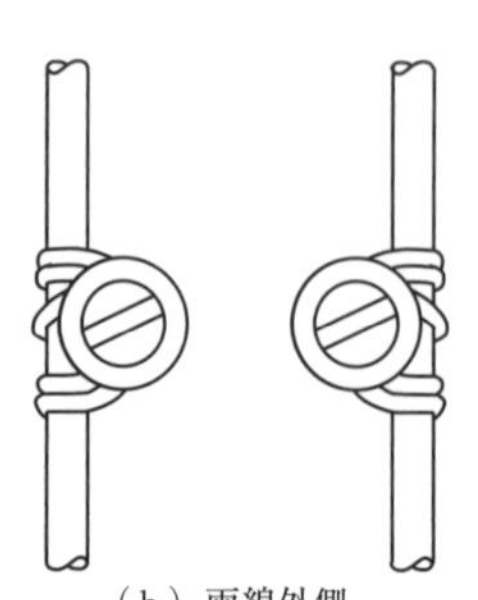

図5　屈曲部と両端の間のがいしの取り付け例

番号	No. 5 . 3

作業名	ケーブルの接続（1）	主眼点	外装のはぎ取り

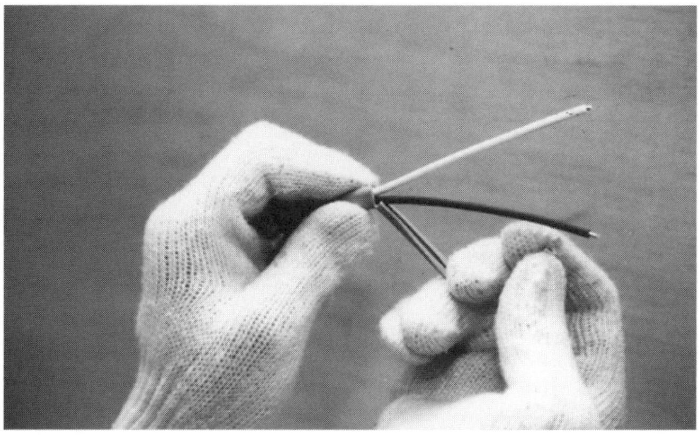

図1　外装のはぎ取り

材料及び器工具など

平形ビニル外装ケーブル
電工ナイフ
作業用手袋

番号	作業順序	要　　点	図　　解
1	ケーブルのくせを直す	手でしごき，ケーブルを真っすぐにする（図2）。	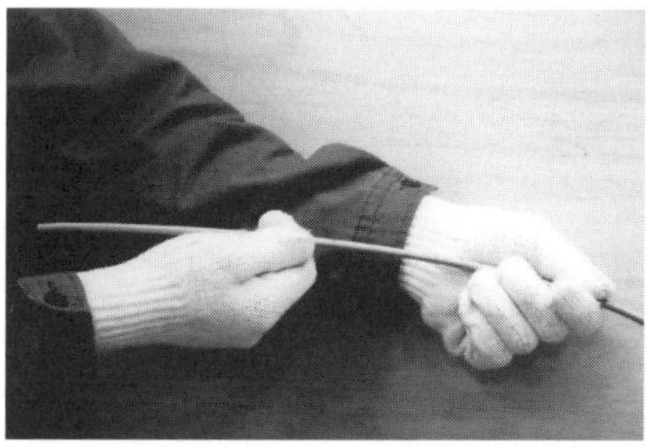 図2　くせ直し
2	ケーブルに横割りを入れる	1. はぎ取り長さを決め，ケーブルの周囲に切り込みを入れる。 2. 心線被覆に傷を付けないように注意する（図3）。	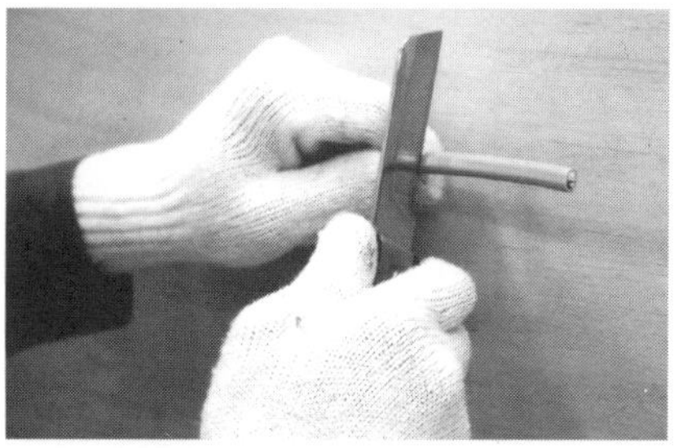 図3　周囲への切り込み
3	左手にケーブル，右手にナイフを持つ	ケーブル先端約5 cm のところを左手の人差し指と親指でケーブルの側面を持つ（図4）。	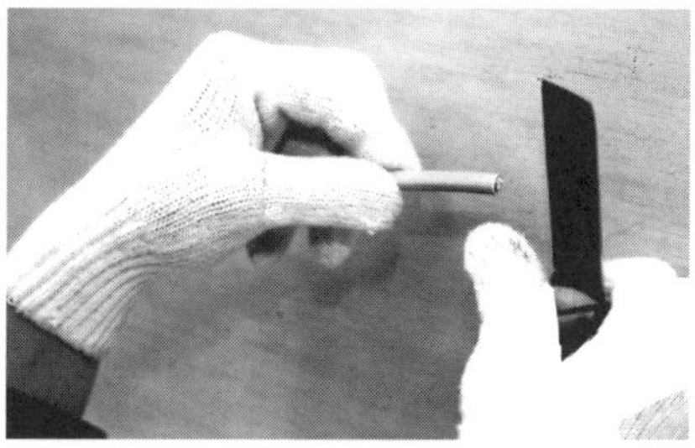 図4　ケーブル及びナイフの持ち方
4	ケーブル先端に刃を食い込ませる	2心の場合は中央に，3心の場合は外側の線と中央の線の間にナイフの刃を食い込ませる（図5）。	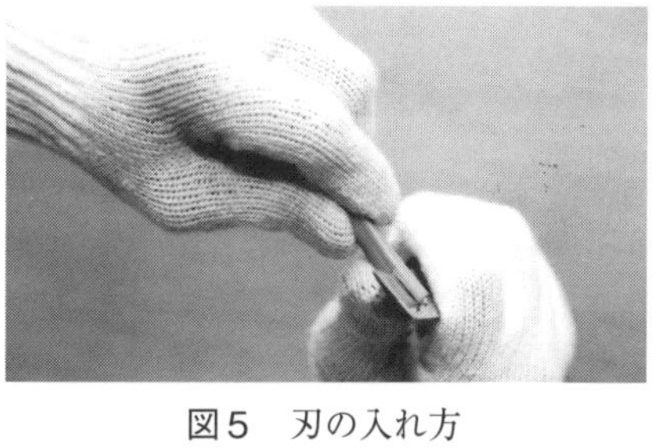 図5　刃の入れ方

番号	作業順序	要　　点	図　　解
5	ナイフを左へ移動させる	1. 右手の親指は，ケーブルの手前側面を沿わせながら左右の親指が接触するまで移動させる（図6）。 2. 「番号2」で，ケーブルの周囲に切り込みを入れた位置の寸前に，ナイフの刃が到達するまで繰り返し行う（図7）。	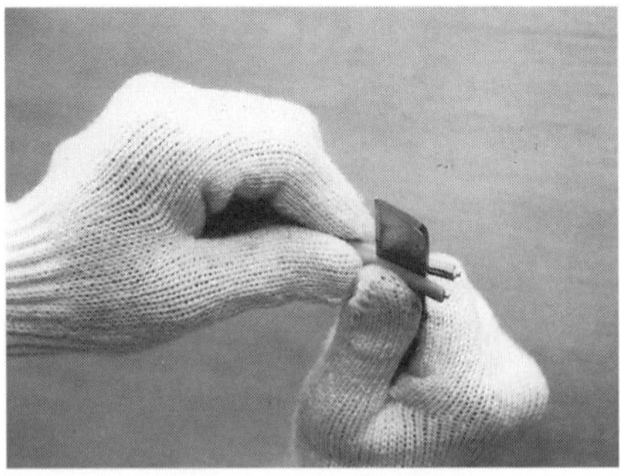 図6　ナイフの移動 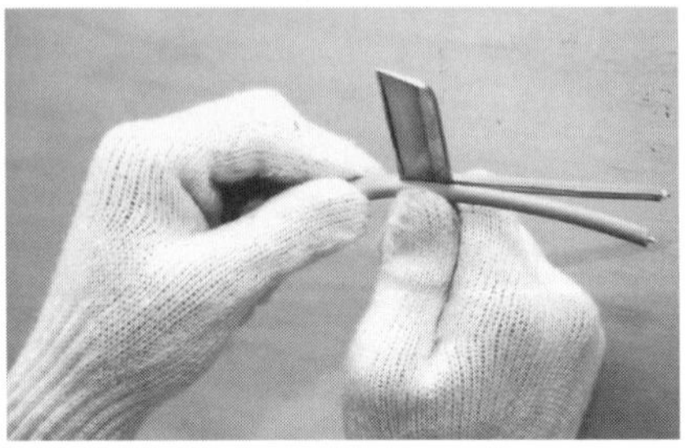 図7　最終到達点
6	外装をはぎ取る	図1参照。	

備考

1. 作業用手袋を使用する。
2. ナイフは両刃のものを使用する（参考図1）。
3. 切り込み口（参考図2）。
4. 最終到達点に注意する（参考図3）。

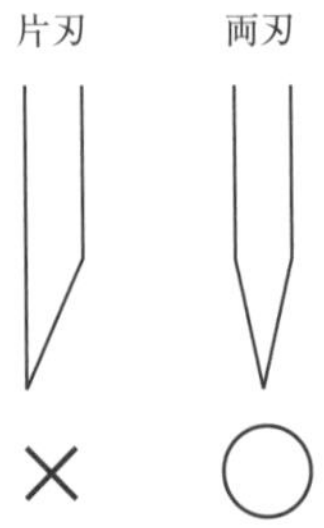

片刃　両刃

×　○

参考図1　刃の種類

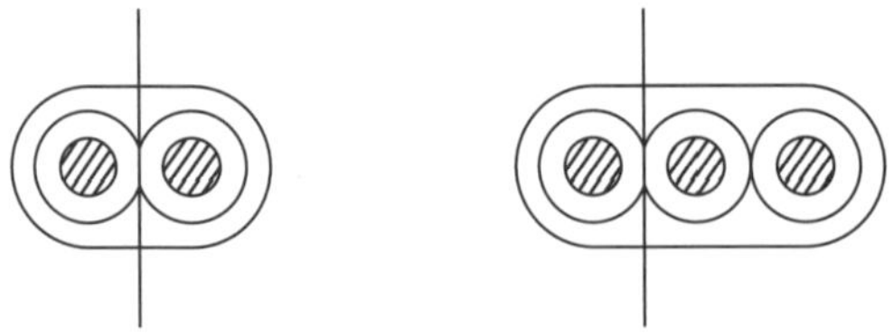

（a）2心の場合　（b）3心の場合

参考図2　切り込みの入れ方

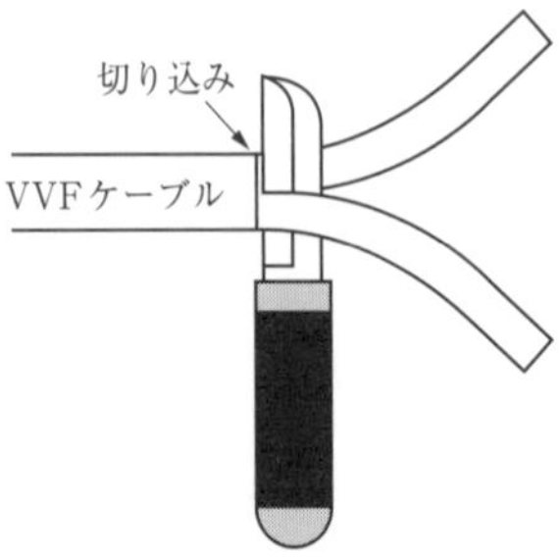

切り込み

VVFケーブル

参考図3　最終到達点

番 号	No. 5 . 4

作業名	ケーブルの接続（2）	主眼点	端子なしジョイントボックス内の接続

図1　端子なしジョイントボックス

材料及び器工具など

平形ビニル外装ケーブル
ステップル
端子なしジョイントボックス
木ねじ
ハンマ
ドライバ
ペンチ
電工ナイフ
作業用手袋
リングスリーブ
圧着ペンチ
ビニルテープ

番号	作業順序	要　点
1	ボックスの位置を決める	配線ルートを考慮して決める。
2	ボックスのベースを固定する	ケーブルの挿入口を考慮して固定する（図2）。
3	ケーブルを固定する	1. ケーブルをベースの中央から約 10cm 突き出させる。 2. ベースの中央から約 8 cm のところをステップルで固定する（図3）。
4	外装をはぎ取る	ベースの中央まで外装をはぎ取る（図4）。
5	心線被覆をはぎ取る	ケーブル外装端から心線被覆を約 5 ～ 8 cm 残してはぎ取る（図5）。

図　解

図2　ベースの固定

図3　ケーブルの固定

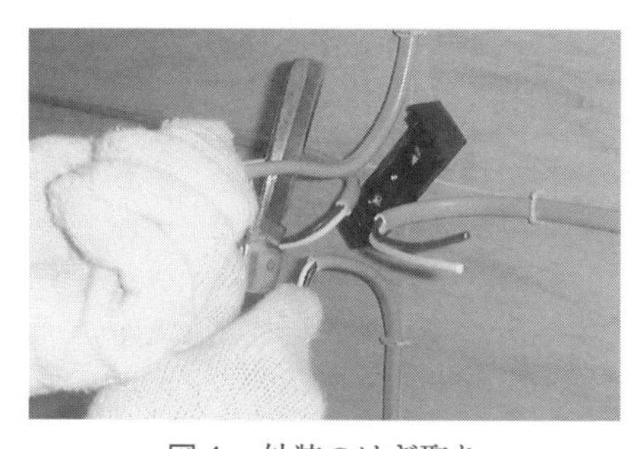

図4　外装のはぎ取り

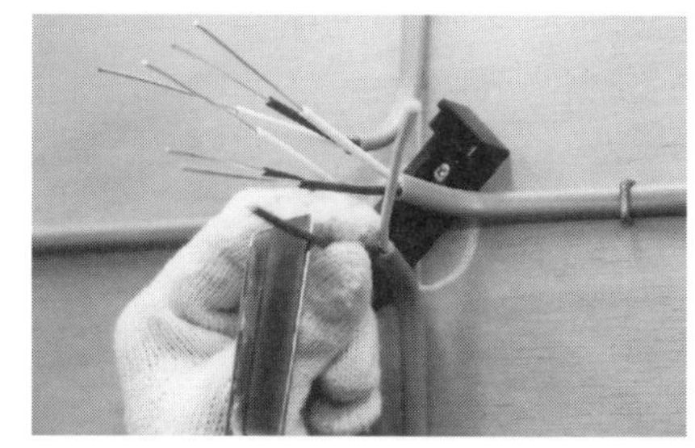

図5　心線被覆のはぎ取り

番号	作業順序	要　　点	図　　解
6	接続する	図6参照。	
7	テープを巻く	図7参照。	図6　接　続
8	電線をカバー内に収める	できるだけ中央に収める（図8）。	図7　テープ巻き
9	カバーを取り付ける	カバーが割れないように注意する（図1参照）。	図8　電線の収め方

備考

1. 端子なしジョイントボックスは，露出場所に点検できるように施設する。
2. ベースは，ケーブルの配線方向によって向きを変える（参考図1，参考図2）。
3. 屋内用透明ジョイントボックスも多く使用されている（参考図3）。

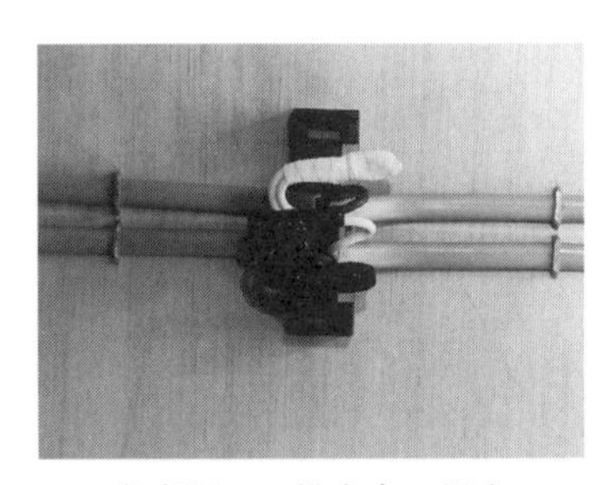

参考図1　横方向の場合

参考図2　縦方向の場合

（a）

（b）

参考図3　屋内用透明ジョイントボックス

出所：（参考図3（a））（株）カワグチ，（同（b））ネグロス電工（株）

番号	No. 5 . 5

作業名	ケーブルの接続（3）	主眼点	端子なしジョイントボックス内の接続

図1　差込形コネクタによるボックス内接続

材料及び器工具など

平形ビニル外装ケーブル
ステップル
端子なしジョイントボックス
差込形コネクタ
ハンマ
ドライバ
ペンチ
電工ナイフ
木ねじ
作業用手袋

番号	作業順序	要　　点
1	ボックスの位置を決める	配線ルートを考慮して決める。
2	ボックスのベースを固定する	ケーブルの挿入口を考慮して固定する。
3	ケーブルを固定する	1. ケーブルをベースの中央から約10cm突き出させる。 2. ベースの中央から約8cmのところをステップルで固定する。
4	外装をはぎ取る	ベースの中央まで外装をはぎ取る。
5	心線被覆をはぎ取る	差込形コネクタのストリップゲージに合わせて，被覆をはぎ取る。
6	コネクタに電線を差し込む	1. 電線挿入口より心線を差し込む。 2. 心線がコネクタの奥壁に当たるまで差し込む（図2）。 3. 電線挿入口より心線がはみ出さないように，しっかり差し込む（図1，図3）。

図　　解

図2　心線の差し込み長さ

図3　コネクタへの電線差し込み

備考

差込形コネクタによる接続は，リングスリーブ接続で施工するテープ巻きが省略できる。p53差込形コネクタの接続を参照する。

番 号	No. 5. 6

作業名	ケーブルの取り付け	主眼点	露出配線

図１　露出配線

材料及び器工具など

平形ビニル外装ケーブル
ステップル
端子なしジョイントボックス
ハンマ
ドライバ
木ねじ
作業用手袋
ストリッパ
下げ振り
水平器
コンベックスルール
チョークライン

番号	作業順序	要　　点
1	配線経路を選定する	1. 配線図に基づいて，ジョイントボックス，コンセント，スイッチなどの器具の位置を決める。 2. ケーブルを固定する位置を等間隔にするため，あらかじめ計測し，印を付ける。 3. 造営材に沿うように配線経路を選定する（図２）。
2	ケーブル端を固定する	1. ねじれや急な曲がりができないように，必要な長さだけケーブルを伸ばす（図３）。 2. ベースの中央から約 10cm 突き出させ，ベース中央から約８cmのところをステップルで固定する(図４)。

図　　解

図２　配線経路の選定

図３　ケーブルの準備

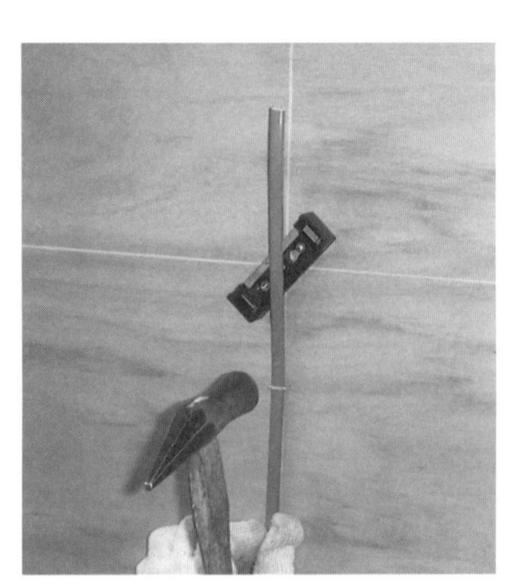

図４　ケーブルの固定

番号	作業順序	要　　点	図　　解
3	直線部のケーブルを固定する	1. ケーブルをハンマやドライバの柄などでケーブルのくせ取りを行い，真っすぐに伸ばす（図５）。 2. ケーブルを片手で引っ張りながら，あらかじめ印を付けたところをステップルで固定する（図６）。	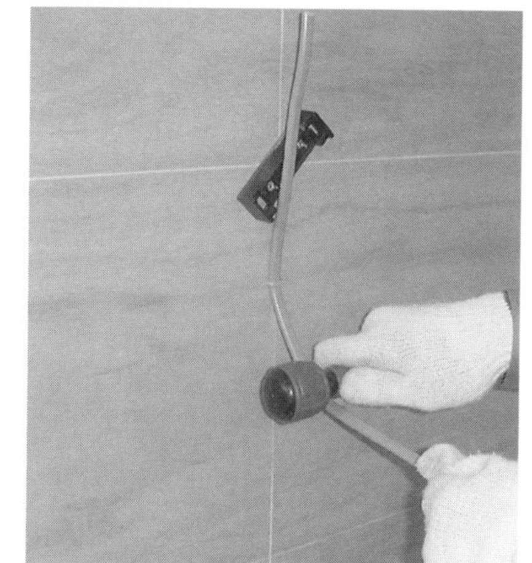 図５　ケーブルのくせ取り
4	屈曲部のケーブルを固定する	1. 屈曲部の曲げ半径は，ケーブル外装の６倍以上とする。 2. 屈曲部の前後をステップルで固定する（図７）。 3. 完成した配線を図１に示す。	

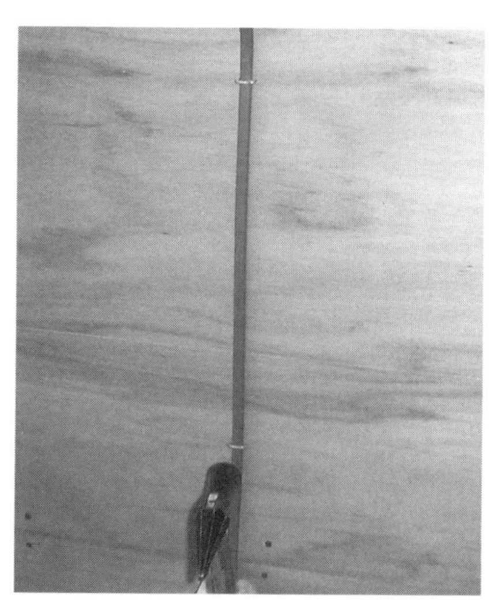

図６　直線部の固定

図７　屈曲部の固定

備考

1. 露出場所の配線は体裁良く行う。特に配線や器具は，水平垂直に取り付ける。
2. 支持点間の距離は 0.5 m 以下が望ましい（内線規程：2016　3165－1表で支持点間距離が規定されている）。
3. 器具により極性があるので，ケーブルがねじれないよう，絶縁被覆の色の配置を考慮し配線する。
4. ケーブルのくせ取りや固定のとき，外装被覆に傷が入らないように注意する。

番号	No. 5.7

作業名	配線器具の取り付け（1）	主眼点	露出コンセント，スイッチの取り付けと配線

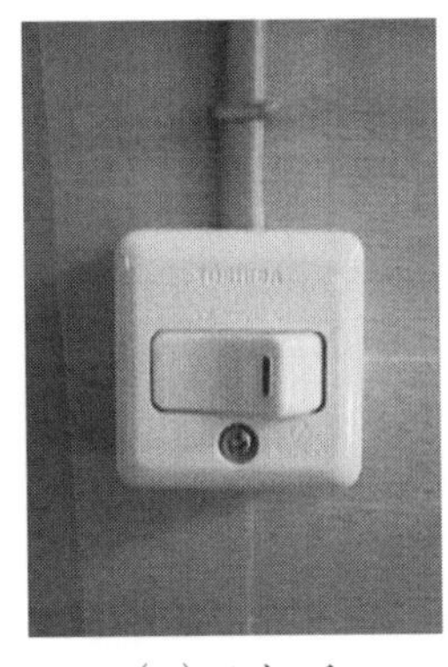
（a）スイッチ

（b）コンセント

図1　露出スイッチ及びコンセント

材料及び器工具など

露出コンセント（スイッチ）
平形ビニル外装ケーブル
ステップル
木ねじ
ハンマ
組やすり
ドライバ
ストリッパ
作業用手袋

番号	作業順序	要点
1	取り付け位置をしるす	コンセント（スイッチ）の取り付け位置をチョークなど（後で簡単に消せるもの）でしるす。
2	ケーブル挿入口を削る	ナイフ又は組やすりで，台又はふたの欠き口の部分を丁寧に取り除く。
3	外装をはぎ取る	配線器具を取り付け位置に合わせ，外装をはぎ取り，寸法がベース高さより少し上に出すようにはぎ取る（図2）。
4	コンセント（スイッチ）を取り付ける	取り付け位置を墨に合わせて，造営材に木ねじで固定する。
5	心線をねじ止めする	1. 配線器具端子ねじに，心線被覆を挟まない長さを残して，心線に傷が付かないように被覆をはぎ取る。 2. 端子ねじに心線を「の」の字の方向に沿わせて 1 回巻き付ける。 3. 巻き終わりの根元で余分な心線を切り，切り口をドライバの先でねじ下に折り込む。 事前に端子ねじ穴に合わせた心線の輪づくりをして，ねじ止めする方法もある（図3）。 4. ねじを締め付け，ふたを付ける（図1）。

図解

正面　側面
外装はベースより少し上に出す
ベース
墨出し線

図2　外装の挿入

図3　輪づくり

備考

1. コンセント接続には，非接地側電線と接地側電線及びアース線の区別を注意する。
2. スイッチ接続には，電源側と負荷側をはっきりと区別しておき，誤配線をしないように注意する。

【参考】 各種配線器具を参考図1～3に示す。

参考図1　防水埋込形コンセント

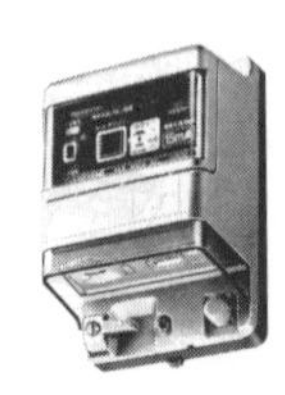
参考図2　防滴形，漏電遮断器付きコンセント

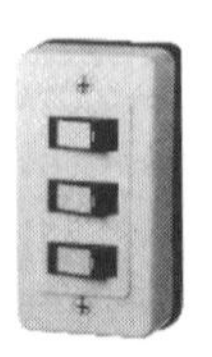
参考図3　3連用片切りスイッチ

番 号	No. 5 . 8

作業名	配線器具の取り付け（2）	主眼点	軽量鉄骨壁と木壁のボックス取り付けとケーブル配線

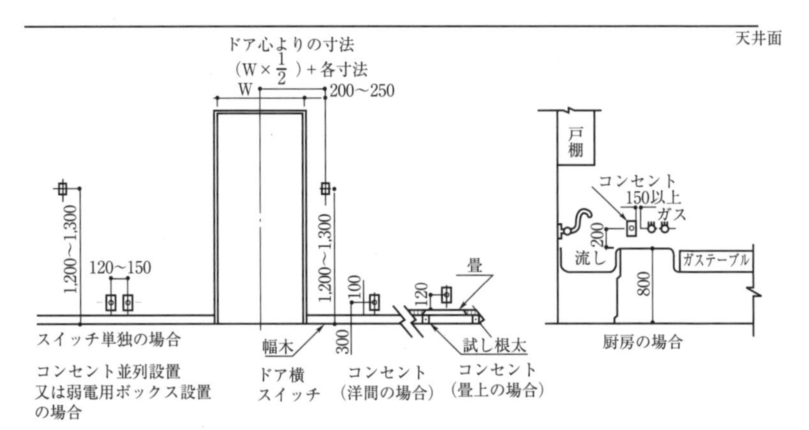

図1　配線器具の取り付け高さ標準（1）

材料及び器工具など

スイッチボックス
ゴムブッシング
木ねじ
平形ビニル外装ケーブル
ステップル
羽根きり
ドリル
ハンマ
ドライバ
ストリッパ
コンベックスルール
作業用手袋

番号	作業順序	要　　点
1	取り付け位置をしるす	器具の取り付け位置を図面に沿って，高さを床面にしるす（図1，図2，図3）。
2	ボックスを取り付ける	1. 配線器具の大きさ及び壁によってスイッチボックスを選定する（和壁専用，図4）。 2. ノックアウトを抜き，ゴムブッシングを取り付ける。 3. 軽量鉄骨壁の場合，取り付け金具を使い分ける（図5，図6，図7）。 4. 木壁の場合，木ねじで柱などに固定する。
3	ケーブルを引き下げる	1. 軽量壁の場合，鉄骨工事が終わった時点でケーブルを軽鉄に沿ってボックスまで配線する（図8）。 2. 木壁の場合は，柱などにステップルで固定し引き下げる。横桟木がある場合は，羽根きりなどで穴をあける（図9）。

図　　解

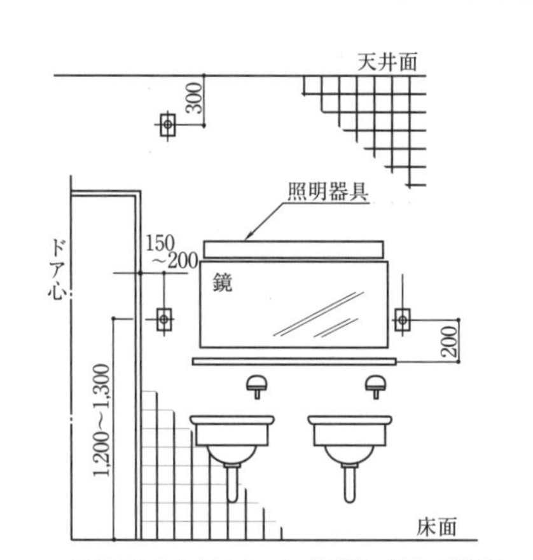

図2　配線器具の取り付け高さ標準（2）

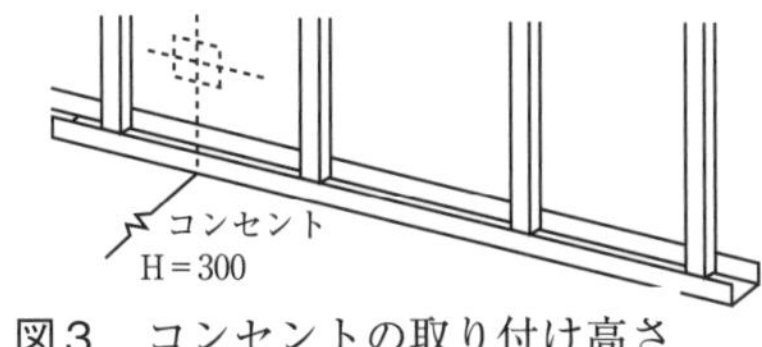

図3　コンセントの取り付け高さ

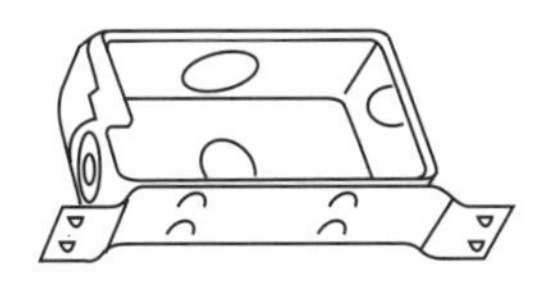

図4　和壁用1個用スイッチボックス

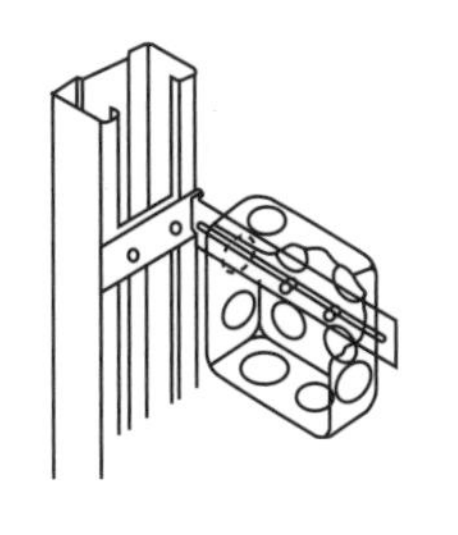

図5　軽量鉄骨のアウトレットボックス取り付け

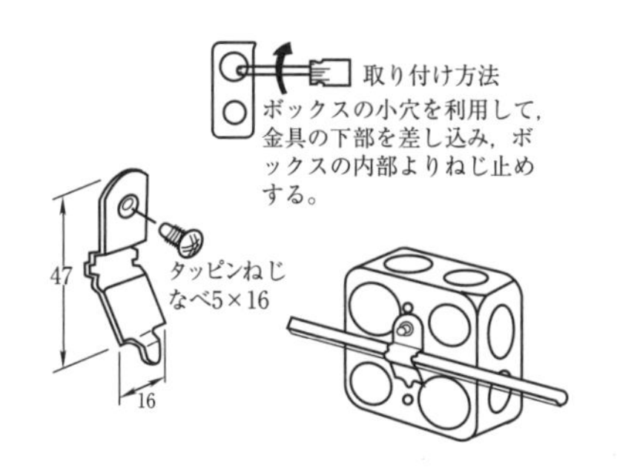

図6　取り付け金具の取り付け例

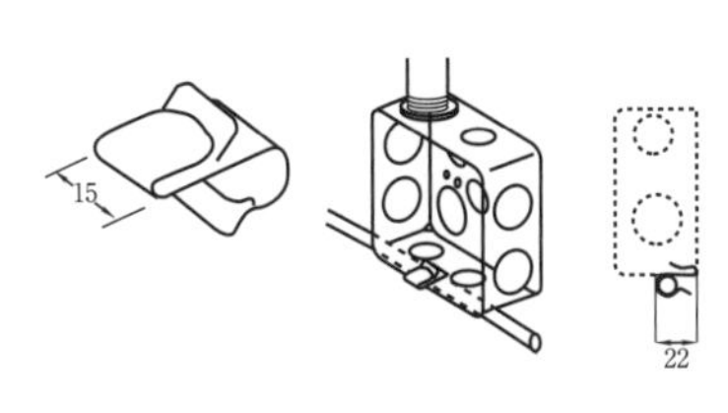

図7　アウトレットボックスとケーブル取り付け例

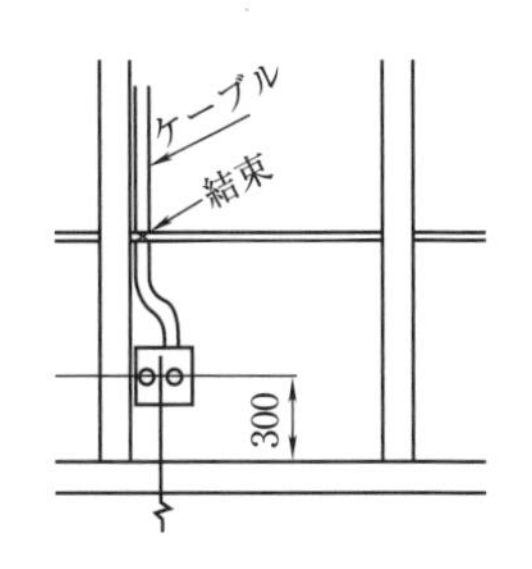

図8　ケーブルの配線例

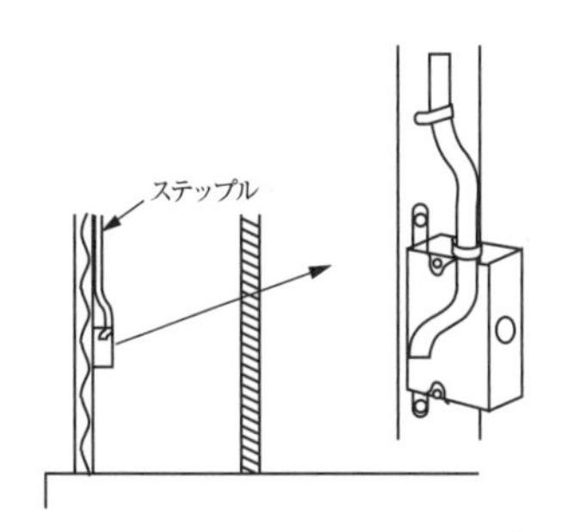

図9　木壁へのボックス取り付け例

番 号	No. 5 . 9

作業名	器具の取り付け（1）	主眼点	埋込みコンセント，スイッチの取り付け

（a）フルカラー２個用コンセント

（b）フルカラー１個用スイッチ

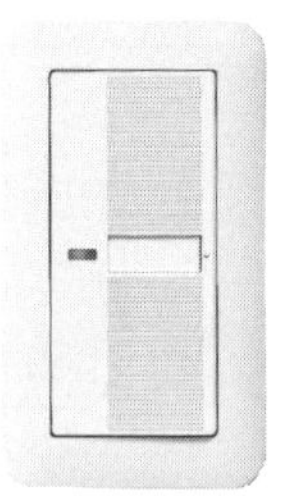
（c）ワイド型スイッチ

〈2 個用〉

〈4 個用〉

〈6 個用〉

（d）プレート形状

図 1

材料及び器工具など

取付枠
連用コンセント（スイッチ）
プレート
ボックスレス金具
ドライバ
ペンチ
ストリッパ
メジャー
作業用手袋

番号	作業順序	要　　点
1	枠にコンセントを固定する	連用コンセント（スイッチ）の場合は，取付枠にコンセント（スイッチ）を固定する（図２）。
2	被覆をはぎ取る	端子への接続方法(差し込み式,締め付けねじ式)は,器具のストリップゲージの長さに合わせて被覆をはぎ取る。
3	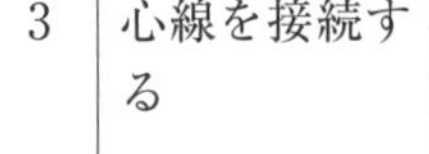 心線を接続する	1. 差し込み式は，ストリップゲージの長さを差し込む。確認のため差し込んだ線を引っ張ってみる。 2. 締め付けねじ式の場合，差し込み穴に心線を差し込み，ねじを締め付ける（図３）。 3. ２連，３連の場合は，送り端子間に渡り用リード線を使う。
4	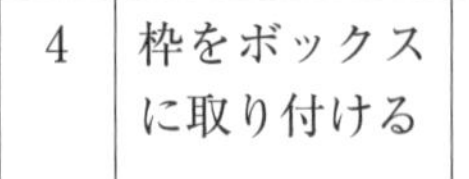 枠をボックスに取り付ける	1. ボックス内をきれいにした後，ボックスねじで枠をボックスに動かないように取り付ける。 2. ボックス位置の開口は，ボックス内側寸法より大きくならないように開ける。
5	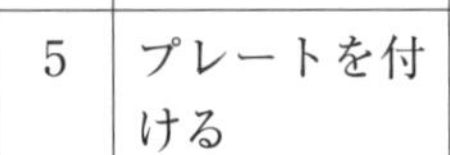 プレートを付ける	1. プレート表面が汚れないように，軍手などを使って取り付ける。 2. ビスの締め付けは，プレートに無理な力が加わらないよう十分注意をする。 3. ボックス付きの場合の器具取り付けは，順序と収まりは図４のとおりである。

図　　解

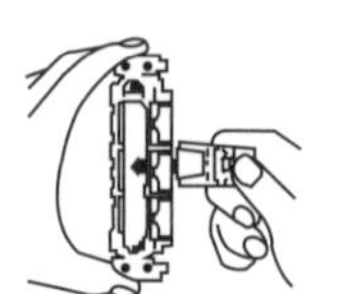
取付枠の片側の穴に器具の組み立て枠の突起をはめ込む。

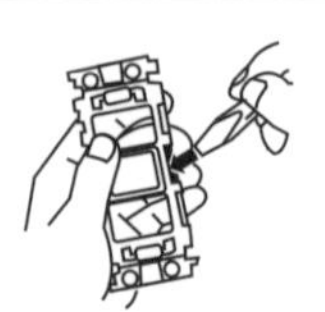
取付枠のもう片側をドライバでひねり，器具を固定する。

図２　器具の取り付け

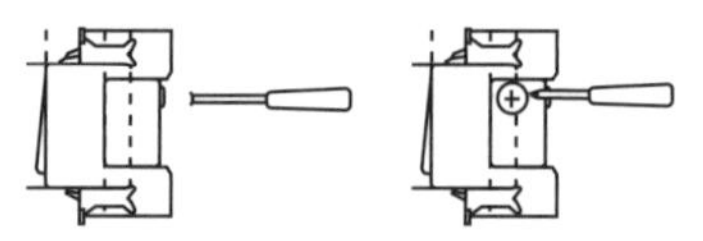
（a）差し込み式　（b）ねじ締め付け式

図３　心線の差し込み

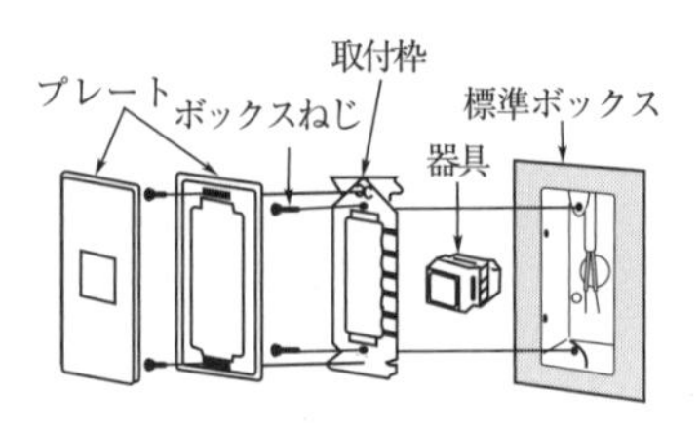

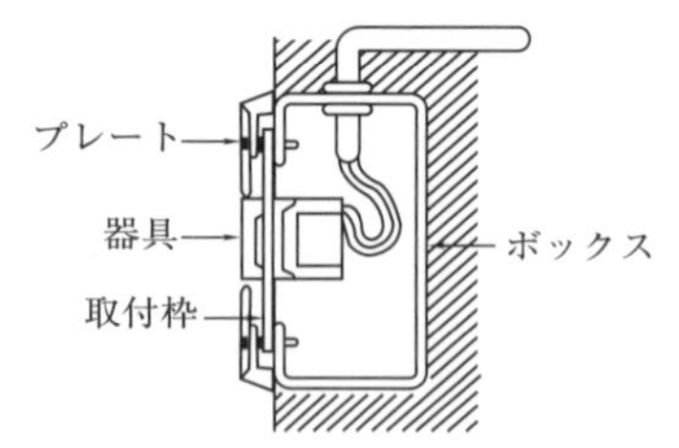

図４　ボックス付きの場合

備　考

ケーブル工事の増加に伴い，埋込みボックスを省略したボックスレス工法（参考図１）がある。さらに壁板を利用した専用取り付け金物（参考図２）で，壁板の厚さによって選択して器具を取り付けるものがある。

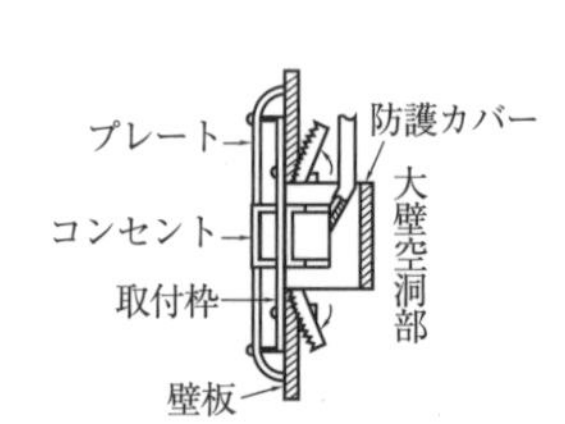

参考図１　ボックス省略の例

（a）3～10 mm壁用

（b）石こうボード用（7～18 mm壁用）

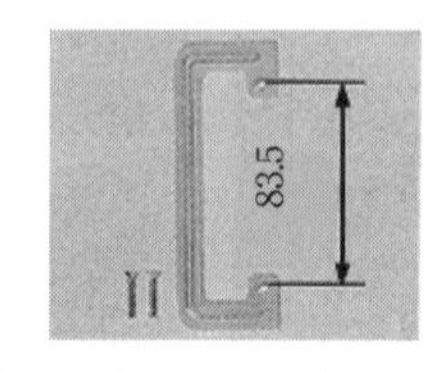

（c）石こうボード用（0～30 mm）

参考図２　ボックス省略取り付け金具

出所：(図１(c)) パナソニック(株)

番 号	No. 5 .10

作業名	器具の取り付け（2）	主眼点	レセプタクルの取り付けと接続

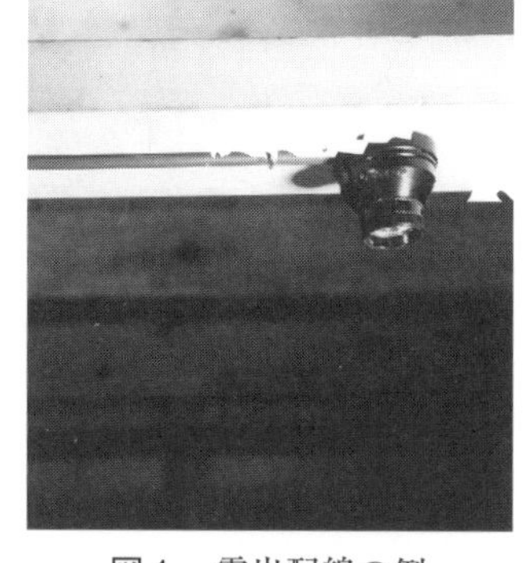

図１　露出配線の例

図２　隠ぺい配線の例

材料及び器工具など

平形ビニル外装ケーブル
レセプタクル
電気ドリル
羽根きり
組やすり
木ねじ
ペンチ
ストリッパ
コンベックスルール
作業用手袋

番号	作業順序	要　　点
●露出配線の場合		（図１）
1	ケーブル挿入口を削る	図３のように加工するため，ナイフ又は組やすりで削り取った後，ケーブルが傷付かないようにやすりできれいに仕上げる。
2	レセプタクルを取り付ける	1. レセプタクルに合わせ，ケーブルのくせ取りを行う。 2. 位置を合わせた後，木ねじで造営材に固定する。
3	接続する	1. レセプタクルの台から，外装５mm 残してはぎ取る。 2. IV 線を振り分け，端子ねじ近くで被覆をはぎ取る。 3. 端子ねじを緩め，心線をねじ締め付け方向に「の」の字に巻き付ける。 4. 余った心線を切り取り，心線を締め付ける（図４）。
4	ふたを取り付ける	極性に注意する（図５）。
●隠ぺい配線の場合		（図２）
1	穴をあける	レセプタクルを天井面に当て，ケーブル引き出し位置をしるし，その位置を羽根きりで穴をあける。
2	ケーブルを引き出す	外装がベースの上に出るようにする。
3	レセプタクルを取り付ける	1. 天井が平らで丈夫な場合は，図４のように直接木ねじで固定する。 2. 天井が弱いときは，天井内に補強材を入れ，木ねじで固定する。
4	接続し，ふたを取り付ける	極性（ソケット部は接地側，中央部は非接地側）に注意して，ねじの締める方向に巻き付ける（図５）。

図　　解

ケーブル挿し込み口
ねじ頭

図３　レセプタクルの加工

図４　電線の処理

図５　極性と巻き付け方向

番号	No. 5.11

作業名	器具の取り付け（3）	主眼点	遮断器の取り付けと接続

ELB　B　B　R イ　R ロ　イ ロ

図1　単線結線図

材料及び器工具など

配線用遮断器２Ｐ
漏電遮断器３Ｐ
平形ビニル外装ケーブル２心
平形ビニル外装ケーブル３心
木ねじ
サドル
ペンチ
ストリッパ
コンベックスルール
下げ振り，水平器
チョークライン，作業用手袋

番号	作業順序	要　　　点
1	位置をしるす	遮断器の大きさ，間隔，配線スペースを考慮して，図１の結線図から図２のように墨を出す。
2	遮断器を取り付ける	遮断器の１次側を上にして，取り付け墨に合わせて丸頭木ねじで固定する。
3	２次側のケーブルを支持する	1.　２次側ケーブルのくせを直し，形を整える。 2.　遮断器取り付け部分のケーブル余長は，約100 mm取る。 3.　ステップル又はサドルで固定する。
4	遮断器と電線を接続する	1.　遮断器の端子カバーを取り外す。 2.　ケーブルの先端を図３のような形にする。 3.　端子接続長さ（ケージ）に合わせて心線が，左右対象となるよう被覆をはぎ取り，先端をそろえて切る。 4.　心線を端子先端まで差し込んで，締め付ける。 5.　N極端子の電線は，必ず白線を接続する。 6.　遮断器の端子カバーを取り付ける。
5	行先表示をする	保守点検のため，各ケーブルには行先表示を行う（図４）。

図　　解

図２　墨出しの例

端子板
端子接続長さ
形とり

図３　ケーブルの処理

極Ⓝは白線を接続する
単相３線式
入
表示札
表示札

図４　行き先表示の例

備考

遮断器の種類と動作機能は下記（参考図１～４）のとおりである。

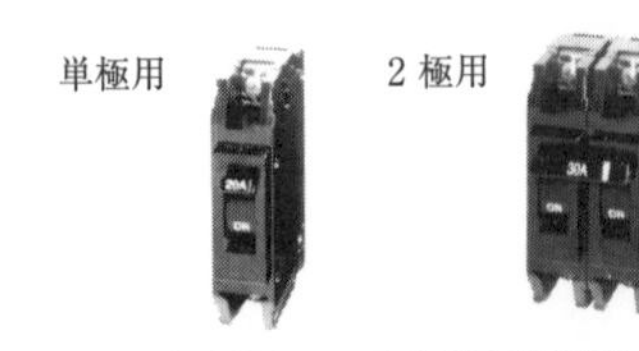

参考図１　配線用遮断器

参考図２　漏電遮断器

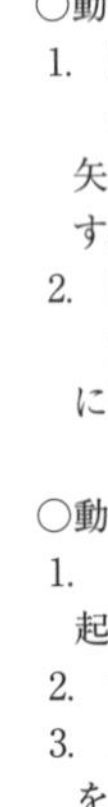

○動作
1.　時延引外し
　過電流が流れると，バイメタルが加熱され，矢印の方向にわん曲してトリップバーを動かす。
2.　瞬時引外し
　大電流が流れると，プランジャが矢印の方向に吸引されトリップバーを動かす。

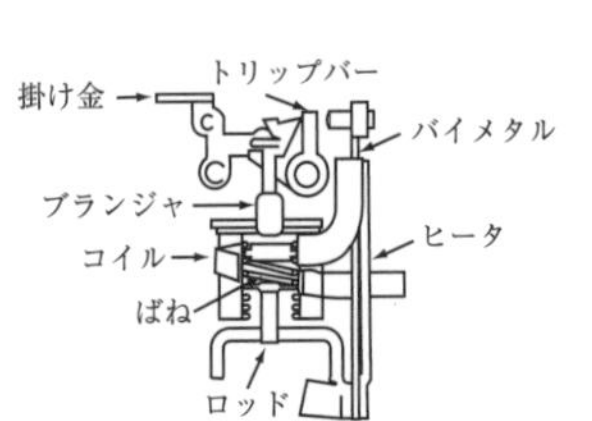

参考図３　過電流引き外し装置（熱動形）

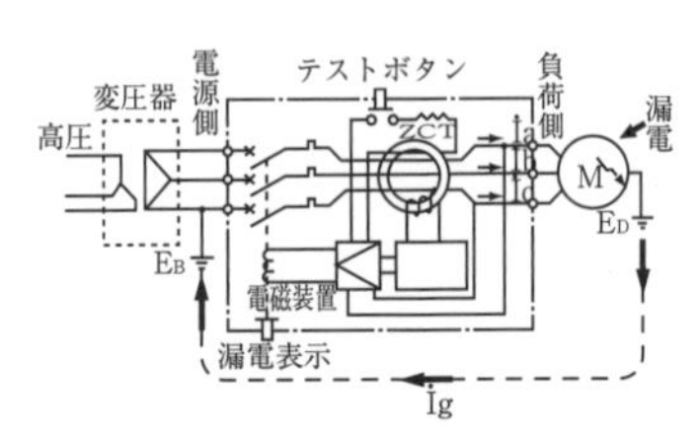

参考図４　漏電遮断器回路構成

○動作
1.　地絡が発生するとZCTの２次側に電圧が誘起される。
2.　誘起された電圧は，微小であるため増幅する。
3.　増幅された電圧で電磁装置を作動させ，本体をトリップさせる。

番号	No. 5.12

作業名	器具の取り付け（4）	主眼点	引掛けシーリングの取り付け

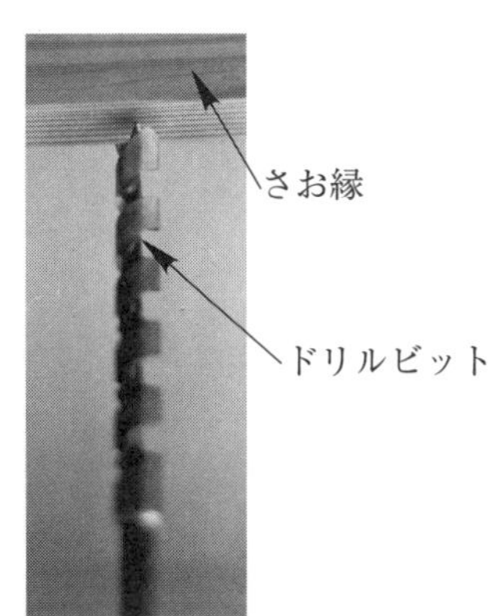

図1　ドリルビットの使用

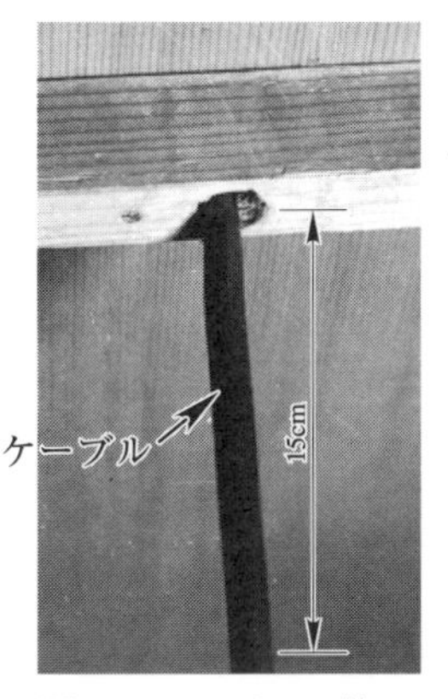

図2　ケーブルの施工

材料及び器工具など

平形ビニル外装ケーブル
引掛けシーリング
ドリルビット
クリックボール
電気ドリル
木工用ドリル
ドライバ
ストリッパ
作業用手袋
木ねじ

番号	作業順序	要　　点
1	穴をあける	クリックボール又は電気ドリルに 12 mm のドリルビット又は木工用ドリルを取り付け，さお縁の中心に穴をあける（図1）。
2	ケーブルを出す	約 15 cm の長さがあればよい（図2）。
3	被覆をはぎ取る	ストリップゲージの長さに合わせて被覆をはぎ取る。
4	心線を止める	引掛けシーリングのボディと心線を，極性に注意して接続する（図3）。
5	引掛けシーリングボディを取り付ける	さお縁と平行になるように手で押さえておき，20 mm の木ねじで固定する（図4）。
6	キャップを付ける	引掛けシーリングボディとキャップの印を合わせて差し込み，右方向にねじる（図5）。

図　　解

図3　引掛けシーリングボディと心線の接続

図4　差込形引掛けシーリングの取り付け

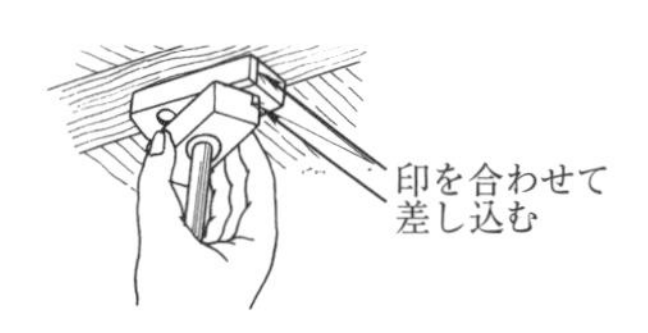

図5　キャップの取り付け

備考

シーリングボディの取り付け例を参考図1，参考図2に示す。

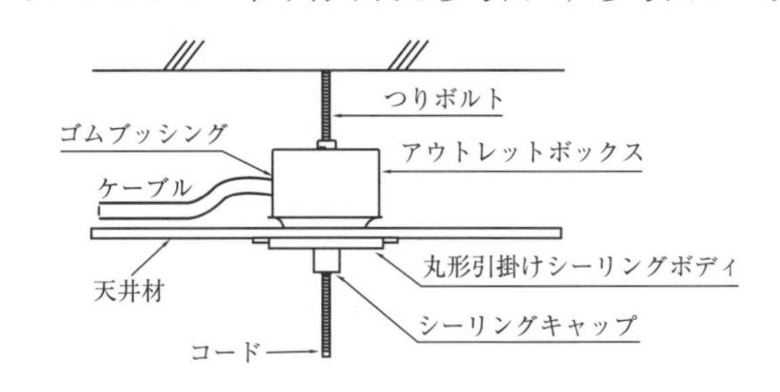

参考図1　丸形シーリングボディ
（ボックスレス取り付け可能）

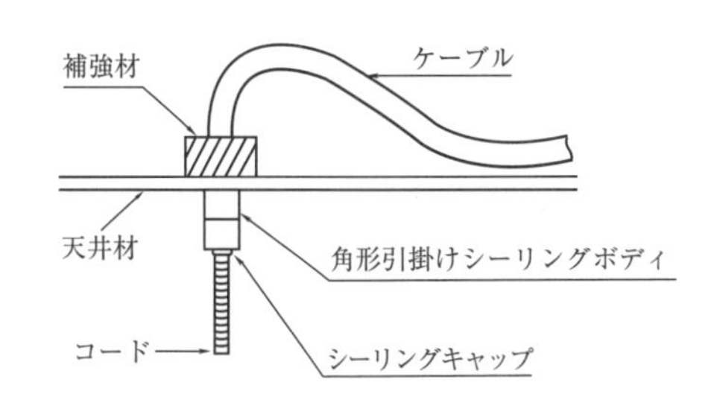

参考図2　角形シーリングボディ

【参考】照明器具の取り付け

〔注〕器具に合ったランプを使用すること。

（1）直付けの取り付けの場合

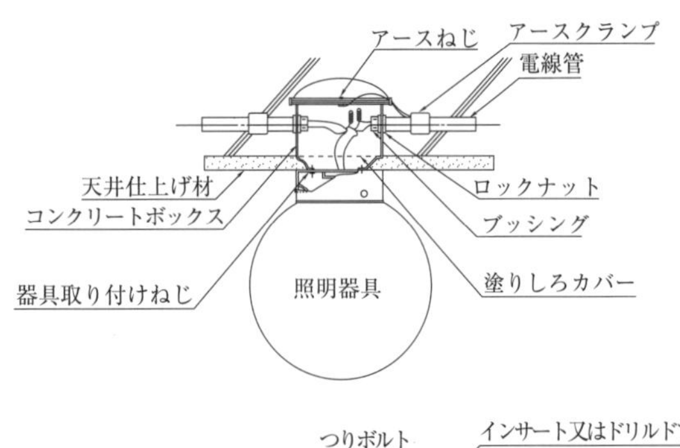

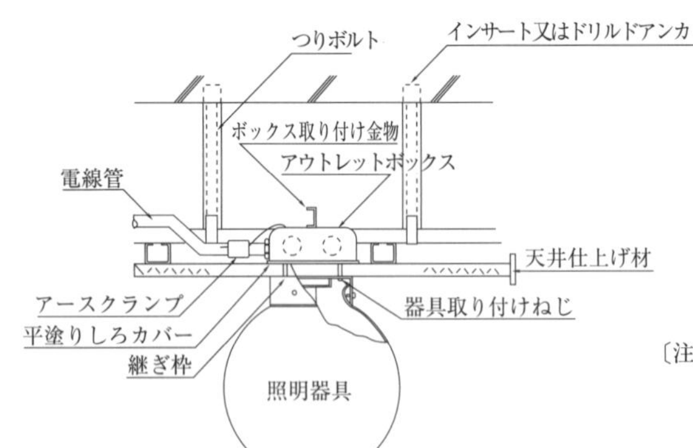

（2）コードつりの場合

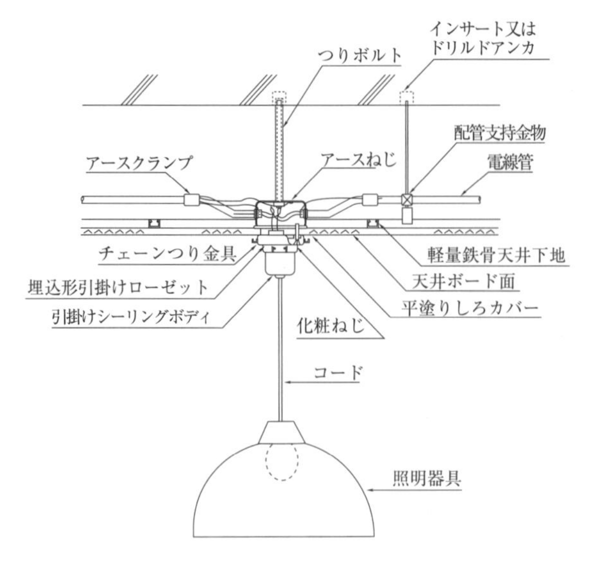

〔注〕1. コードペンダント器具の重量は3 kg以下とすること
（補強線入りのコードを使用する場合を除く）（内線規程:2016　3205－3）。

（3）埋込み器具取り付けの場合

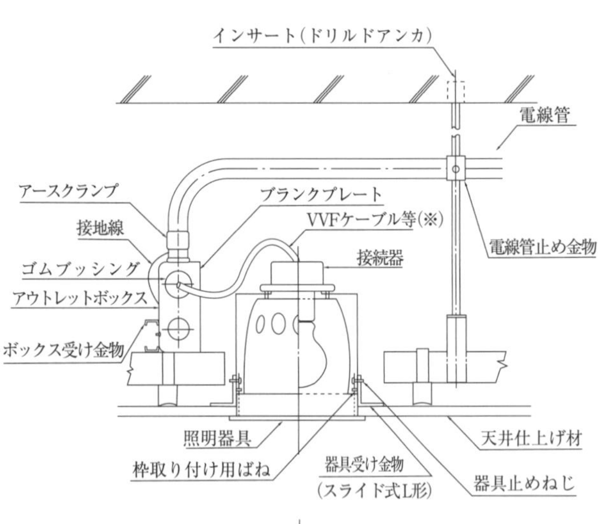

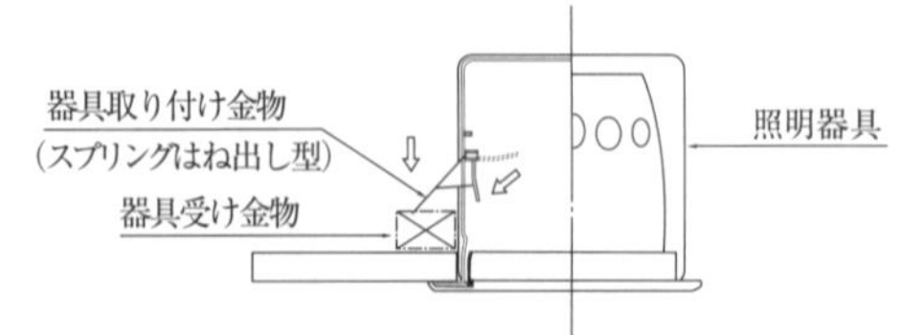

（4）ブラケット器具取り付けの場合

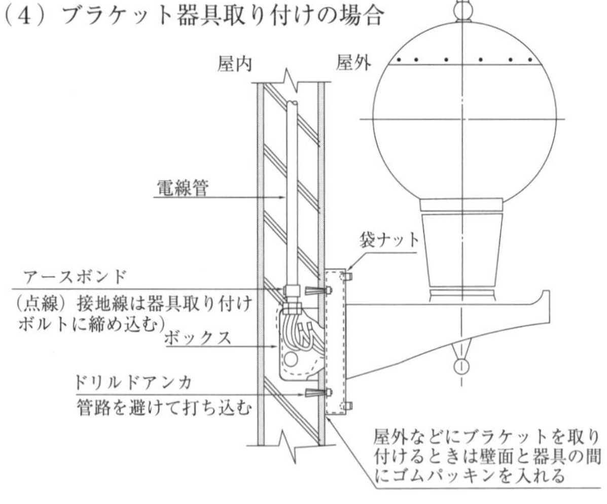

（5）防水形器具取り付けの場合

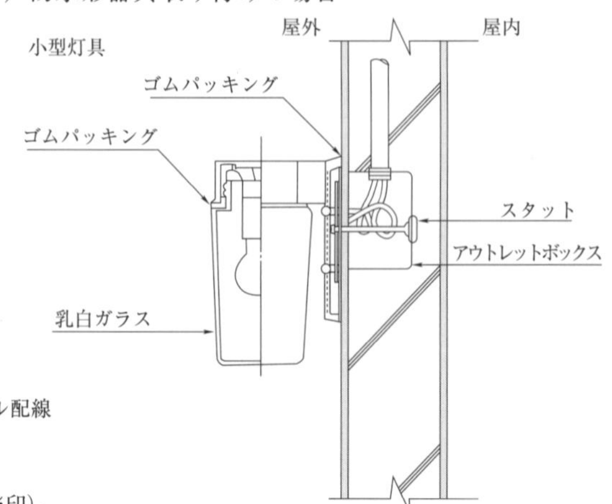

〔注〕1. 二重天井内において屋内配線から分岐して接続する配線は，ケーブル配線又は金属製可とう電線管配線とする（内線規程：2016　3205－1）。
2. アウトレットボックスは点検可能な位置に取り付けること。
3. 白熱灯の場合は灯具の発熱を考えて，電線の材質に注意すること（※印）。

（6）コンクリート天井の場合

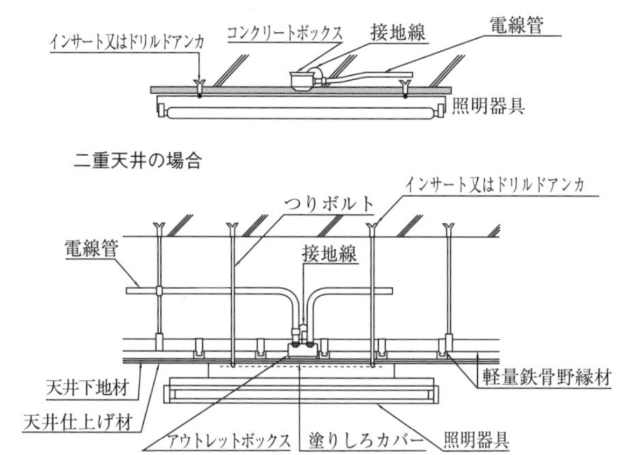

〔注〕1. 照明器具の製作図により，ボックス及びインサート（ドリルドアンカ）の位置を決定すること。
2. 配管はドリルドアンカにより，損傷しないように施工すること。
3. 器具の製作図により，塗りしろカバーが器具からはみ出さないようにカバーの種類と取り付け方向を決めること。
4. 打ち放し仕上げ天井の場合は，ボックスに塗りしろカバーを取り付けて打ち込むこと。

（9）埋込形の場合

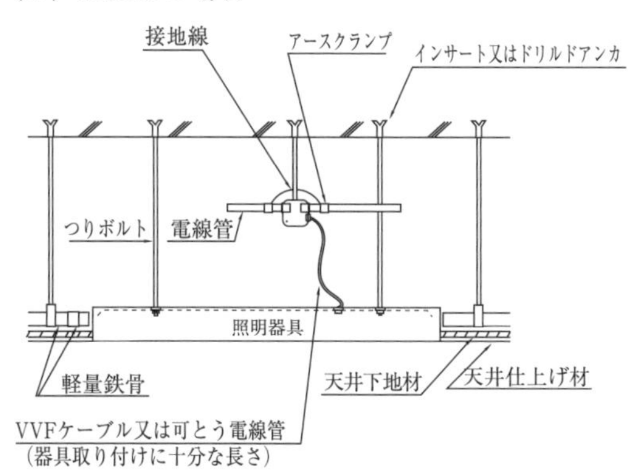

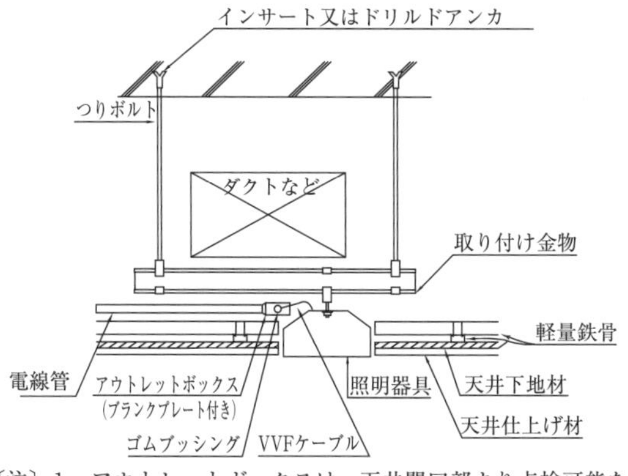

〔注〕1. アウトレットボックスは，天井開口部より点検可能な位置に設けること。
2. つりボルトは器具製作図により位置を決め，垂直に下ろすこと。
3. 照明器具・電線管・VVF ケーブルなどは，ダクトなどと直接接触しないように施工すること。

（7）舟底形フランジの場合

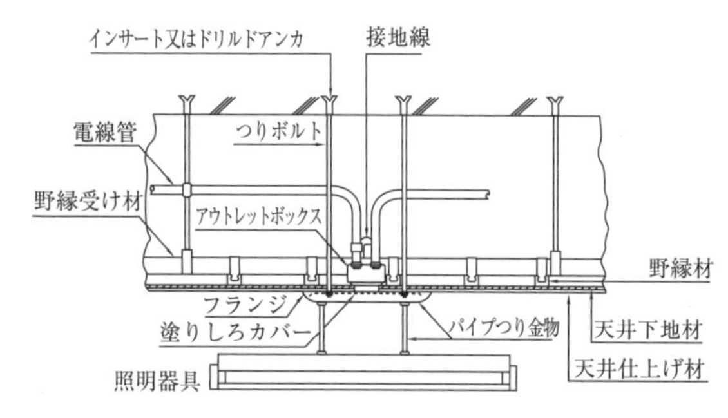

（8）椀形フランジの場合

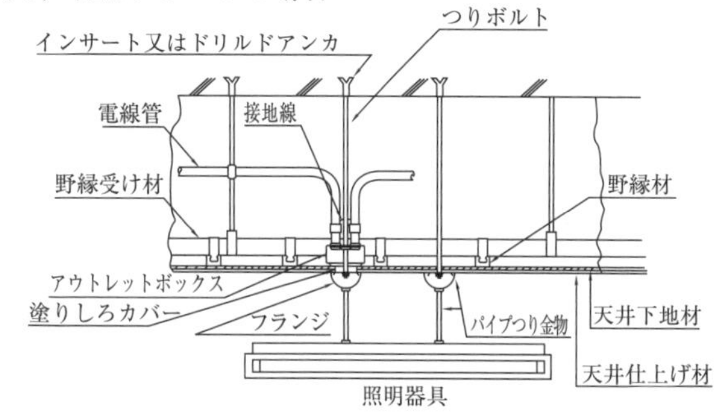

〔注〕1. インサート（ドリルドアンカ）の位置は，器具製作図により決定すること（ボルトは垂直に下ろす）。
2. 塗りしろカバーの種類及び取り付け方向は，フランジの形により，フランジよりはみ出さないようにすること。
3. ボルトの長さは，天井寸法に器具固定寸法を加えて，ナット下面よりねじ山程度になるようにすること。

（10）軽量間仕切り壁取り付けの場合

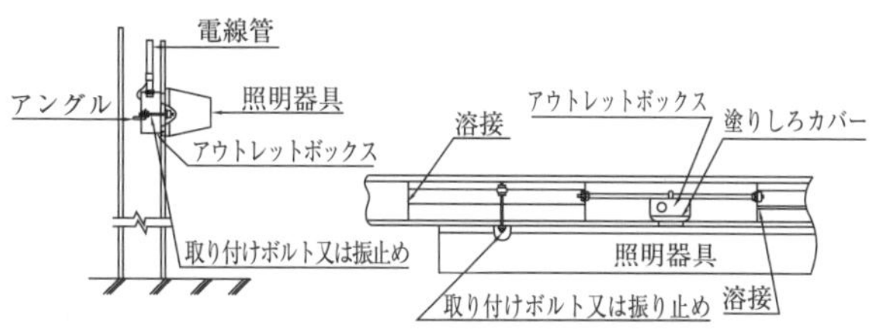

コンクリート壁取り付けの場合

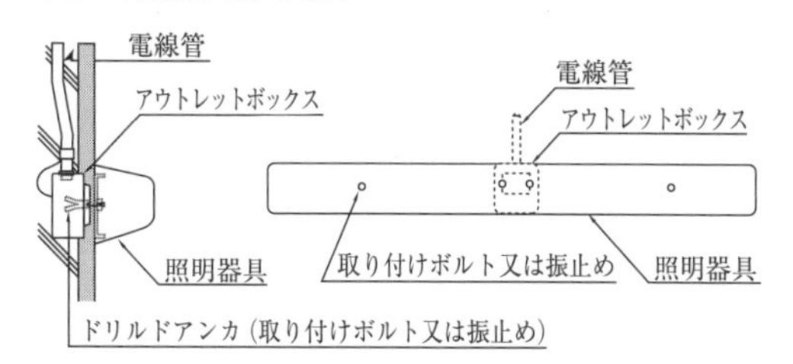

〔注〕1. アウトレットボックスの取り付け位置は，安定器などの位置関係に注意する。
2. 配管はドリルドアンカなどで傷付かないように施工する。
3. 振り止め又は取り付けボルトの位置は，製作図によって確認する。
4. 塗りしろカバーが器具からはみ出さないようにカバーの種類と取り付け方向に注意する。
5. メタルラス張りの壁などの場合，器具取り付けねじ又はボルト（振止めを含む）がラスなどに接触しないように施工する。
6. FL10W などの小形の器具は，カバーねじで取り付けてもよい。
7. 重量の軽い器具（3 kg以下）の振り止めは，壁の仕上げ材に適合した小形のアンカでもよい。

番号	No. 5 .13

作業名	器具の取り付け（5）	主眼点	自動点滅器の取り付けと接続

図1　屋外灯と自動点滅器

材料及び器工具など

屋外灯
自動点滅器
平形ビニル外装ケーブル
サドル
リングスリーブ
ビニルテープ
圧着ペンチ
ペンチ
ストリッパ
作業用手袋
木ねじ
電気ドリル

番号	作業順序	要点
1	位置を決める	1. 屋外灯は地上 2.5m 以上の高さに決める（図1）。 2. 自動点滅器は，屋外灯の光が受光面に入射する位置や影になる位置は避ける。 3. 図2は埋込形，図3は露出形自動点滅器を示す。
2	器具を取り付ける	1. 雨露にさらされるところは，さびの出ないステンレスなどのビスで固定するか，コンクリート内にBOXを入れ，防雨対応を考える。 2. 鋼管ポールの時は，電気ドリルで下穴をあけ，鉄板ビスで固定する。下穴は，ビス径の0.9倍の大きさを標準とする。
3	配線する	1. ケーブルをサドルで固定する。 2. 固定の方法 (1) 鋼管ポールの場合は，下穴をあけ鉄板ビス（タッピングねじ）で止める。 (2) 木柱の場合は，黄銅ビス又はめっきビスで止める。
4	接続する	電源側，負荷側，共通線を確認して接続する。

図解

防水パッキン

図2　埋込形

受光面

図3　露出形

備考

1. 受光面は，メーカによって違いがある。
2. 屋外での接続には，屋外用分岐ボックス（OBB）を用いるとよい。
3. 昼間，自動点滅器の点灯テストを行う時は，テストカバーで入射光を遮断するとよい。
4. 参考図1は，自動点滅器の内部回路を示したものである。主要部分は光電面，抵抗，バイメタル及び接点である。昼間，光電面から光が入射するとCdS（硫化カドミウム）の抵抗が小さくなり，抵抗に電流が流れる。抵抗に電流が流れるとジュール熱を発生し，バイメタルが加熱されるので，バイメタルはわん曲し接点が離れる。ゆえに，負荷は電源から切り離されるのである。しかし，抵抗には電流が流れているので，多少の電力が消費される。
5. 取り付けのときの注意
   (1) 光電面に照明の光が入射するところでは，遮光フードを付ける。
   (2) 建物の影になるところや，ひさしの下は避ける。多少早く点灯してしまうおそれがある。
   (3) 昼間，電源に接続すると点灯するが，50秒くらいで消灯する。
   (4) 器種により接点の電流容量が違うため，用途に合わせて選択する必要がある。

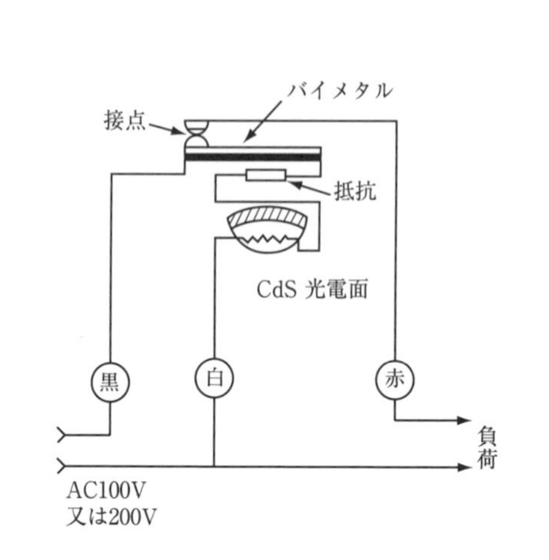

参考図1　自動点滅器回路

備考

6. 自動点滅器の例を参考図2～5に示す。

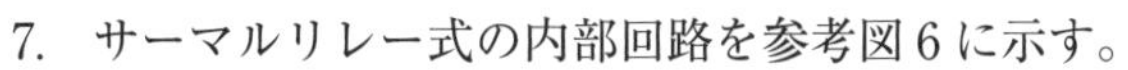

7. サーマルリレー式の内部回路を参考図6に示す。

参考図2　埋込形

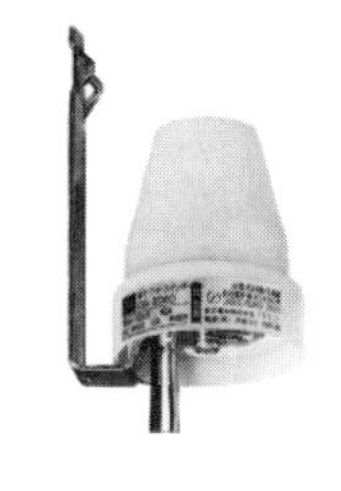

100V 用

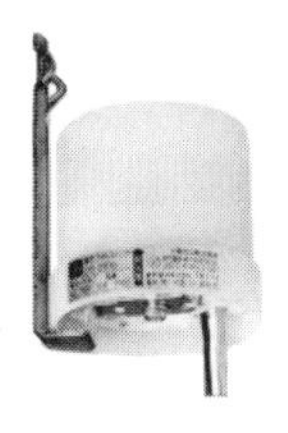

200V 用

参考図3　露出形（1）

受光器本体

100V 用　　200V 用

受光器受け台

参考図4　露出形（2）

JIS 1 形

EE8113K
露出形・
リード線式

JIS 2 形

EE5513
露出形
（受光器本体）

JIS 3 形

EE6113
露出形・
リード線式

参考図5　露出形（3）

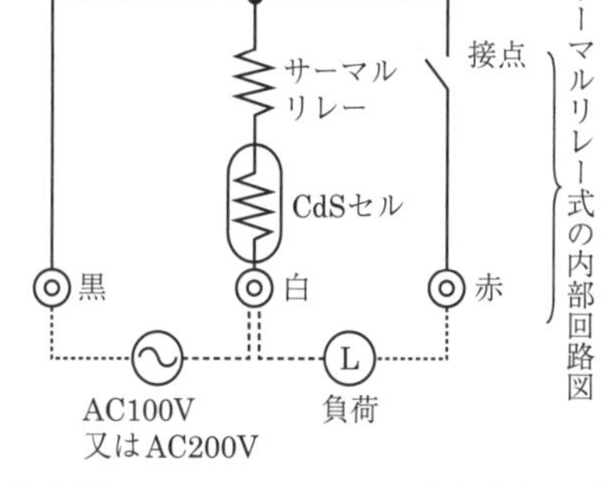

参考図6　サーマルリレー式の内部回路

【参考1】負荷の接続方法

1. 直接負荷をつなぐとき

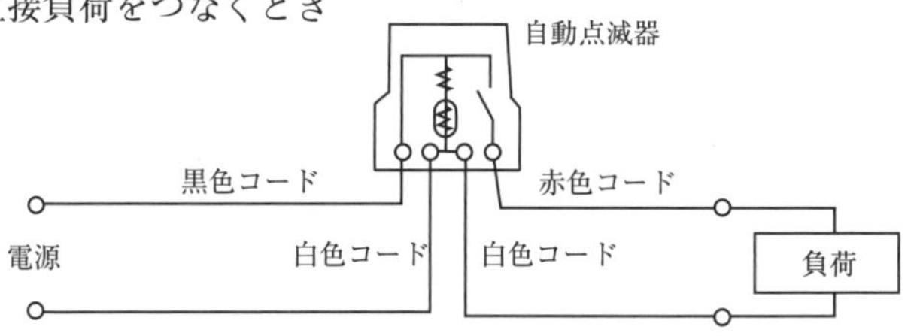

2. 定格電流以上の負荷をつなぐとき

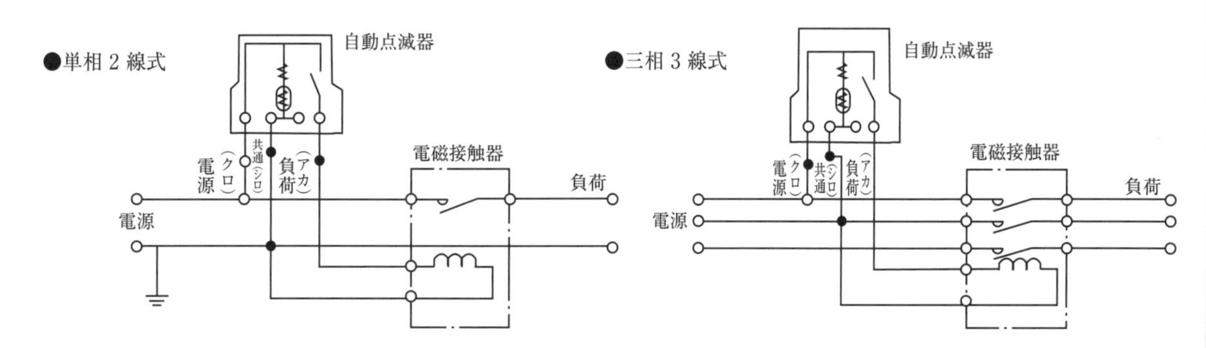

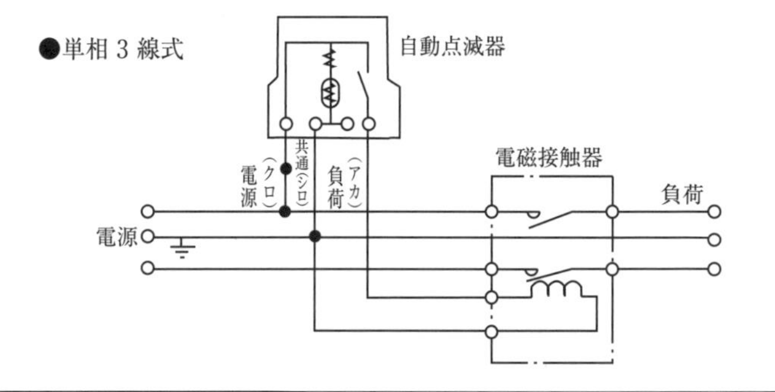

備考

【参考２】熱線式人感センサーの施工例

1. 基本動作（例）

⑴ 親器，又は子器が人体を検知すると，負荷端子に接続された負荷が「ON」になる。親器が人体を検知した場合は，さらに子器側へ検知信号を送出する。

検知面の赤色ランプが点滅するので，検知状態が確認できる。人体を検知しなくなると，設定した動作保持時間後，負荷が「OFF」になる。

⑵ 本体の動作保持時間を調整することで，「切」や「連続入」の切り替えができる。

2. 熱線式人感センサーの器具，回路，配線の例を参考図６～９に示す。

参考図６　天井取り付け用

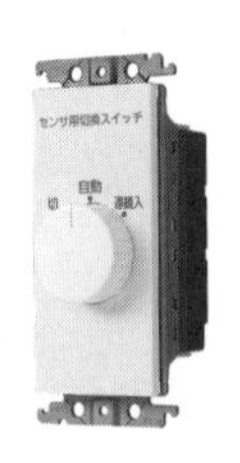

参考図７　埋め込み用

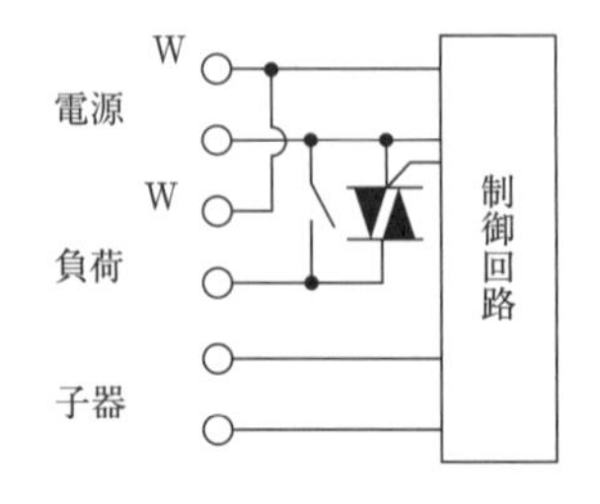

参考図８　回路（例）

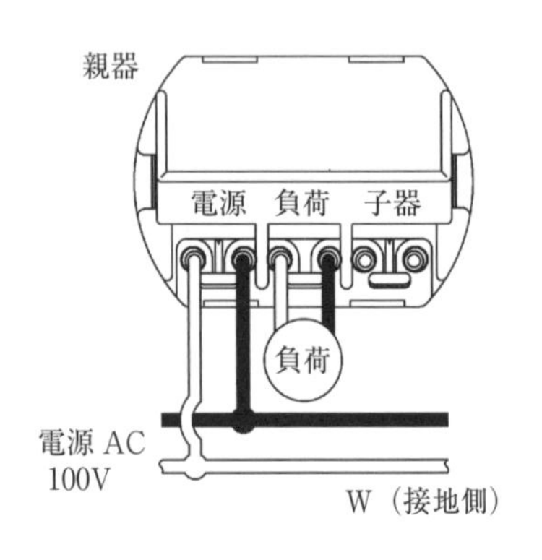

（a）４線式配線

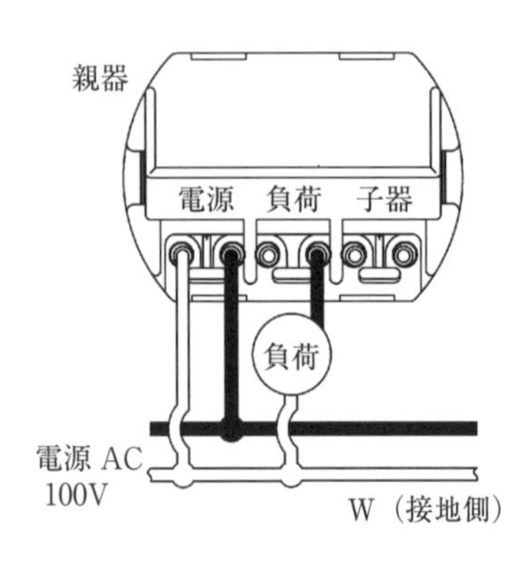

（b）３線式配線

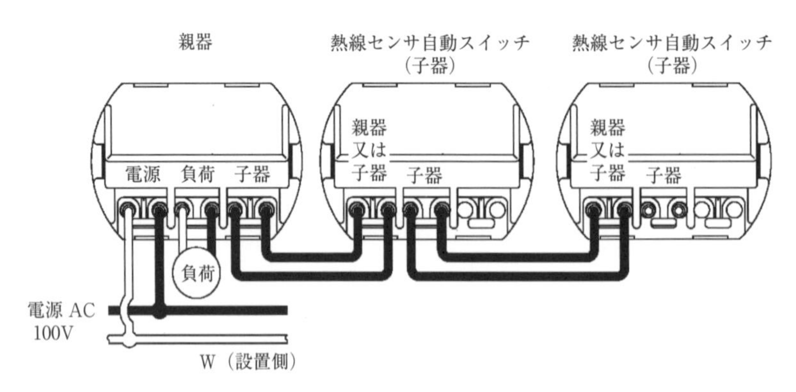

（c）子器接続時

参考図９　配線方法（例）

出所：（参考図６～９）パナソニック（株）

番 号	No. 5 .14

作業名	リモコン配線	主眼点	基本回路

図1　リモコン配線図

材料及び器工具など

安全ブレーカ
リモコントランス
リモコンリレー
リモコンスイッチ
レセプタクル
ジョイントボックス
平形ビニル外装ケーブル
ベル用電線，ステップル
リングスリーブ，ビニルテープ
圧着ペンチ，ハンマ
ストリッパ，作業用手袋
組やすり，木ねじ

番号	作業順序	要　　点	図　　解
1	位置を決める	配線図（図1）にある器具の位置を実技板にしるす。	図2　リモコントランス
2	1次側を配線する	1.　ケーブルをステップルで固定する。 2.　ジョイントボックスを付け，接続する。	
3	2次側を配線する	0.8 mm 以上のベル用電線をステップルで固定する。	(a)　(b) 図3　リモコンスイッチ
4	器具を付ける	1.　リモコントランス（図2）を固定し，1 次側及び 2 次側の電線をトランスのリード線に直接接続する。 2.　リモコンスイッチ（図3）を取り付け，電線をねじ止めする。 3.　リモコンリレー（図4）を取り付け，1 次側，2 次側の別を確認して電線を接続する。リレーには，電線をねじ止め接続するものと，リード線に直接接続するものとがある。	図4　リモコンリレー

備考

1.　リモコンリレーは，負荷の近くに付けるほうが配線も容易で，電線の節約にもなる。
2.　リモコンリレーは，造営材に直接木ねじで固定する場合と，スイッチボックスに取り付ける場合がある。
　特にコンクリート埋込み工事の場合には，ボックス内に固定し，ブランクチップを付けるか，照明器具内に付ける。
3.　1 箇所に多くのリモコンスイッチを集合させる時は，セレクタスイッチ（図3 の（b））を用いる。
4.　配線図の例を参考図1に示す。

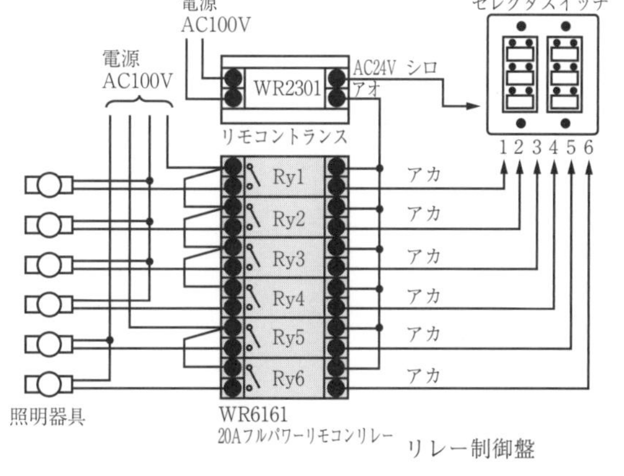

参考図1　配線図

備考

【参考1】フル2線式リモコン

1. フル2線式リモコンによる配線（参考図2）

フル2線式リモコンスイッチ，伝送ユニット，リレーユニットなどの機器構成により，1回線（2線）に多くの，目的地ごとに異なるパルス信号（最大256回路）を乗せて，目的地回路をON，OFF制御する方式で，スイッチの配線施工がきわめてシンプルにできる。

なお，下記に負荷容量の小さい場合と，負荷容量の大きい場合の基本回路配線と機器の機能説明をする。

2. 基本回路

小さい負荷の場合
（器具内設置）
AC100V
大きい負荷の場合
（分電盤内設置）
L S-1 L S-2 L S-3 L S-4 L S-5 L S-6 L S-7 L S-8
伝送ユニット
6A
ユニット
リモコン
トランス
20Aリモコンリレー 20Aリモコンリレー 20Aリモコンリレー 20Aリモコンリレー
電源回路
制御回路
（パルス信号伝送回路）
S1 S2 S3 S4 S5 S6 S7 S8

参考図2　フル2線式リモコンスイッチ S1～S8

3. 機器の説明

(1) リモコンスイッチ

制御が必要な場所に，必要な数を設ける（参考図3）。

(2) 伝送ユニット

フル2線式リモコンの各種制御を行うためのコンピュータ（CPU）で，制御のための信号を出力する。1台で256回路まで制御が可能である（参考図4）。

(3) リレー制御用T／U（ターミナルユニット）

伝送ユニットから信号を受けてリモコンを制御（入切）する。T／Uとはターミナルユニットの略で，端末器の意味である（参考図5）。

(4) リモコンリレー

負荷を入切りするための接点を持っている。片切，3路，4路の区別はない（参考図6）。

（a）1個用

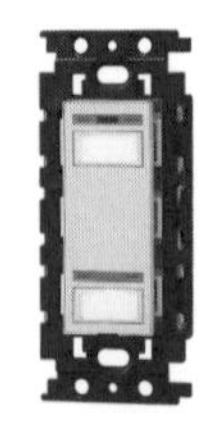

（b）2個用

参考図3　リモコンスイッチ（例）

参考図4　伝送ユニット（例）

参考図5　ターミナルユニット（例）

参考図6　リモコンリレー（例）

備考

4.　動作原理

フル２線式リモコンでは，あらかじめスイッチに負荷番号（チャンネルやナンバー）を登録しておき，スイッチを押すことで，決められた負荷番号に信号が送られ，該当する照明の点灯や消灯ができる。

負荷番号をつけることで，その照明回路内をコントロールすることができる。例えば，ターミナルユニットである部屋を「１」と設定し，さらにその部屋の中の照明をリモコンリレーで「①，②，③…」と設定すると，スイッチを押すことで，ある特定の照明を点灯や消灯することができる（参考図７）。

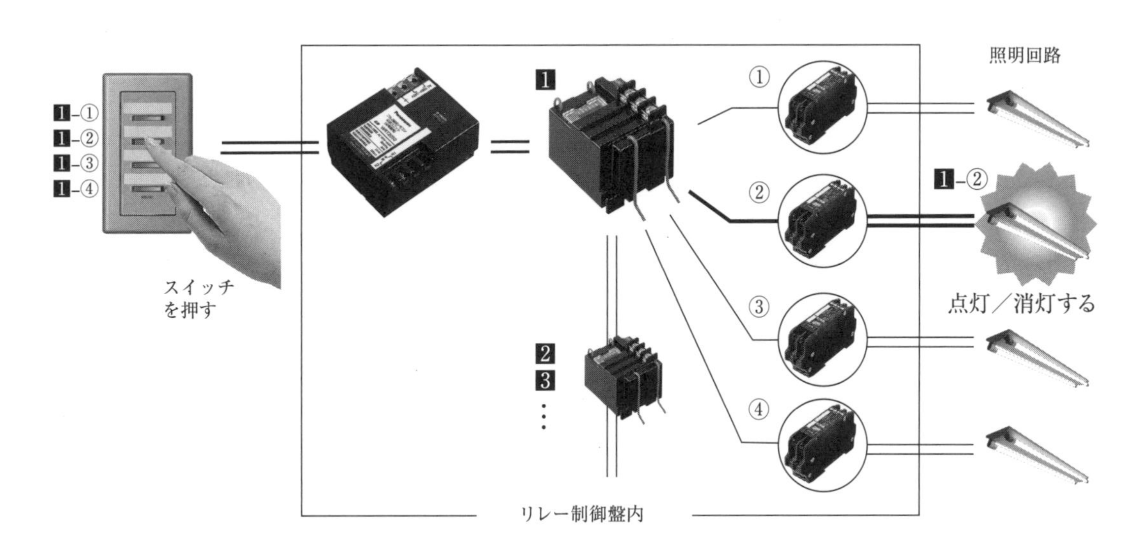

参考図７　動作原理

【参考２】リモコンリレースイッチの配線

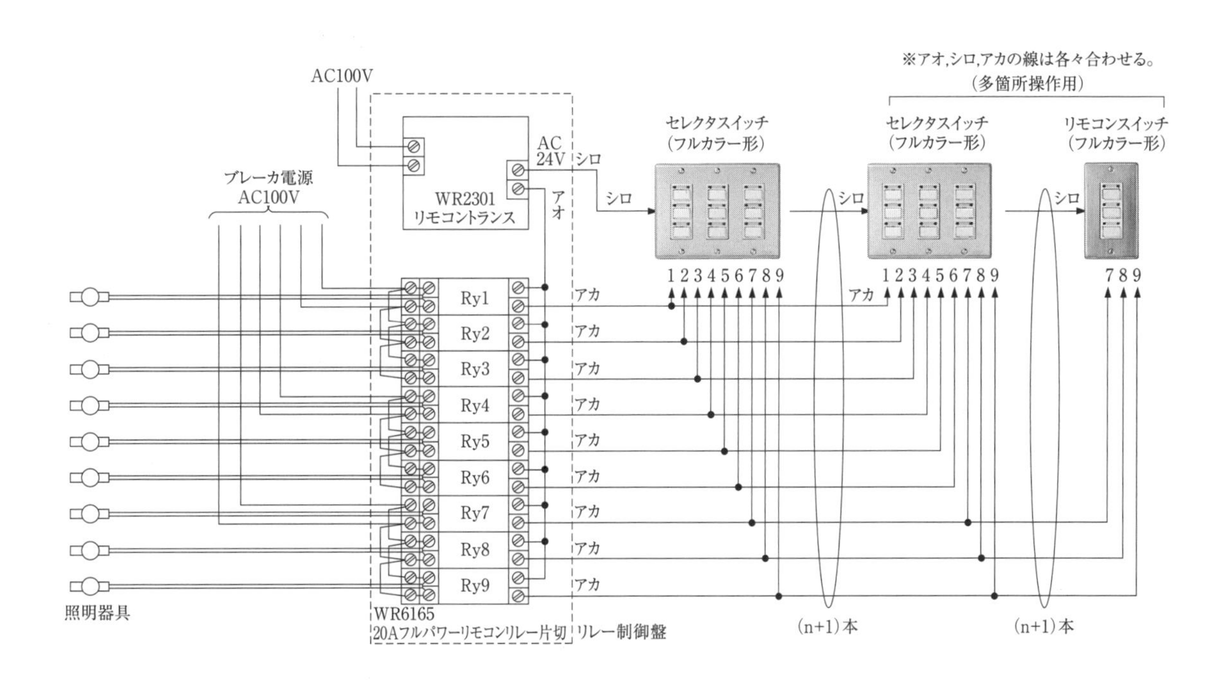

出所：(参考図３～７）パナソニック（株）

番号	No. 5 .15

作業名	金属管の切断（1）	主眼点	金切りのこによる切断

図1　金切りのこによる切断作業

材料及び器工具など

金属管
パイプバイス
金切りのこ
やすり
油差し
ウエス
作業用手袋

番号	作業順序	要点	図解
1	金属管を固定する	パイプバイスに金属管の切断箇所を150 mmぐらい出してしっかりと固定する（図2）。	図2　金属管の固定
2	切り込みをつける	1. 右手に金切りのこを持ち，刃の元を切断箇所に直角に当てる。 2. 左手の親指をのこ刃に当てガイドとし，軽く小刻みに前後させて切り込みを付ける（図3）。	図3　切断箇所の切り込み
3	金属管を切る	1. 金属管の切断箇所と，のこ刃に油を付ける（図4）。 2. 右手で金切りのこの柄を包むようにして握り，左手は弓の先端を持って，刃の先を切り込み箇所に当てる（図5）。 3. 金切りのこに力を平均に掛け前方へ押す。次に力を抜いて手前に引く。この動作を繰り返す。 4. のこ刃と金属管は，常に直角にして刃をねじらないように，刃の全長を使って切る。 5. 切り終わりは，力を抜いて切り落とす（図1）。 6. 切り落とされる金属管が長い時には，左手で支えて切り落とす。	図4　油差し 図5　金切りのこの持ち方

番号	作業順序	要　　点	図　　解
4	仕上げる	1. 右手の親指をやすりの柄の上になるようにして，左手は穂先を手のひらで押さえるようにやすりを持ち，やすりの穂先を金属管の切り口に直角に当てる。 2. やすりに力を平均に掛け，前方に押し，力を抜いて軽く引く。この動作を繰り返し，金属管の切り口を直角に仕上げる（図６）。 3. 油や切粉をウエスで拭き取る。	図６　切断面のやすりかけ

備考

1. 金切りのこを使用する場合は手袋を着用する。
2. 油受け皿を設置し，床を汚さないように注意する。
3. 鋼製電線管の種類は参考表のとおりである。

参考表　鋼製電線管の種類及び寸法（JIS C 8305：2019「鋼製電線管」）

種類	管の呼び方	外径〔mm〕	厚さ〔mm〕	長さ〔mm〕	近似内径(参考)〔mm〕
厚鋼電線管	G16	21.0	2.3	3 660	16.4
	G22	26.5	2.3	3 660	21.9
	G28	33.3	2.5	3 660	28.3
	G36	41.9	2.5	3 660	36.9
	G42	47.8	2.5	3 660	42.8
	G54	59.6	2.8	3 660	54.0
	G70	75.2	2.8	3 660	69.6
	G82	87.9	2.8	3 660	82.3
	G92	100.7	3.5	3 660	93.7
	G104	113.4	3.5	3 660	106.4
薄鋼電線管	C19	19.1	1.6	3 660	15.9
	C25	25.4	1.6	3 660	22.2
	C31	31.8	1.6	3 660	28.6
	C39	38.1	1.6	3 660	34.9
	C51	50.8	1.6	3 660	47.6
	C63	63.5	2.0	3 660	59.5
	C75	76.2	2.0	3 660	72.2
ねじなし電線管	E19	19.1	1.2	3 660	16.7
	E25	25.4	1.2	3 660	23.0
	E31	31.8	1.4	3 660	29.0
	E39	38.1	1.4	3 660	35.3
	E51	50.8	1.4	3 660	48.0
	E63	63.5	1.6	3 660	60.3
	E75	76.2	1.8	3 660	72.6

番号	No. 5.16

作業名	金属管の切断（2）	主眼点	バンドソーによる切断

図１　金属管のセット

材料及び器工具など

金属管
バンドソー又は高速カッタ
保護めがね

番号	作業順序	要　　点	図　　解
1	金属管を固定する	1. 電源プラグがコンセントから外れていることを確認する。 2. 切断する材料に合わせて，スピード調整ダイヤルの目盛りを選ぶ。 3. 切り落とす部分をバイスの右側に出すように金属管をテーブルに乗せる（図１）。 4. 金属管をテーブル上に水平になるように置く。金属管が長い場合は，受け台などで水平に支える。 5. ブレード（ノコ刃）を下げ，切断位置を合わせた後再度上げる（図２）。 6. 金属管をバイスを締めて固定する。	図２　金属管の固定
2	切断する	1. 保護めがねを着用し，電源プラグを差し込み，スイッチを入れ，といしを回転させ，といしの振れがないか確かめる。 2. ブレードの回転が安定してきたのを確認したら，ゆっくりとブレードを金属管に当て，切断を始める。 3. 切断は，本体の自重か，軽く押しつける程度で行う（図３）。 4. 切断し終えるときは，ゆっくりと本体を持ち上げて切り終えるようにする。 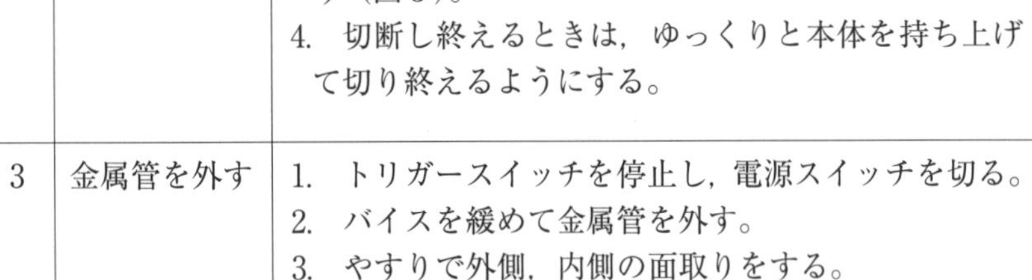	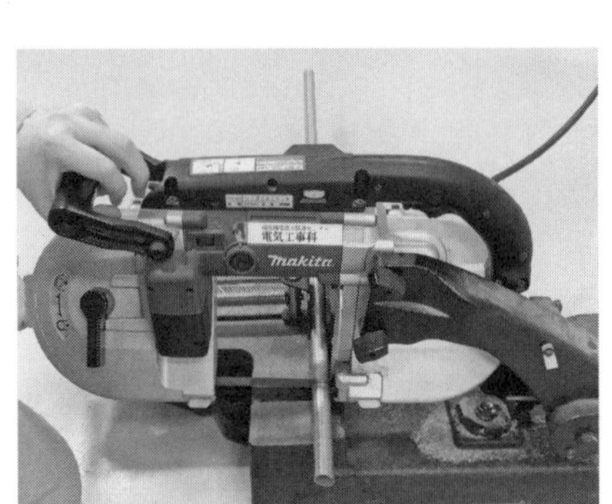 図３　金属管の切断
3	金属管を外す	1. トリガースイッチを停止し，電源スイッチを切る。 2. バイスを緩めて金属管を外す。 3. やすりで外側，内側の面取りをする。	

備考

1. 切断といしは側面からの衝撃には非常に弱く，回転中又は停止中にも横からの圧迫は絶対に避ける。
2. 切断といしが破損したり，摩耗して使用できなくなったら，「研削といし等の刃の取り替え作業」の資格者が完全なものと取り替える。
3. 高速度といし切断機の例を参考図に示す。

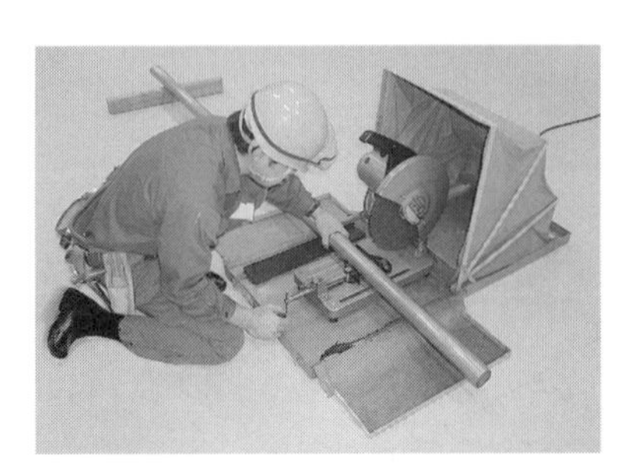

参考図　高速度といし切断機

番 号	No. 5 .17

作業名	金属管のねじ切り（1）	主眼点	リード形ねじ切り器によるねじ切り

図１　管の固定

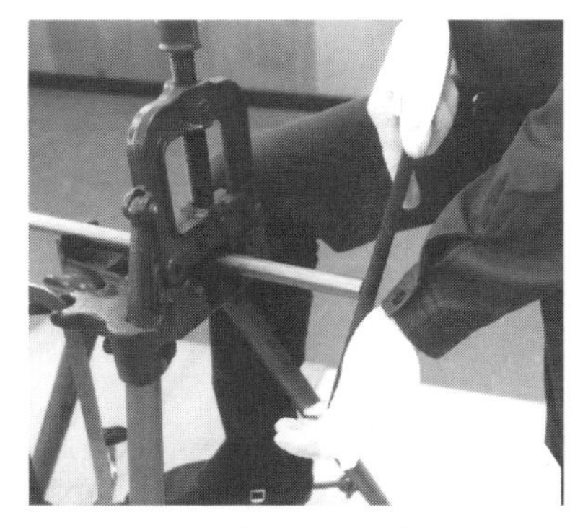
図２　切断面のやすりがけ

材料及び器工具など

薄鋼電線管（C19，C25）
リード形ねじ切り器
クリックボール
バーリングリーマ
パイプバイス
油差し
やすり
ワイヤブラシ
ウエス
作業用手袋

番号	作業順序	要　　点
1	固定する	パイプバイスに管の端を150 mmぐらい出して，しっかりと固定する（図１）。
2	やすりがけをする	管の先端をやすりで直角に仕上げる（図２）。
3	ねじ切り器を当てる	ねじ切り器のガイドを緩め，ガイドを管端に差し込んで，こまの刃を管に直角に当てて，ガイドを軽く締める（図３）。
4	ねじを切る	1. ラチェットをねじ切りの方向に合わせ，右手にハンドルを持ち，左手の手のひらでねじ切り器を強く押しながらハンドルを４～５回上下に動かして，刃を食い込ませる（図４）。 2. ねじ切り箇所に油を差す（図５）。 3. ハンドルを上下に動かして必要な長さまでねじを切る（図６）。
5	ねじ切り器を外す	1. ラチェットを切り替えて，ハンドルを上下に動かし，こまを金属管の先端まで戻す。 2. ガイドを緩め，ねじ切り器を外す。

図　　解

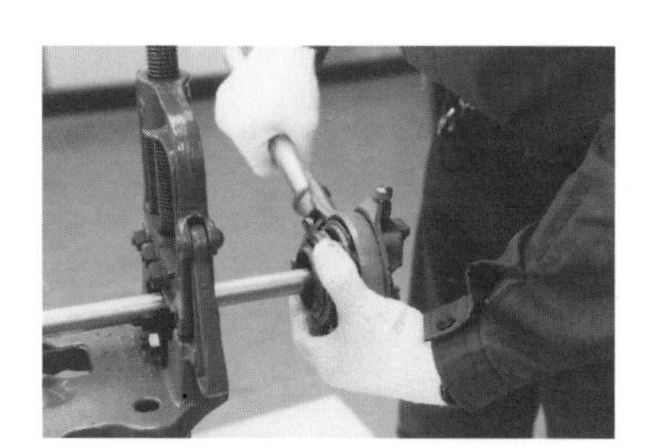
図３　ねじ切り器の取り付け

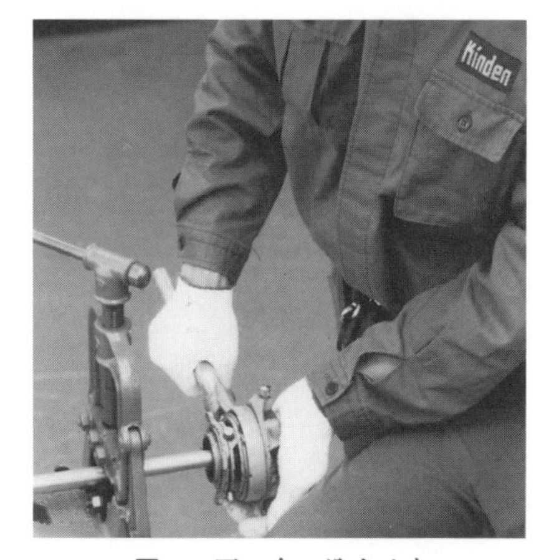

図４　刃の食い込ませ方

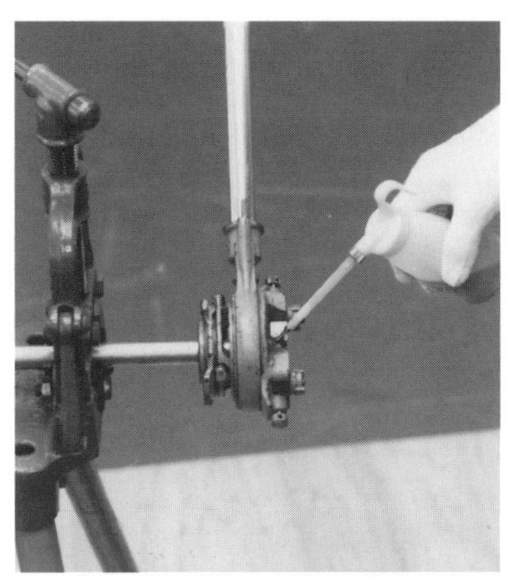
図５　ねじ切り箇所への油差し

図６　管のねじ切り作業

番号	作業順序	要　　点	図　　解
6	面取りをする	1. 金属管の先端をやすりで直角に仕上げる。 2. バーリングリーマを切り口に真っすぐに入れて，押しながらハンドルを回し，管厚の約 1/ 3 まで削る（図７）。 3. 油や切粉をウエスとワイヤブラシで拭き取る（図８）。	図７　ねじ切り部内側の処理 図８　油及び切粉の処理

備考

1. ねじ切り作業時は，手袋を着用する。
2. 油受け皿を設置し，床を汚さないこと。
3. ねじ切り器の本体の印と，こまの印を合わせて取り付けた後，端材を使用して試し削りを行い，ねじ山の仕上がりを見て微調整する（参考図）。

参考図

番 号	No. 5 .18

作業名	金属管のねじ切り（2）	主眼点	金属管固定形電動ねじ切り機によるねじ切り

図1　電動式ねじ切り機

材料及び器工具など

金属管（厚鋼，薄鋼）
電動式ねじ切り機
甲丸形やすり
ウエス

番号	作業順序	要　点	図　解
1	準備する	1. 金属管の種類（厚鋼，薄鋼）とサイズを考慮し，電動式ねじ切り機(図1)にダイヘッドを取り付ける。 2. ねじ切りオイルが入っているか確認する（図2）。 3. 本体に接地を施す。	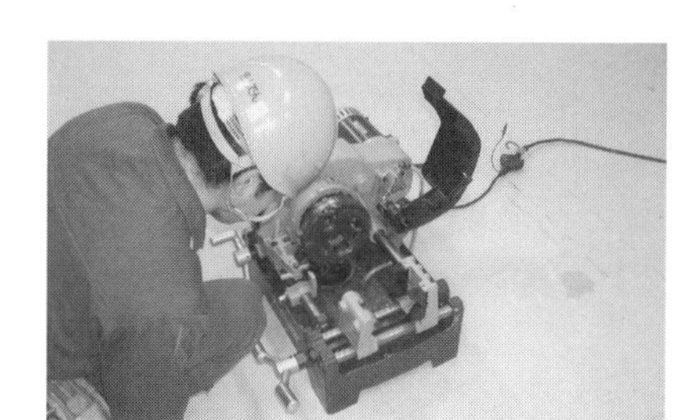 図2　オイルの確認
2	金属管を固定する	1. スピンドルケースを後端まで下げる。 2. チェーザ開閉レバーを「閉」にする。 3. チェーザ食い付き部に金属管を当てた状態で，バイスハンドルにより金属管を固定する（図3）。	 図3　金属管の固定
3	ねじ切り長さを決める	指針のついた開放ドックをスライドさせ，必要なねじ切り長さにストロークスケールを合わせ固定する(図4)。	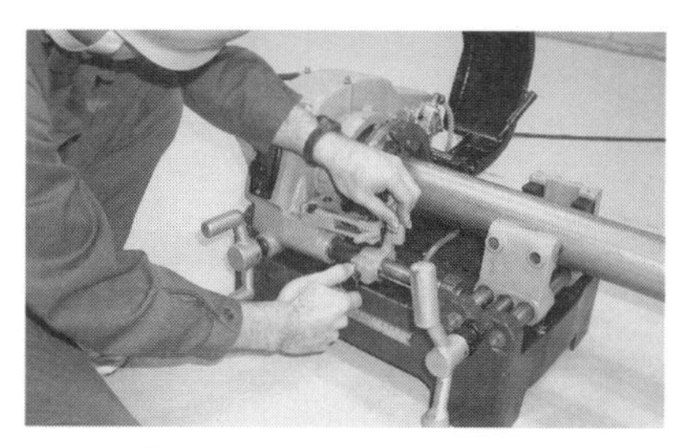 図4　ねじ切り長さの調整
4	ねじを切る	1. 変速レバーを操作し，太いパイプは低速，細いパイプは高速にする。 2. 注油パイプを下ろす（チェーザの食い付き部の近辺)。 3. スイッチを入れる（図5）。 4. ラックハンドルを左に回し，刃を食い込ませる。 5. ねじが所定の長さになり，チェーザが開いた後にスイッチを切り，モータを停止させる。	 図5　始　動

番号	作業順序	要　　　　　点	図　　　　　解
5	金属管を外す	1. スピンドルケースを後端に戻す。 2. バイスハンドルを回してバイスを緩め，金属管を外す。 3. 油を拭き取る（図6）。 4. やすりで内側の面取りをする（図7）。	 図6　油の拭き取り 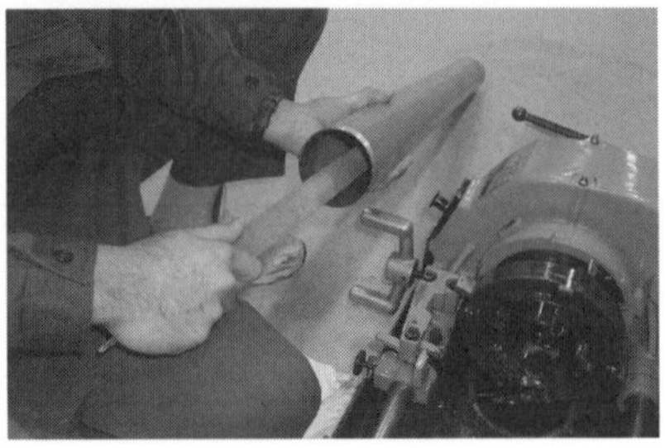 図7　内側の面取り
備考			

番号	No. 5.19

作業名	金属管の曲げ方（1）	主眼点	パイプベンダによる曲げ方

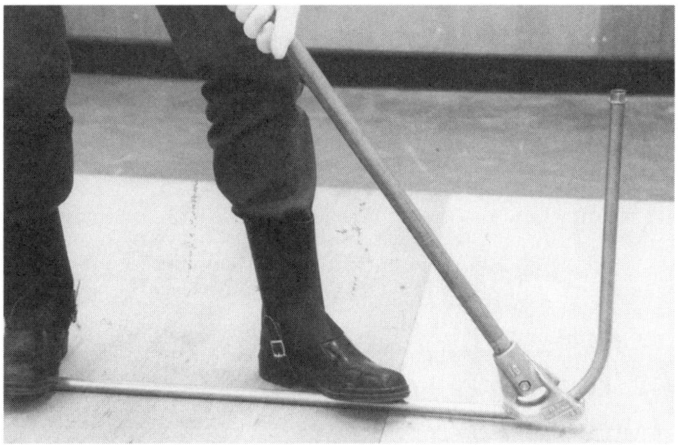

図1　床に置いて曲げる作業

材料及び器工具など

薄鋼電線管（C19，C25）
ねじなし電線管（E19，E25）
アウトレットボックス
パイプベンダ

番号	作業順序	要　　　点
●直角曲げ（その1）　（図1）		
1	曲げる箇所に印を付ける	1. 曲げる部分の長さ l を求める（求め方は「備考」参照）。 2. 金属管の軸上にチョークで長さ l をしるし8等分する（図2）。
2	曲げる	1. 印を上にし A 点にベンダを当て，金属管を両足で押さえ，ベンダの柄を両手で握る（図3）。 2. ベンダを両手で押し付けるように，A点からB点，C点に移して曲げる。 3. H点で 90° に曲げ終わるようにする。
●直角曲げ（その2）　（図4）		
1	曲げる箇所に印を付ける	『直角曲げ（その1）』の「番号1」と同じように行う（図2）。
2	曲げる	1. ベンダを立て印を上にし A 点にベンダを当て，ベンダの頭部を手で持ち，他の手で金属管を握る（図5）。 2. ベンダの頭部を前方に押し倒すようにし，金属管に力を加え A 点から B 点，C 点に移して曲げる。 3. H点で 90° に曲げ終わるようにする。

図　　解

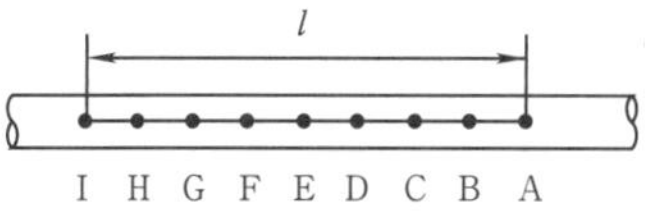

l
I　H　G　F　E　D　C　B　A

図2　曲げ位置の印付け

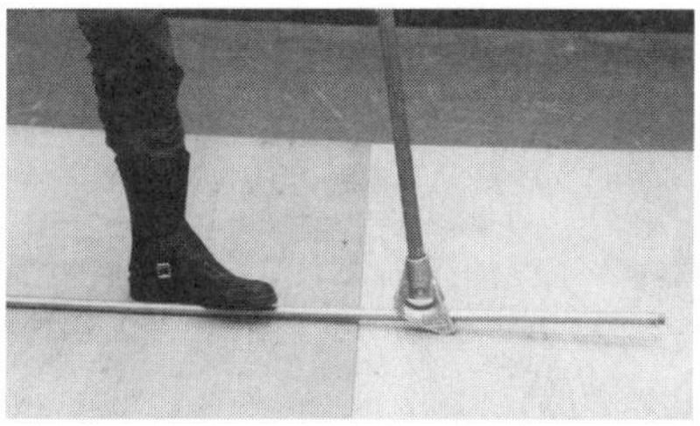

図3　曲げ姿勢

図4　手で持って曲げる作業

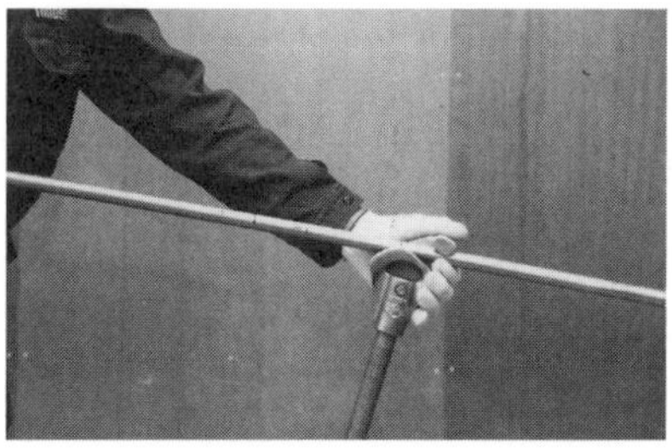

図5　曲げ姿勢

番号	作業順序	要　　点	図　　解
● S 字曲げ			図6　ねじ切り部付近での挟み方
1	ベンダに管を挟む	ベンダを立て，管端のねじ山近くを挟む（ねじ山をつぶさないようにする）（図6）。	
2	曲げる	1. 手でベンダの頭部を持ち，他の手で管を握る。 2. ベンダの頭部を前方に押し倒すようにし，管に力を加え，ノックアウトの中心までの高さに曲げる。	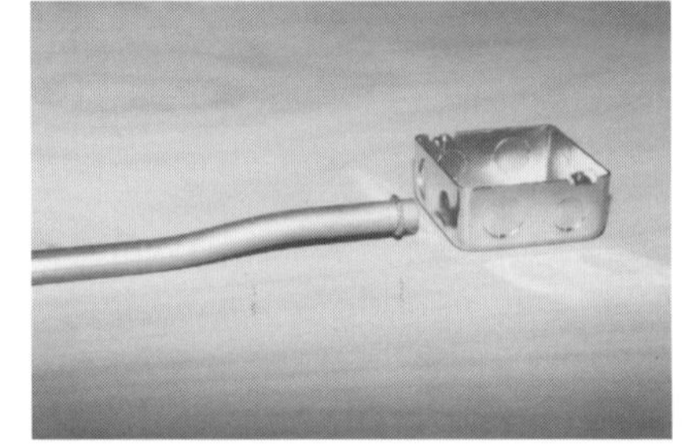
3	S 字に曲げる	1. 管を 180° 回し，曲げ部分をベンダに挟む。 2. 先端の直線部分と管が平行になるように曲げる（図7）。	図7　曲げ高さ

備考

1. 曲げるのに必要な長さ l の求め方（参考図1）。

$r=6\,d$ 以上とするためには　（d は管の内径，No.5.15-2 参考表を参照）

$$r'=6\,d+\frac{D}{2}$$

$$l=\frac{2\pi r'}{4}=\frac{\pi r'}{2}\fallingdotseq 1.57\,r' \quad (r' \text{は曲げ半径})$$

$$=1.57\times\left(6\,d+\frac{D}{2}\right)\fallingdotseq 10\,d \text{ となる。}$$

（曲げ長さを管内径の 10 倍以上にとる）

2. 一定の角度に曲げられる定型ベンダがある（参考図2）。

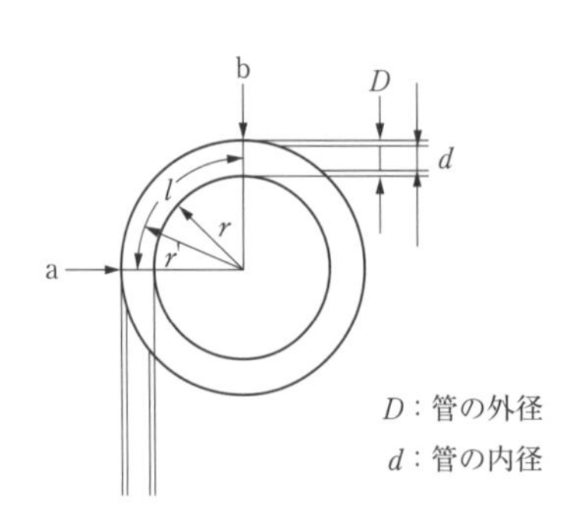

参考図1　曲げ長さの関係

参考図2　ノーマルベンダ

番 号	No. 5 .20

作業名	金属管の曲げ方（2）	主眼点	油圧ベンダによる曲げ方

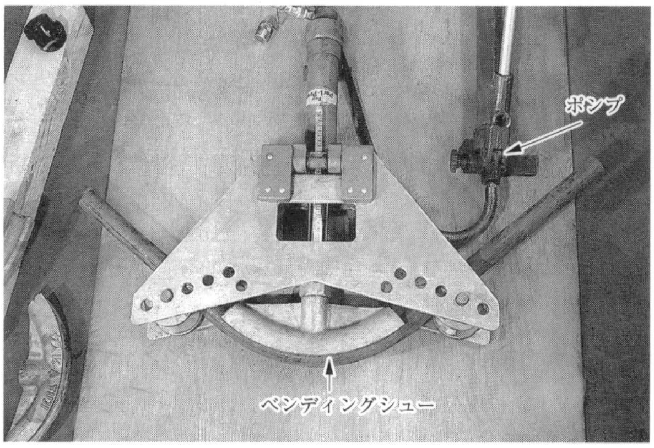

図１　油圧ベンダによる曲げ作業

材料及び器工具など

金属管（C39）
油圧ベンダ
木ハンマ又はプラスチックハンマ

番号	作業順序	要　　点	図　　解
1	油圧ベンダに金属管を挟む	1.　曲げる部分の中心に，チョークで印を付ける。 2.　金属管を入れ，曲げ部分の中心とベンディングシューの中心を合わせる。 3.　ポンプのバルブを閉める。 4.　ポンプのレバーを上下に軽く動かし，ベンディングシューとピボットシューで挟む（図２）。	図２　曲げ位置での固定
2	曲げる	1.　ポンプのレバーを上下に動かして，必要な角度まで曲げる（図１）。 2.　曲げた金属管の戻りがあるので，少し深めに曲げる。	
3	外す	1.　ポンプのバルブを開いて，ラムピストンを元に戻す。 2.　金属管を木ハンマなどで軽くたたいて外す。 3.　ピボットシューを外し，金属管を取り出す。	

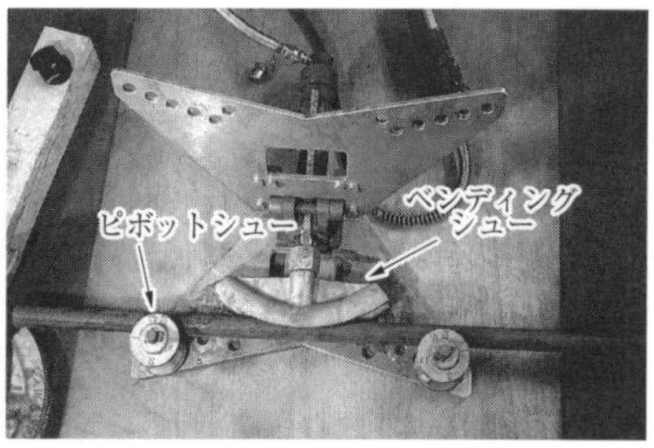

備考	51 mm 以上の金属管は，１回で深く曲げずに，金属管を移動して２～３回で曲げる。このとき金属管の曲げ方向がねじれないようにする。

番号	No. 5 .21

作業名	金属管相互の接続	主眼点	管相互の接続

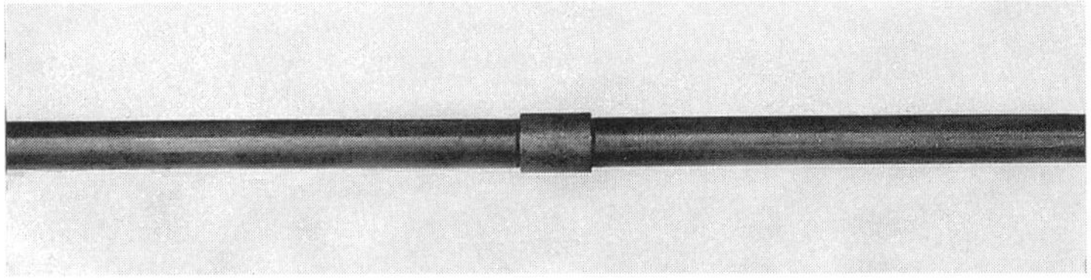

図1　カップリング

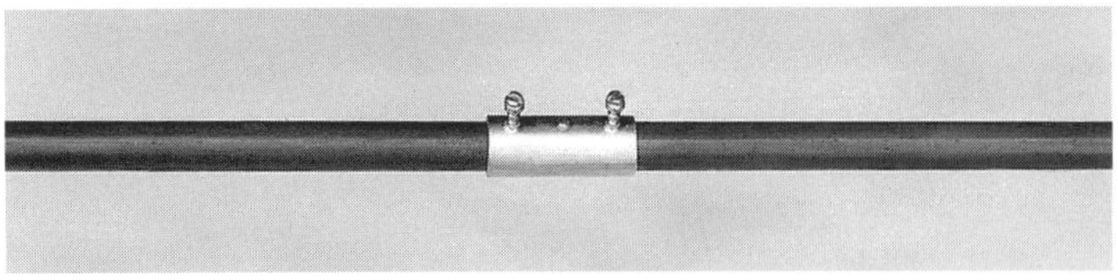

図2　ねじなしカップリング

材料及び器工具など

薄鋼電線管（C19，C25）
ねじなし電線管（E19，E25）
カップリング
ウォータポンププライヤ
ねじなしカップリング
ねじ切り器
バーリングリーマ
プライヤ
ドライバ
パイプバイス，やすり
油差し，ウエス

番号	作業順序	要点
●カップリング		（図1）
1	ねじを切る	1. 金属管相互の管端にねじを切る。 2. ねじの長さは，カップリングの長さの 1/ 2 より 1山多くする（図3）。
2	面取りをする	バーリングリーマで面取りする。
3	接続する	1. カップリングを金属管に，カップリングの長さの 1 / 2 までねじ込む。 2. 他の金属管をカップリングにねじ込む。
4	締め付ける	パイプレンチ又はウォータポンププライヤで固く締め付ける。
●ねじなしカップリング		（図2）
1	面取りをする	1. 金属管相互の管端を直角にやすりで仕上げる。 2. 金属管の内面のばりをバーリングリーマで約 1/ 3 削り取り，外面はやすりで軽く面取りをする。
2	接続する	1. 金属管にカップリングをストッパの位置まで差し込む（ストッパのないときはカップリングの中央まで）。 2. 他の金属管をカップリングのストッパの位置まで差し込む（図4）。
3	締め付ける	カップリングの止めねじをドライバで止め，ねじの頭部がねじ切れるまで締め付ける。

図解

図3　ねじ切り長さ

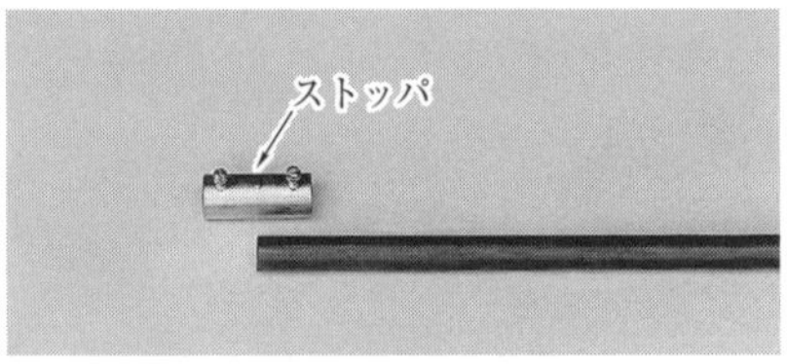

図4　ねじなしカップリングの差し込み長さ

備考

金属管を回してつなぐことができない場合は，ねじなしカップリングのほか，ユニオンカップリングか，送りカップリングを使用するとよい（参考図）。

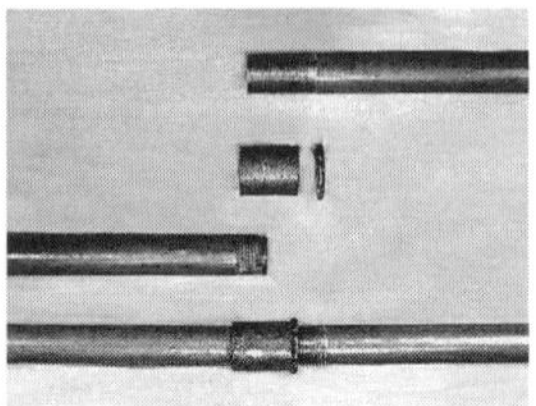

参考図　送りカップリング

番号	No. 5 .22

作業名	ねじなし電線管とボックスの接続	主眼点	埋込みボックス

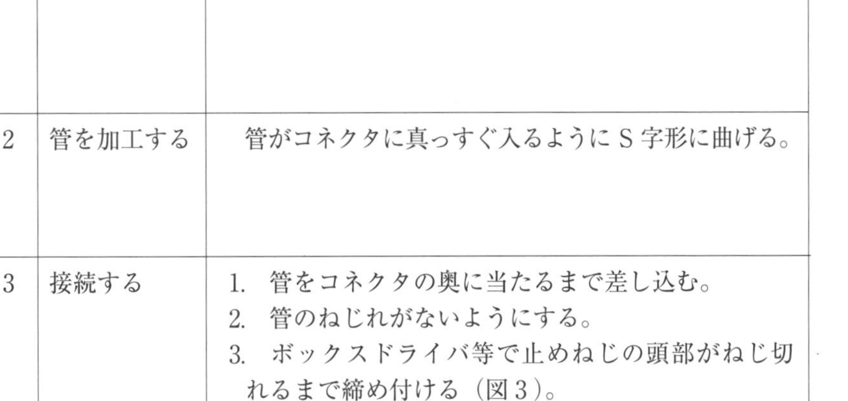

図1　ねじなし電線管とボックスの固定

材料及び器工具など

ねじなし電線管（E19，E25）
アウトレットボックス
ボックスコネクタ
絶縁ブッシング
ウォータポンププライヤ
ボックスドライバ
（+，－ボックスドライバ）

番号	作業順序	要　　点	図　　解
1	アウトレットボックスにボックスコネクタを取り付ける	1. ボックスコネクタをボックスに挿入し，止めねじが正面にくるようにしてロックナットを手で締める。 2. ウォータポンププライヤで固く締め付ける。 3. ブッシングをねじ込む（図2）。	 図2　ねじなしコネクタの取り付け
2	管を加工する	管がコネクタに真っすぐ入るようにS字形に曲げる。	
3	接続する	1. 管をコネクタの奥に当たるまで差し込む。 2. 管のねじれがないようにする。 3. ボックスドライバ等で止めねじの頭部がねじ切れるまで締め付ける（図3）。 4. 固定（図1）されていることを点検する。	図3　止めねじの締め付け

備考

ねじなし露出ボックスを参考図に示す。

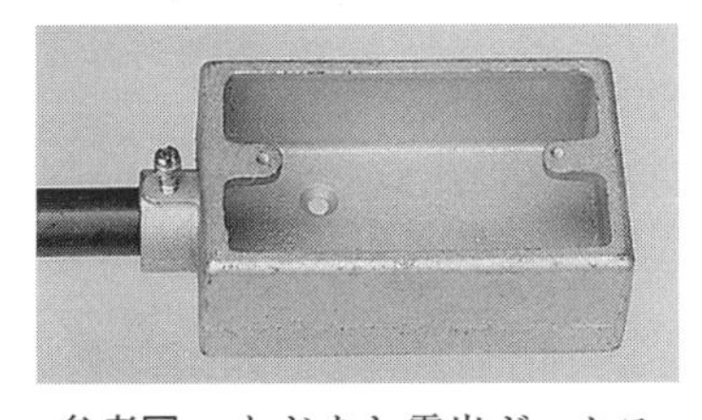

参考図　ねじなし露出ボックス

番号	No. 5 .23

作業名	薄鋼電線管とボックスの接続	主眼点	埋込みボックス，露出ボックス

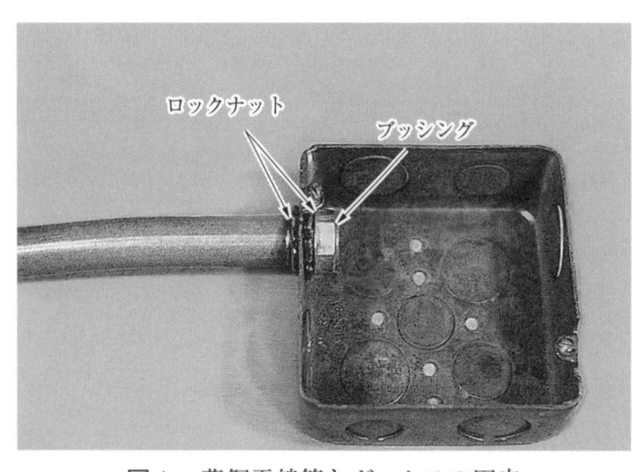

図１　薄鋼電線管とボックスの固定

材料及び器工具など

薄鋼電線管（C19，C25）
アウトレットボックス
ロックナット
絶縁ブッシング
ねじ切り器
ウォータポンププライヤ
パイプバイス

番号	作業順序	要　　点
1	管を加工する	1. 管端に必要な長さだけねじを切る。 2. 金属管がノックアウトに真っすぐに入るようにＳ字形に曲げる（図２）。
2	ロックナットをねじ込む	ロックナットのくぼみ（凹）が，ボックスの面に向かうようにねじ山いっぱいにねじ込む（図３）。
3	接続する	1. 管をノックアウトに差し込む。 2. ブッシングをねじ込む長さを残して，ロックナットをボックスの内側からねじ込む。 3. ボックスの外側のロックナットを戻して，ウォータポンププライヤで固く締め付ける（８山程度なら戻す必要なし）（図４）。
4	ブッシングをねじ込む	管端に固くねじ込む（図１）。

図　　解

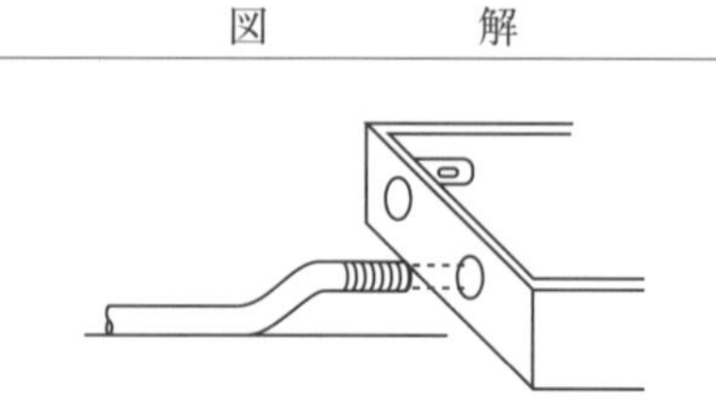

図２　管の曲げ高さ

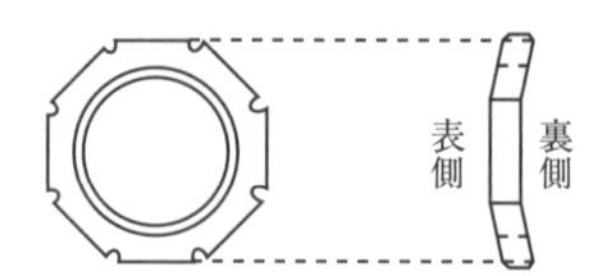

図３　ロックナットの取り付け

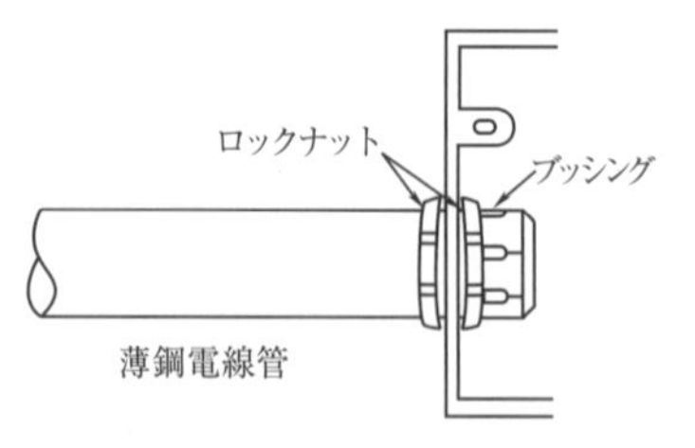

図４　ロックナットの締め付け

備考

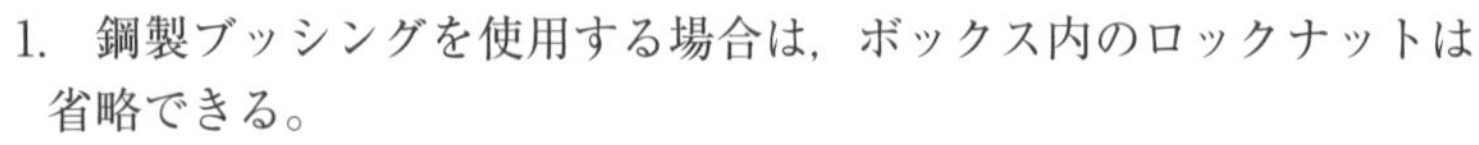

1. 鋼製ブッシングを使用する場合は，ボックス内のロックナットは省略できる。
2. ノックアウトが大きい場合は，リングレジューサをロックナットとボックスの壁との間に内，外に入れる（突起部分を向かい合わせるようにする）（参考図１，参考図２）。
3. 露出ボックスの接続例を参考図３～５ に示す。

参考図１　リングレジューサ

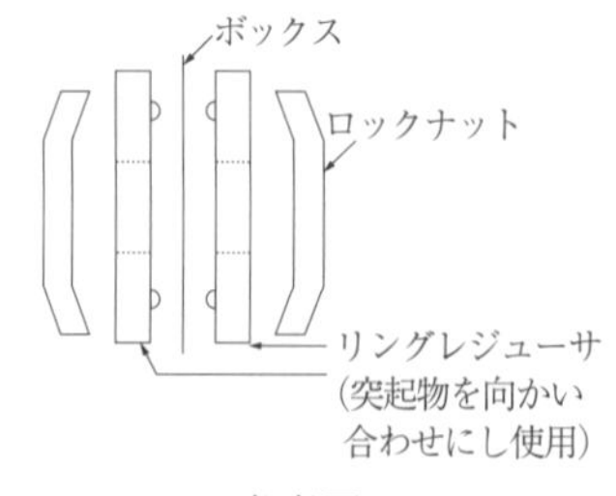

参考図２

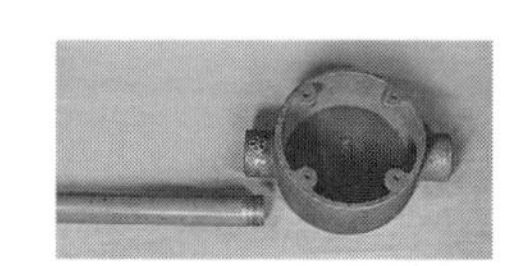

参考図３　ボックスのハブのねじ山の長さで管のねじを切る

参考図４　ボックスのハブに管が真っすぐに入るようにＳ字に曲げる

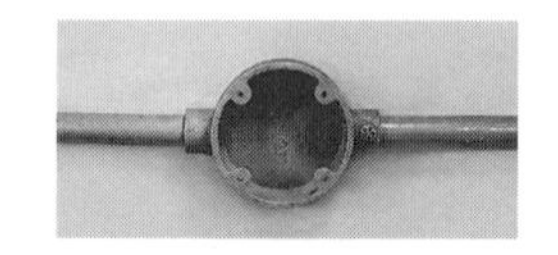

参考図５　管を固くねじ込む

番 号	No. 5 .24

作業名	金属管の固定（1）	主眼点	露出配管の固定

図1　ボックスの位置決め

材料及び器工具など

金属管
ボックス
サドル
木ねじ
ロックナット
ブッシング
パイプバイス，金切りのこ
ねじ切り器，ハンマ
やすり，油差し
ドライバ，下げ振り
水平器，コンベックスルール
チョークライン，作業用手袋

番号	作業順序	要　点	図　解
1	金属管を加工する	1. ボックス位置を決める（図1）。 2. 管端に必要な長さのねじを切る（図2）。 3. ボックスの直近の管端をS字に曲げる（図3）。 4. 造営材に合わせ，金属管を曲げる（図4）。 5. 反対側のボックスに合わせ，必要な長さで金属管を切断し，ねじを切る。	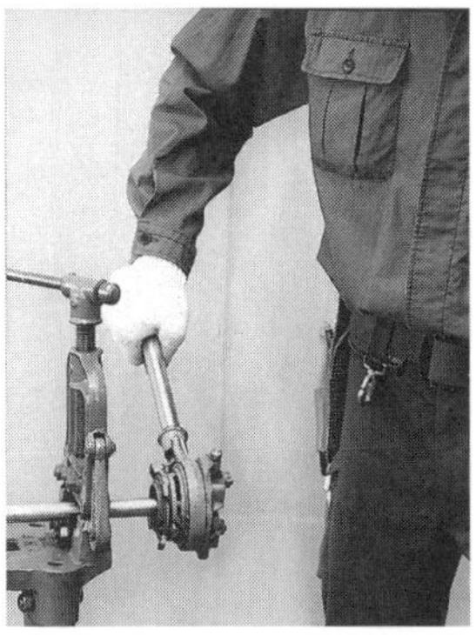 図2　ねじ切り 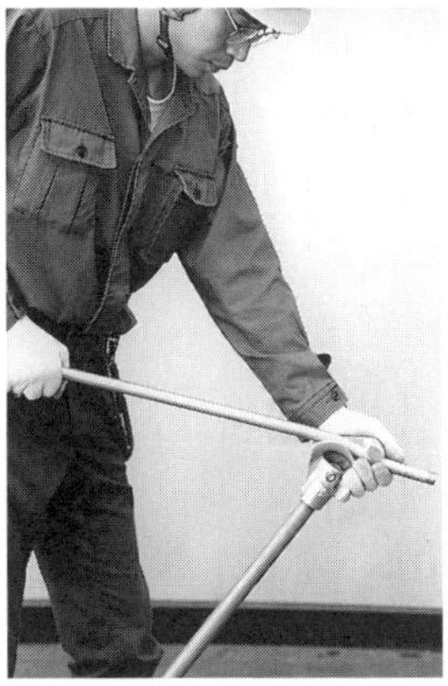 図3　S字曲げ 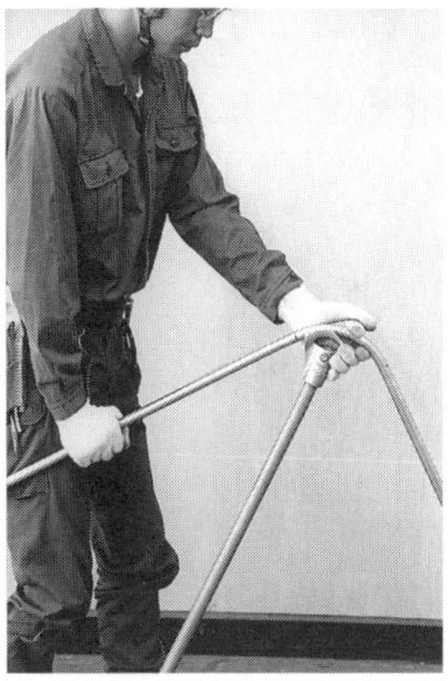 図4　90°曲げ
2	配管する	各ボックスと金属管を接続する（図5）。	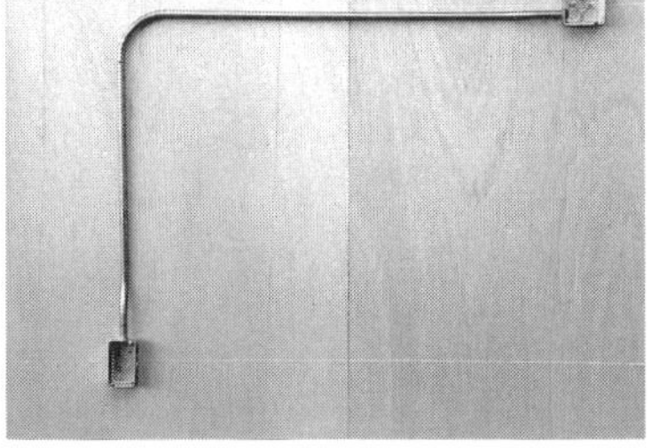 図5　金属管とボックスの固定

番号	作業順序	要　　　点	図　　　解
3	配管を固定する	サドルを用い木ねじで堅ろうに固定する（固定間隔は2 m 以内とし，ボックス付近ではボックスより30 cm 以内とする）（図6）。	2 m 以内　30 cm 以内 図6　サドルの止め位置

備考

1. 曲げ寸法（参考図1）と寸法例（参考表）

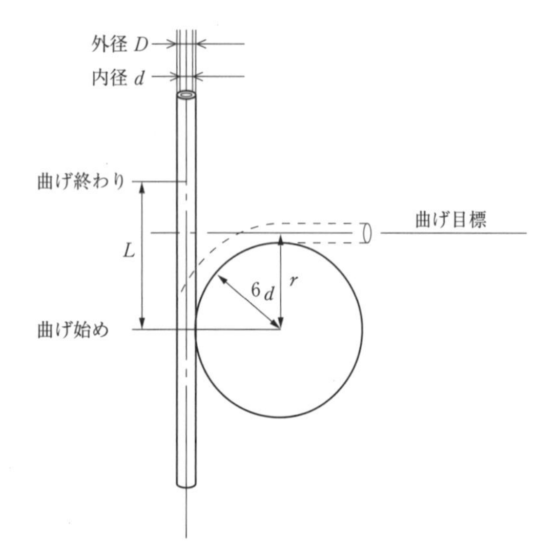

参考図1　曲げ寸法

曲げ半径 $r \geqq 6d + D/2$
曲げ長さ $L \geqq 1.57 \times r \fallingdotseq 10d$

参考表　直角曲げの寸法例　[mm]

呼び径	19	25	31
曲げ半径　r	110	150	190
曲げ長さ　L	175	235	300

2. 曲げ位置の決定
　曲げ目標の位置から曲げ半径 r だけ戻した点を曲げ始めとし，その点から曲げ長さ L だけ進めた点を曲げ終わりとする。アウトレットボックスなどは，ボックスセンタが曲げ目標にならないので注意すること。
3. ボックスは，2本以上の木ねじで堅ろうに固定する。
4. コンクリート壁へ固定する場合
　振動ドリルで穴をあけ，カールボルトプラグを使用して固定する（参考図2，参考図3）。

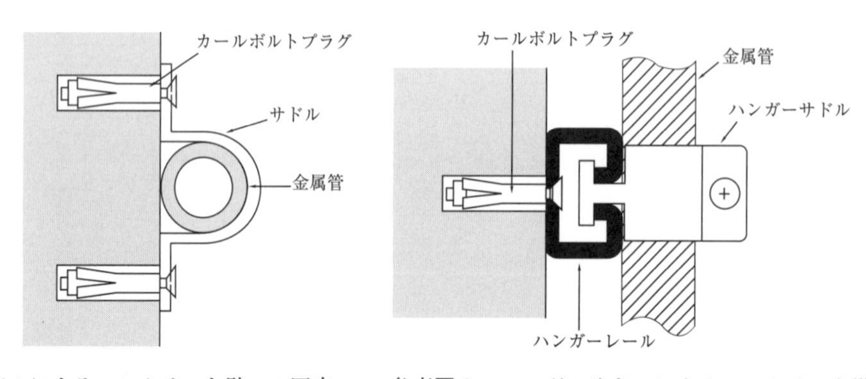

参考図2　サドルによるコンクリート壁への固定　　参考図3　ハンガーサドルによるコンクリート壁への固定

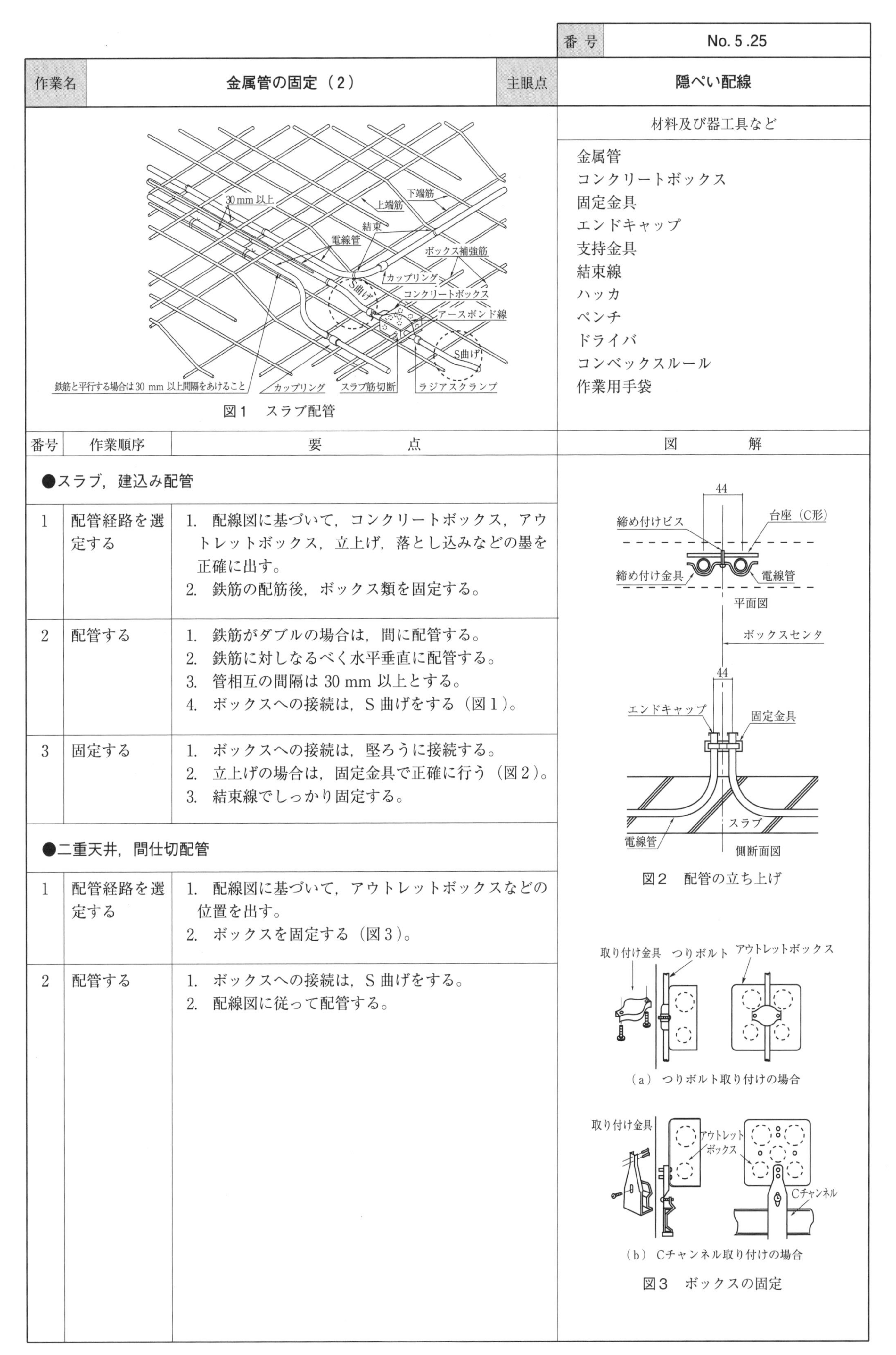

番号	No. 5 .25

作業名	金属管の固定（2）	主眼点	隠ぺい配線

図１　スラブ配管

材料及び器工具など

金属管
コンクリートボックス
固定金具
エンドキャップ
支持金具
結束線
ハッカ
ペンチ
ドライバ
コンベックスルール
作業用手袋

番号	作業順序	要　　　点
●スラブ，建込み配管		
1	配管経路を選定する	1. 配線図に基づいて，コンクリートボックス，アウトレットボックス，立上げ，落とし込みなどの墨を正確に出す。 2. 鉄筋の配筋後，ボックス類を固定する。
2	配管する	1. 鉄筋がダブルの場合は，間に配管する。 2. 鉄筋に対しなるべく水平垂直に配管する。 3. 管相互の間隔は 30 mm 以上とする。 4. ボックスへの接続は，S 曲げをする（図１）。
3	固定する	1. ボックスへの接続は，堅ろうに接続する。 2. 立上げの場合は，固定金具で正確に行う（図２）。 3. 結束線でしっかり固定する。
●二重天井，間仕切配管		
1	配管経路を選定する	1. 配線図に基づいて，アウトレットボックスなどの位置を出す。 2. ボックスを固定する（図３）。
2	配管する	1. ボックスへの接続は，S 曲げをする。 2. 配線図に従って配管する。

図　　解

図２　配管の立ち上げ

（a）つりボルト取り付けの場合

（b）Cチャンネル取り付けの場合

図３　ボックスの固定

番号	作業順序	要　　点	図　　解
3	固定する	1. ボックスへの接続は，堅ろうに接続する。 2. 支持金具でしっかり固定する（図4）。	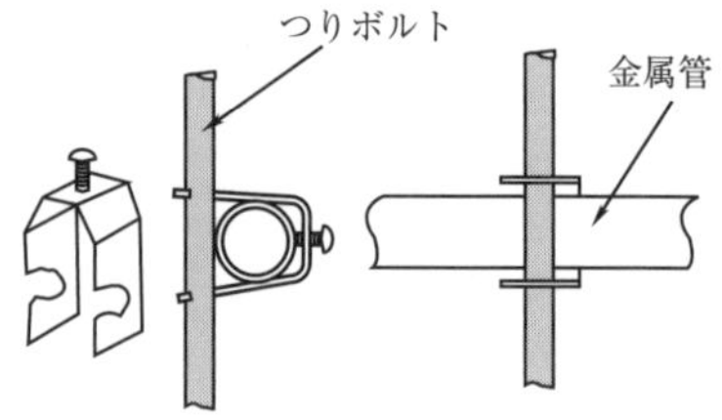 （a）つりボルトへ支持の場合 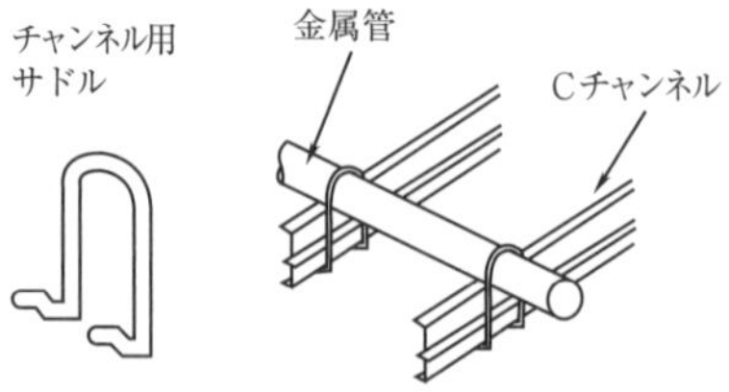 （b）Cチャンネルへ支持の場合 図4　支持金具による配管の固定
備考	最近のスラブ配管の施工は，CD 管や PF 管が使用されることが多い。		

番 号	No. 5 .26

作業名	アースボンドの取り方（1）	主眼点	ねじなしコネクタによる方法

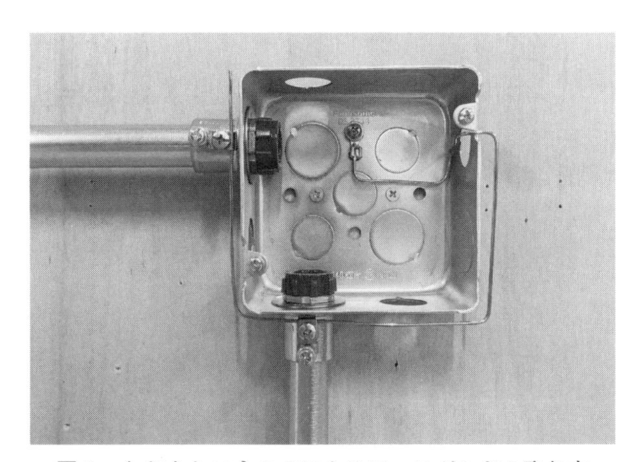

図1　ねじなしコネクタによるアースボンドの取り方

材料及び器工具など

ねじなし電線管（E19，E25）
アウトレットボックス
ねじなしボックスコネクタ
ボンド線（1.6 mm）
圧着端子
ドライバ
圧着ペンチ

番号	作業順序	要　　点	図　　解
1	ねじなしボックスコネクタの接地端子を緩める		
2	ねじなしボックスコネクタの接地端子にボンド線を挿入する	1. 受け溝に正しく挿入する。 2. ボンド線は 1.6 mm 以上で，回路の使用電流容量によって選定する。	
3	端子を締める	ドライバでしっかり締める。	
4	ボックス周りの他の配管のアースボンドを取る	「番号 2，3」を繰り返す。	
5	ボックスアースを取る	ボンド線をボックスに挿入し，圧着端子を圧着して，ボックスのアース端子に接続する（図1）。	
備考	ボックスに絶縁塗装が施されている場合は，電気的に接続するように，アース端子に菊ワッシャーを使用するなどして，塗装をはがす必要がある。		

番号	No. 5 .27

作業名	アースボンドの取り方（2）	主眼点	クランプによる方法

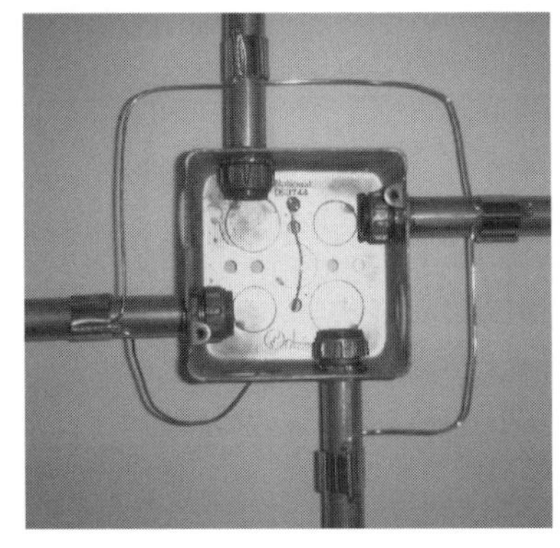

図1　アースボンドの取り方

材料及び器工具など

アウトレットボックス
接地金具（ラジアスクランプ）（19 mm, 25 mm）
薄鋼電線管（C19, C25）
裸銅線（1.6～2.6 mm）
ウォータポンププライヤ

番号	作業順序	要点
1	接地金具を管に巻き付ける	1. 管に接地金具を巻き付ける。 2. 接地金具のボンド線挿入溝に，ボンド線を差し込む。 3. 接地金具の両端の折り曲げ部分を手で寄せて，かみ合わせる（図2）。
2	かみ合わせ部をつぶす	1. かみ合わせ部をウォータポンププライヤで強く挟みつぶす。 2. ウォータポンププライヤの先端が管に突き当たるまで，かみ合わせ部に差し込む（図3）。 3. 強く握り締めて，かみ合わせ部を押し曲げる。
3	締め付ける	押し曲げた部分をウォータポンププライヤの上歯に当て，曲げながら締め付ける（図4）。 （注）折り倒した山の部分をたたいてはいけない。たたくと緩むので注意する。
4	ボックス周りの他の配管のアースボンドを取る	「番号2，3」を繰り返す。
5	ボックスアースを取る	ボンド線をボックスに挿入し，圧着端子を圧着して，ボックスのアース端子に接続する（図1）。

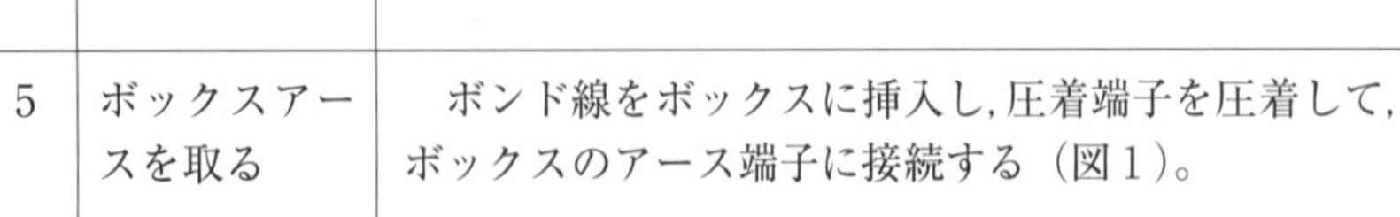

図解

図2　接地金具の取り付け

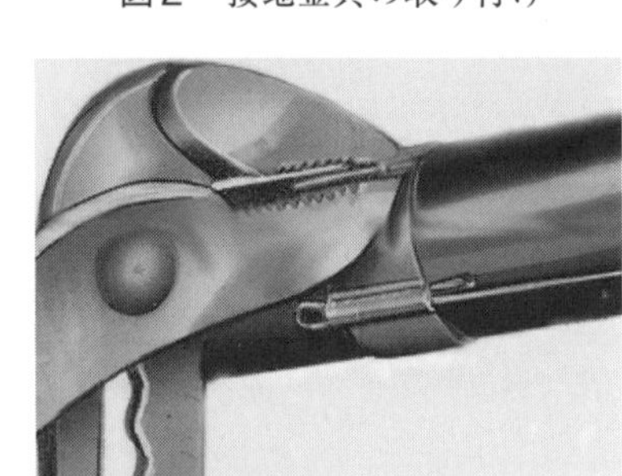

図3　接地金具のかみ合わせ

図4　接地金具の締め付け

備考

ボンド線が単線の時は，線の端を2～4本に折り返して溝に入れる（参考図）。

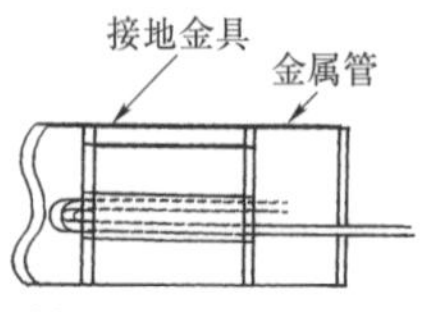

2.0 mm,
2.6 mm 線使用の場合,
折り返し 2 本

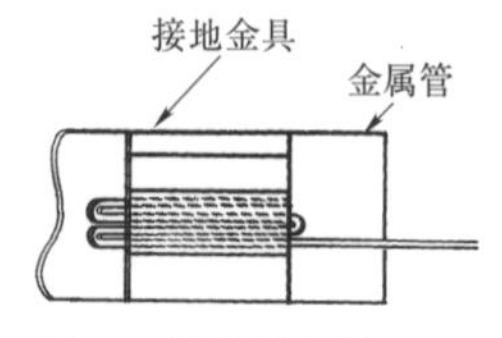

1.6 mm 線使用の場合,
折り返し 4 本

参考図　ボンド線の折り曲げ方

番号	No. 5 .28

作業名	通　　線	主眼点	呼び線による通線

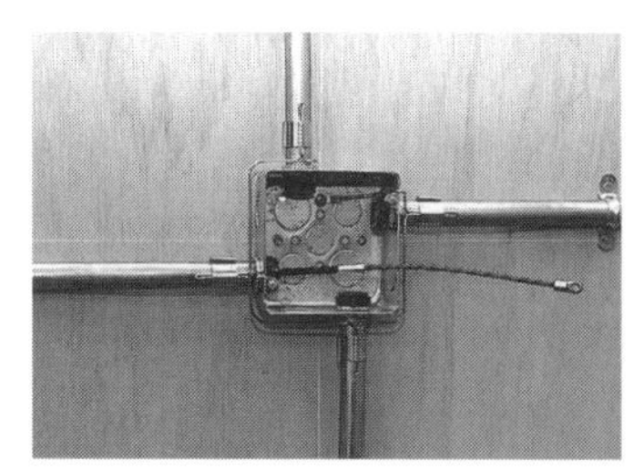

図1　呼び線

図2　清　掃

材料及び器工具など

金属管
アウトレットボックス
ビニル絶縁電線
呼び線挿入器
ウエス
作業用手袋

番号	作業順序	要　　点
1	清掃する	1. 金属管の内に呼び線を通す（図1）。 2. 呼び線の先端にウエスを付ける（図2）。 3. 呼び線を引っ張り清掃する（汚れがひどいときは2～3度繰り返す）。 4. 清掃後，呼び線からウエスを外す。
2	呼び線に電線を接続する	1. 金属管内に呼び線を通す。 2. 電線の1本は約12 cm，他は約7 cm に被覆をむき取る（図3）。 3. 心線を呼び線の頭部に通して折り曲げ，長い心線で2～3回巻き付ける（図4）。 4. 電線の被覆から呼び線の頭部が隠れるまでテープを巻く（図5）。
3	入線する	1. 入れる側では，電線の「よじれ」，「キンク」などを直し，管口で無理の掛からないようにそろえて押すように送り込む（図6）。 2. 引く側では，1回ごとに声を掛けて呼び線を引く。 3. 入れる側と引く側は，呼吸を合わせて少しずつ引き入れる。 4. 電線を管口より必要な長さに出して呼び線を取り外す（図7）。

図　解

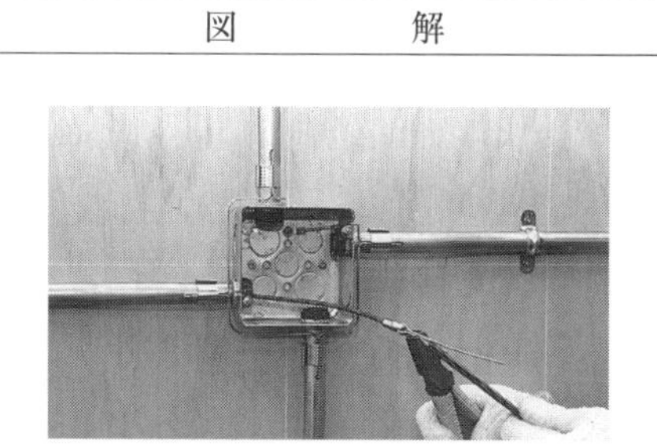

図3　呼び線と電線の接続

図4　複数の電線の取り付け

図5　接続部の処理

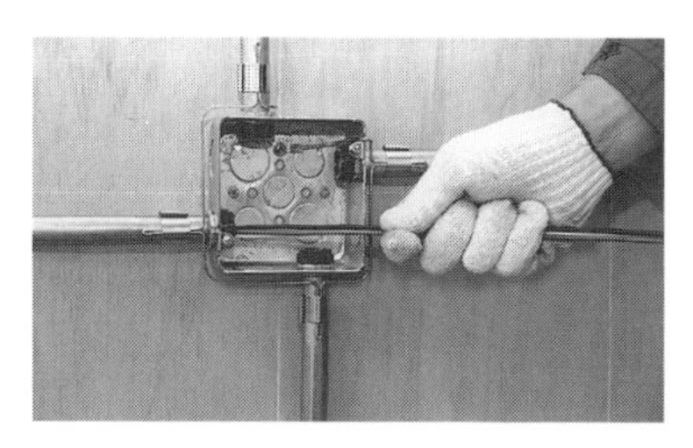

図6　電線の送り込み

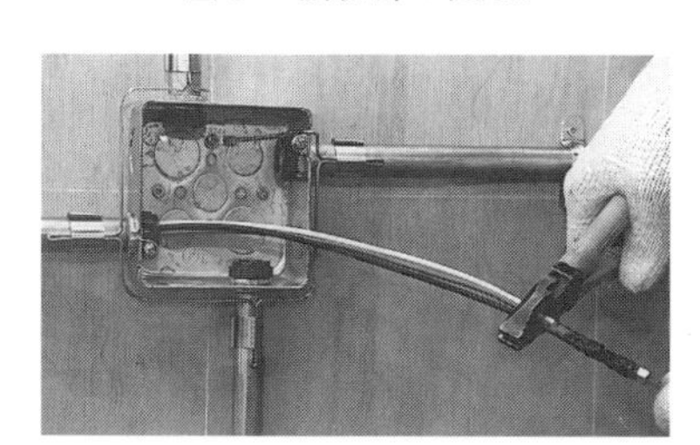

図7　電線の引き入れ

備考

1. 呼び線には，スチール製と樹脂製があるが，一般には樹脂製が多く用いられている。
2. 電線が太く，その本数が多い場合には，ロープ（綱）を入れ，これに電線を結んで引き入れる。

番号	No. 5 .29

作業名	プルボックスの加工	主眼点	油圧式ノックアウトパンチによる穴あけ

図1　印付け

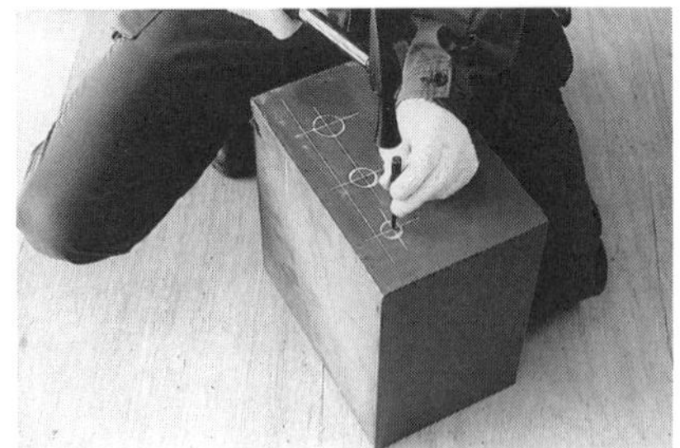

図2　心出し

材料及び器工具など

プルボックス
センタポンチ
ハンマ
ホルソ
電気ドリル
油差し
油圧式ノックアウトパンチ
ウエス
作業用手袋

番号	作業順序	要　　点
1	穴あけ位置に印をする	配管本数，サイズ及び配管位置を考慮し，鉛筆や白墨などで印をする（図1）。
2	センタポンチで跡を付ける	図2 参照。
3	ホルソを付ける	コンセントから差込みプラグを外し，ホルソを電気ドリルのチャックに差し込み，チャック回しでしっかりと締める。
4	下穴をあける	1. 穴あけ箇所に油を差す（図3）。 2. ホルソの先をセンタポンチ跡に当てる。 3. プルボックスを足などでしっかりと固定する。 4. 垂直に力を加え，電気ドリルを始動する。 5. 穴あけ終了の直前に力を緩める（図4）。
5	ノックアウトパンチをセットする	1. 本体にセットボルトをねじ込む。 2. 調整用カラーをセットボルトに通す。 3. カッタ受けをセットボルトに通す。 4. 下穴にセットボルトを通す。 5. カッタをセットボルトにねじ込み，印に合わせる（図5）。 6. 油圧ポンプのバルブを締め，ハンドルを上下に動かす（図6）。 7. 穴あけ終了の直前には，本体を支えて置く。 8. 穴あけが終了したら，油圧ポンプのバルブを緩める。 9. カッタをセットボルトから外し，カッタ受けの中にある鉄板を取り除く。
備考		1. ホルソのサイズは 21～22 mm であける。 2. 足でプルボックスを固定するときは，ドリルの真下に足を置かない。 3. 油圧式ノックアウトパンチのカッタ受けが，プルボックスのアングルに掛からないようにする。 4. 電気ドリルを使用する時（図4）は，作業用手袋を外すこと。

図　　解

図3　油差し

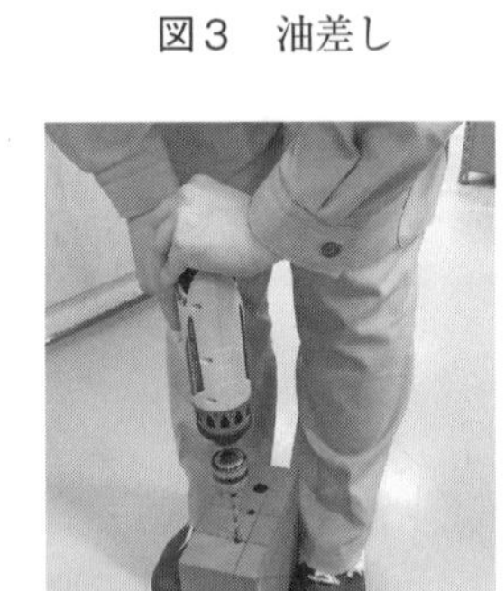

図4　下穴あけ

図5　カッタの取り付け

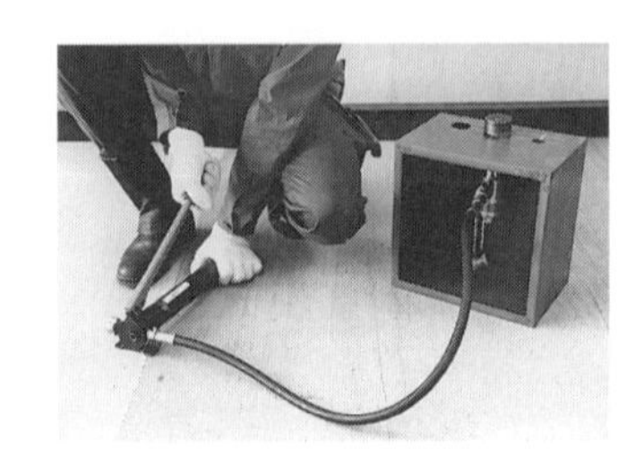

図6　穴あけ作業

番号	No. 5 .30

作業名	配管の塗装	主眼点	基本的な塗装方法

図1　塗装作業

材料及び器工具など

ワイヤブラシ
サンドペーパ
ディスクグラインダ
ウエス
調合ペイント
さび止めペイント
はけ
養生シート
作業用手袋

番号	作業順序	要　　点	図　　解
1	塗装範囲を決める	1. 金属管，プルボックス，支持金物，架台などについて塗装する範囲を決める。 2. 露出部分と隠ぺい部分に分けて塗装範囲を決める。 3. 塗装仕上げ色及び塗装回数を決める。 4. はけ塗り，吹付けなど塗装方法を決める。 5. 塗装範囲以外にペイントを飛散させて周囲を汚さないように，事前に養生を行うこと。	図2　ワイヤブラシ
2	素地ごしらえをする	1. ワイヤブラシなどで汚れ，付着物を取る（図2）。 2. ウエスで油類を取る。取れにくい場合には揮発油拭きとする。 3. ワイヤブラシ，サンドペーパ，ディスクグラインダなどでさび落としをする。	
3	塗装する	1. さび止め塗装（図1）は素地ごしらえ終了後，指定のさび止め塗料を塗り，6 時間ほど自然乾燥させる。 2. 指定色塗装 1 回塗りはさび止め乾燥後，色むらなく塗り，養生 10～14 時間とする。 3. 2 回塗りは上記 2 を終了後，膜厚 0.02～0.03 mm を塗り，養生 10～14 時間とする。	

備考

1. 塗装の目的は防食・保護，色彩化・美化，特殊機能性（防さび性，防火性，導電性，すべり止め性など）の 3 つに分類され，機能として重複する場合もある。
2. 油性ペイントをシンナーなどで薄めて使用する場合には，シンナーなどの保管は，責任者を決めて専用の容器に収納するなどの管理が必要である。
3. 塗装用のはけは，用途によって多くの種類があるが，一例を示す（参考図 1，参考図 2）。

参考図1　平刷毛（ひらばけ）

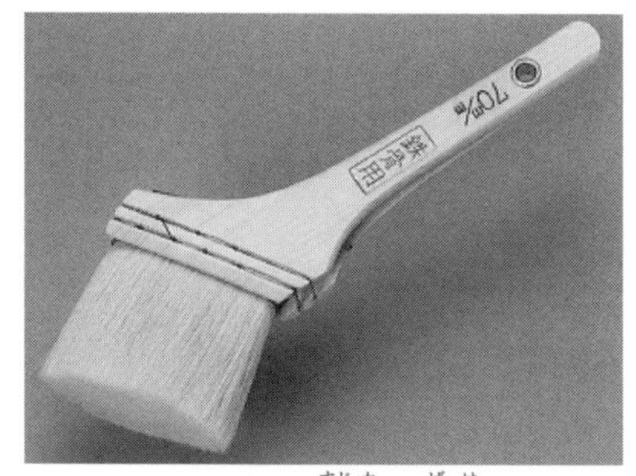

参考図2　筋違い刷毛（すじかいばけ）

番号	No. 5 .31

作業名	金属製可とう電線管の切断，管相互の接続	主眼点	切断とコンビネーションカップリングによる接続

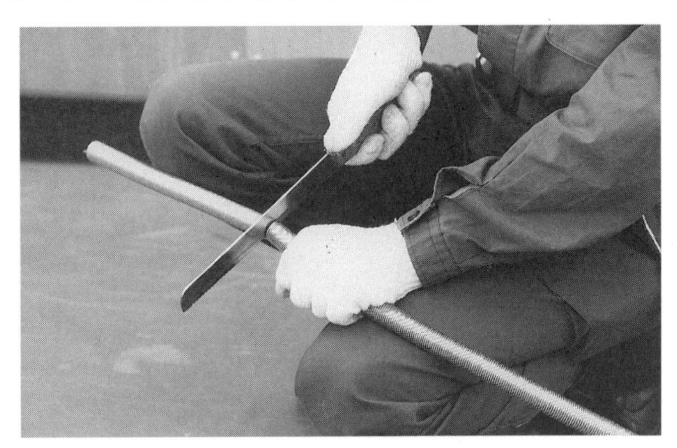

図1　可とう電線管の切断

材料及び器工具など

金属製可とう電線管（２種）
カップリング
コンビネーションカップリング
金切りのこ
リーマ
クリックボール
やすり
プリカナイフ
プライヤ
面取り器
作業用手袋

番号	作業順序	要　点
●可とう管の切断		
1	可とう管を切る	1. 身体を中腰に構え，ももから少しずらし，切断箇所近くをしっかり握って，直角になるようにプリカナイフで切る（図１）。 2. 切り終わりは力を抜いて切り落とす。
2	切り口を仕上げる 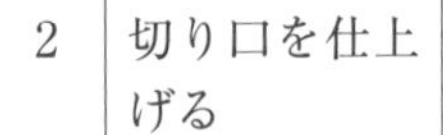	可とう管の切り口をやすりで直角に仕上げる（図２）。
3	面取りをする 	面取り器を切り口に入れて，少し押しながら回す（図３）。
●可とう管相互の接続		
1	ねじ込む	1. 可とう管端に，カップリングをストッパの位置までねじ込む。 2. 他の可とう管に，カップリングをストッパの位置までねじ込む。
2	接続する	プライヤで固く締め付けて接続する。

図　解

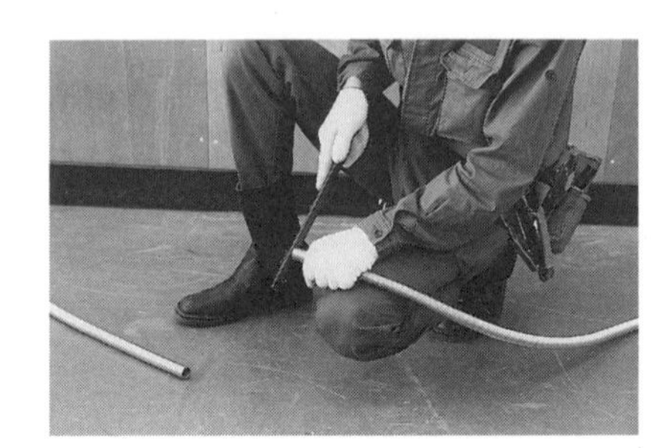

図２　切断面の仕上げ

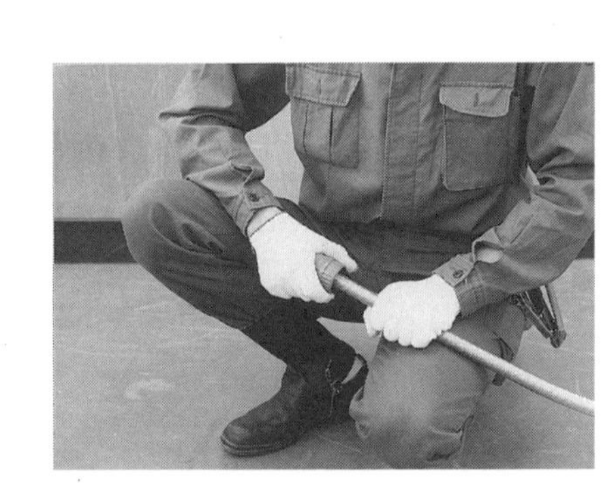

図３　面取り

番号	作業順序	要　　点	図　　解
●可とう管と金属管の接続			図4　可とう管とコンビネーションカップリングの取り付け 図5　金属管とコンビネーションカップリングの取り付け 図6　止めねじの締め付け
1	可とう管をねじ込む	可とう管をコンビネーションカップリングにねじ込む（図4）。	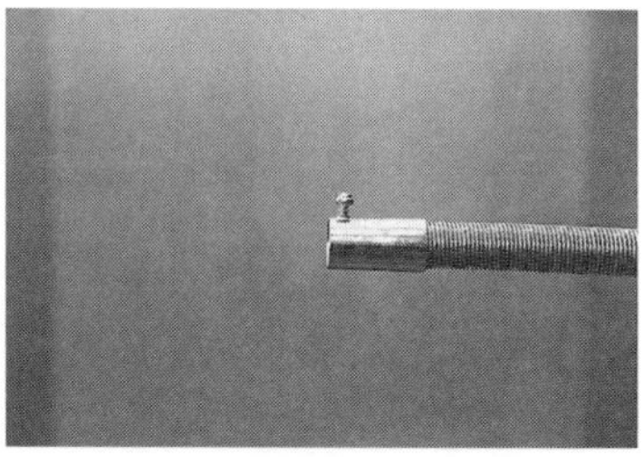
2	金属管を接続する	1. 金属管をコンビネーションカップリングに差し込む（図5）。 2. 止めねじを締め付け，ねじの頭部をねじ切る（図6）。	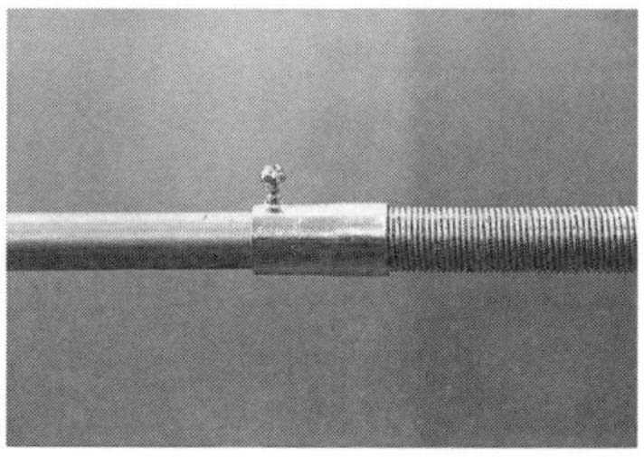 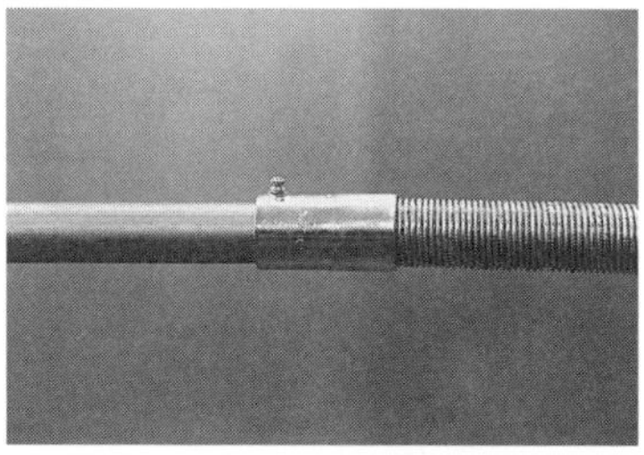
備考	1. 可とう管の切断は，金切りのこでも容易に切断できる。 2. カップリングやコンビネーションカップリングには連結形があり，可とう管を差し込むだけでよいものもある。		

番号	No. 5 .32

作業名	金属製可とう電線管とボックスの接続	主眼点	ボックスコネクタによる接続

図1　ボックスコネクタ

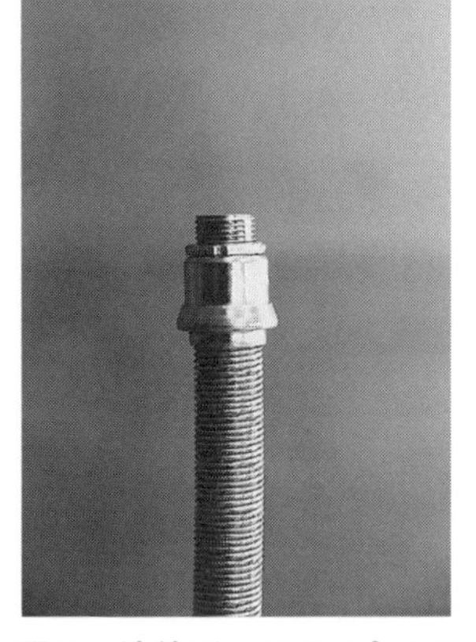

図2　連結ボックスコネクタ

材料及び器工具など

金属製可とう電線管（2種）
ボックスコネクタ
連結ボックスコネクタ
絶縁ブッシング
アウトレットボックス
ウォータポンププライヤ
作業用手袋

番号	作業順序	要　　点
●ボックスコネクタによる接続		
1	コネクタをねじ込む	可とう管端に，ボックスコネクタをストッパの位置まで固くねじ込む（図1）。
2	接続する	1. ボックスの外側からノックアウトにボックスコネクタを入れる。 2. ロックナットをボックスの内側から，ボックスコネクタのねじ山いっぱいにねじ込む。 3. ロックナットをウォータポンププライヤで固く締め付ける。 4. ブッシングをねじ込む。
●連結ボックスコネクタによる接続		
1	コネクタを差し込む	可とう管端に，連結ボックスコネクタをストッパの位置まで差し込む（図2）。
2	接続する	1. ボックスの外側からノックアウトに連結ボックスコネクタを入れる（図3）。 2. ロックナットをボックスの内側から，連結ボックスコネクタのねじ山いっぱいにねじ込む（図4）。 3. ロックナットをウォータポンププライヤで固く締め付ける（図5）。 4. ブッシングをねじ込む（図6）。

図　　解

図3　コネクタの取り付け

図4　ロックナットの取り付け

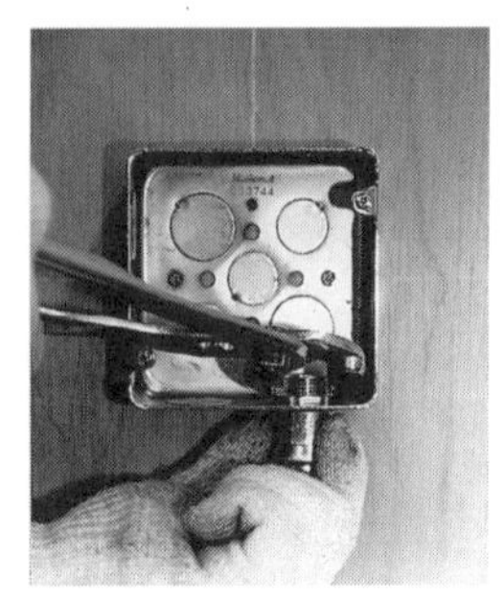

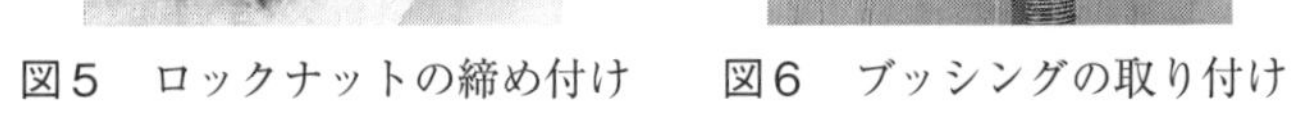

図5　ロックナットの締め付け　図6　ブッシングの取り付け

備考	ノックアウトが大きい場合は，リングレジューサを使用する。

番号	No. 5 .33

作業名	合成樹脂管の切断	主眼点	塩ビカッタによる方法

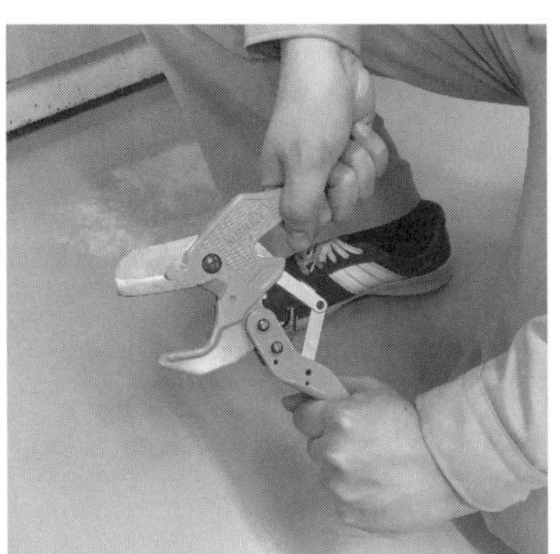

図１　塩ビカッタの刃を開く

図２　刃受けを切断位置に合わせる

材料及び器工具など

合成樹脂管
塩ビカッタ
面取り器
コンベックスルール
作業用手袋

番号	作業順序	要　　点	図　　解
1	切断する	1. 切断する位置に印を付ける。 2. 塩ビカッタの刃を開く（図１）。 3. 刃受けを切断位置に合わせ，刃が直角になるようにしながら切断していく（図２，図３）。	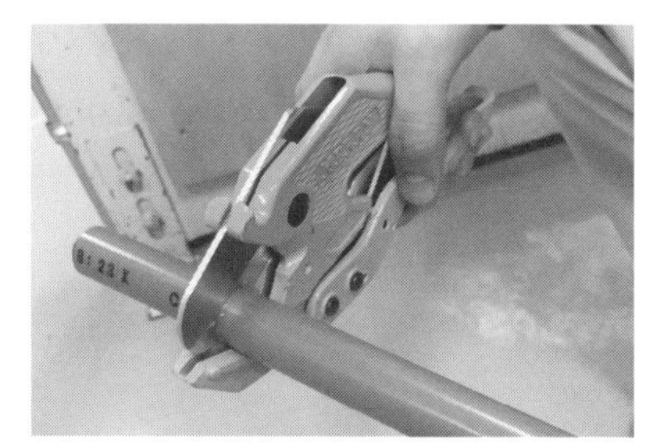 図３　直角に切断する
2	面取りをする	1. 内側は，面取り器と合成樹脂管と一直線に当て，押しながら左右に回して，パイプの厚みの約１/３を削る（図４）。 2. 外側は，1. と同じ要領で作業し，軽く削る。	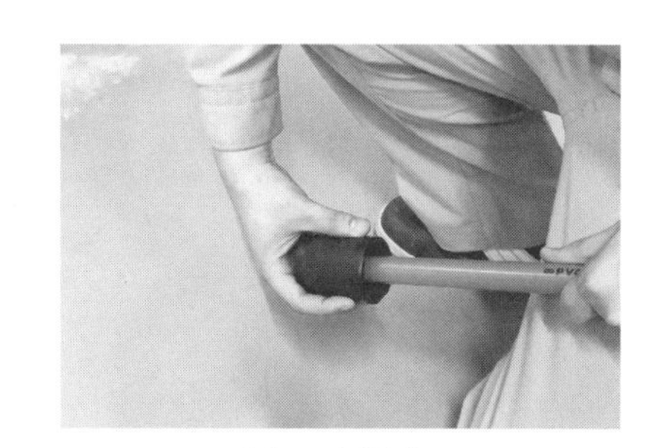 図４　面取り

備考

1. 太い合成樹脂管は，バイスで固定して切断する（参考図１）。
2. 細い合成樹脂管は，バイスを使用しなくても切断できる（参考図２）。また，塩ビカッタ又はチュービングカッタで切断すると，切断面が直角で正確に切断することができる（参考図３）。

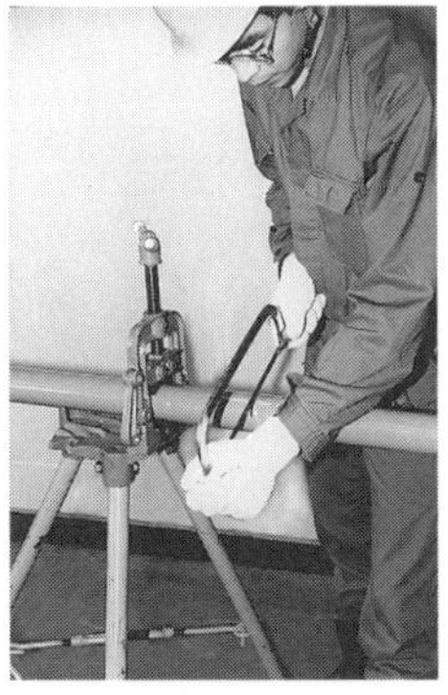

参考図１

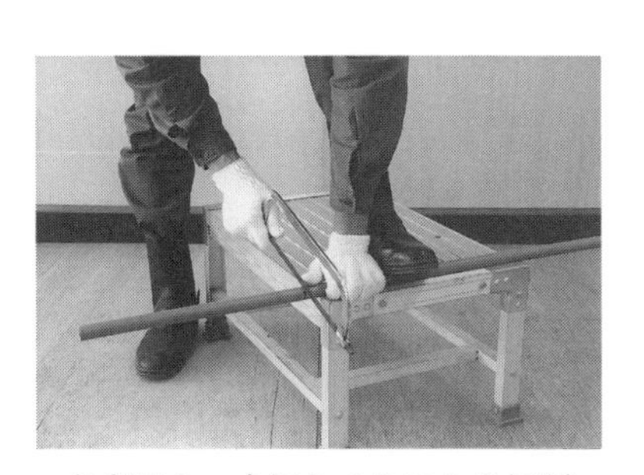

参考図２　金切りのこによる切断

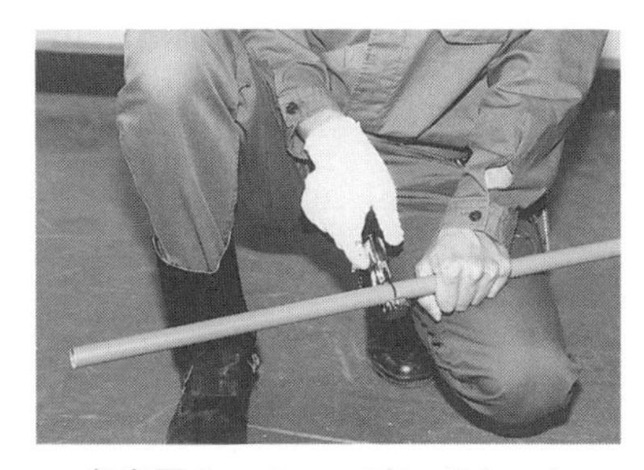

参考図３　チュービングカッタ

番号	No. 5 .34

作業名	合成樹脂管の曲げ方（1）	主眼点	S字曲げ

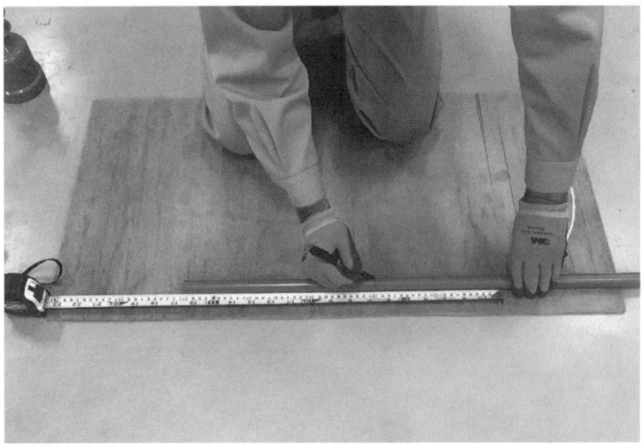

図1　曲げ位置決め

材料及び器工具など

合成樹脂管
加工板
水おけ
スポンジ
ウエス
トーチランプ
コンベックスルール
作業用手袋

番号	作業順序	要　　点
1	準備をする	1. 加工板(合板に桟木を取り付けたもの)を用意する。 2. 加工板にS字を描き，曲げ部分の長さを計測する。 3. スポンジ又はウエスに水を浸しておく。 4. トーチランプを使用可能状態にしておく。
2	合成樹脂管に印を付ける	曲げ始めA点，曲げ終わりB点の印を付ける（図1）。
3	合成樹脂管を加熱する	1. AB間を繰り返し往復させながら合成樹脂管をゆっくり回転させ，均一に加熱する（図2）。 2. トーチランプと合成樹脂管の距離は，炎の先端が合成樹脂管に当たる程度にする。 3. 焦げないように注意する。 4. 加熱の度合いは，軽く指先でつかんだ時にへこむ程度である（図3）。
4	曲げる	あらかじめ描いたSの高さに合わせて，形を整える（図4）。
5	冷やす	AB間が丸くなり，合成樹脂管の断面に近い形になれば，あらかじめ用意したスポンジですばやく冷やす（図5）。
備考	火気を扱う作業なので，消火の備えをしておくこと。	

図　　解

図2　加　熱

図3　加熱の度合い

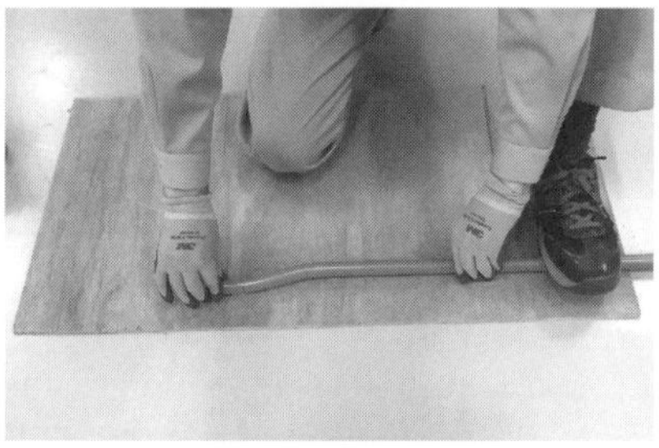

図4　合成樹脂管の整形

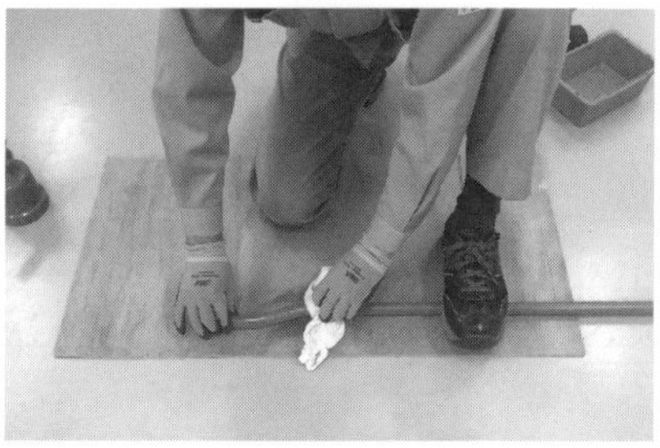

図5　冷　却

番号	No. 5 .35

作業名	合成樹脂管の曲げ方（2）	主眼点	直角曲げ

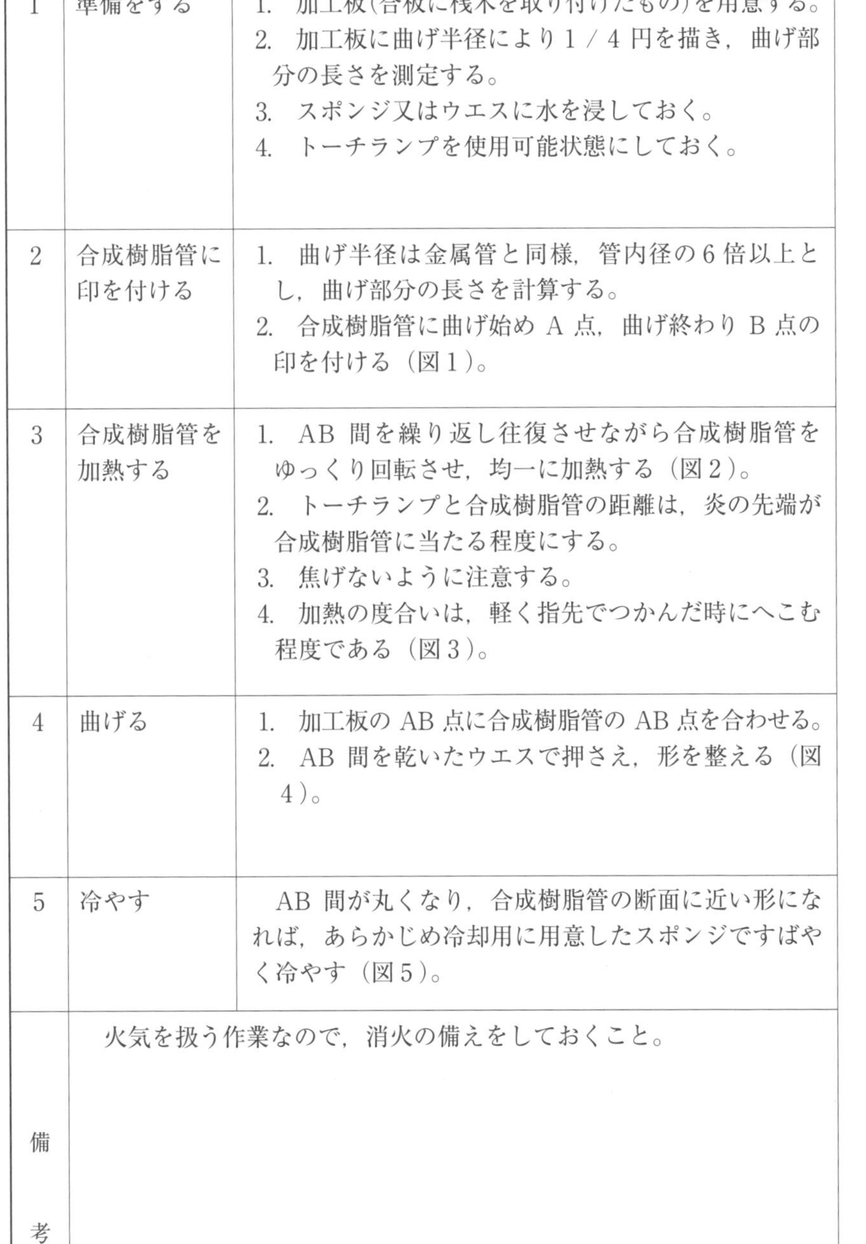

図1　曲げ位置決め

材料及び器工具など

合成樹脂管
加工板
水おけ
スポンジ
ウエス
トーチランプ
コンベックスルール
作業用手袋

番号	作業順序	要　点
1	準備をする	1. 加工板(合板に桟木を取り付けたもの)を用意する。 2. 加工板に曲げ半径により1／4円を描き，曲げ部分の長さを測定する。 3. スポンジ又はウエスに水を浸しておく。 4. トーチランプを使用可能状態にしておく。
2	合成樹脂管に印を付ける	1. 曲げ半径は金属管と同様，管内径の6倍以上とし，曲げ部分の長さを計算する。 2. 合成樹脂管に曲げ始めA点，曲げ終わりB点の印を付ける（図1）。
3	合成樹脂管を加熱する	1. AB間を繰り返し往復させながら合成樹脂管をゆっくり回転させ，均一に加熱する（図2）。 2. トーチランプと合成樹脂管の距離は，炎の先端が合成樹脂管に当たる程度にする。 3. 焦げないように注意する。 4. 加熱の度合いは，軽く指先でつかんだ時にへこむ程度である（図3）。
4	曲げる	1. 加工板のAB点に合成樹脂管のAB点を合わせる。 2. AB間を乾いたウエスで押さえ，形を整える（図4）。
5	冷やす	AB間が丸くなり，合成樹脂管の断面に近い形になれば，あらかじめ冷却用に用意したスポンジですばやく冷やす（図5）。
備考		火気を扱う作業なので，消火の備えをしておくこと。

図　解

図2　加　熱

図3　加熱の度合い

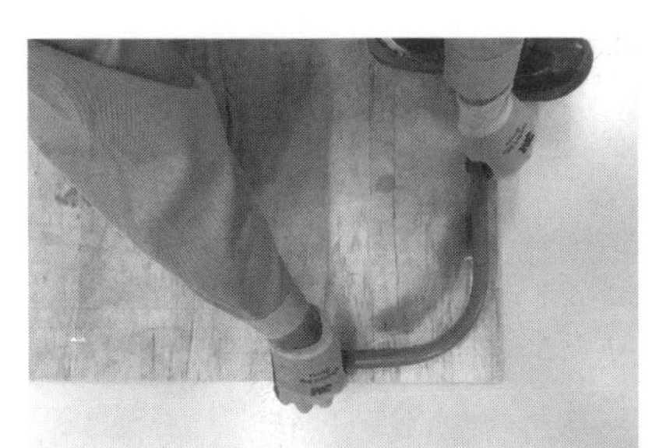

図4　整　形

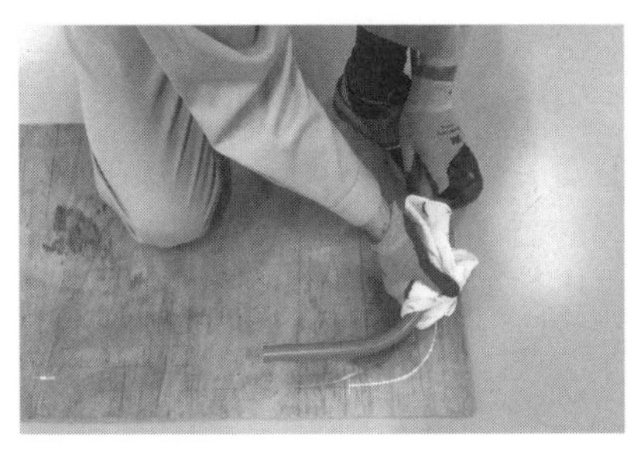

図5　冷　却

備考

1. 曲げ長さを参考図１に示す。
2. 曲げ枠寸法を参考図２に示す。

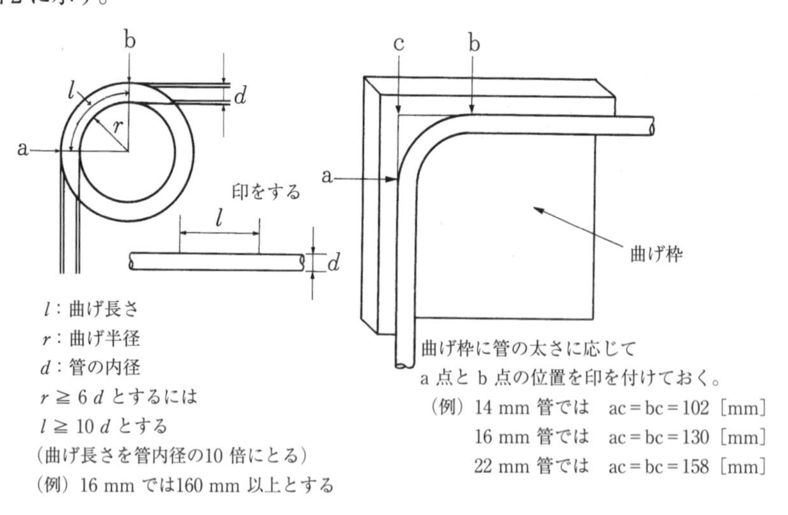

参考図１　曲げ長さ　　**参考図２　曲げ枠寸法**

3. 合成樹脂管の外径と厚さを参考表に示す。

参考表　硬質ポリ塩化ビニル電線管の外径及び厚さ並びにその許容差（JIS C 8430:2019「硬質ポリ塩化ビニル電線管」）

呼び	外径［mm］			厚さ［mm］		長さ［mm］		参考	
	基準寸法	最大・最小外径の許容差[a)]	平均外径の許容差[b)]	最小	許容差	基準寸法	許容差	概略内径［mm］	1 m当たりの質量[c)]［kg］
VE14	18.0	±0.2	±0.2	1.8	+0.4	4000	±10	14	0.144
VE16	22.0							18	0.180
VE22	26.0							22	0.216
VE28	34.0	±0.3		2.7	+0.6			28	0.418
VE36	42.0			3.1				35	0.590
VE42	48.0			3.6				40	0.773
VE54	60.0	±0.4		4.1	+0.8			51	1.122
VE70	76.0	±0.5						67	1.445
VE82	89.0			5.5				77	2.203

注 a）最大・最小外径の許容差とは，任意の断面における外径の測定値の最大値及び最小値（最大・最小外径）と，基準寸法との差をいう。
b）平均外径の許容差とは，任意の断面における円周の測定値を円周率で除した値，又は同一円周上において等間隔な２か所の外径の測定値の平均値（平均外径）と，基準寸法との差をいう。
c）１m当たりの質量とは，管の寸法を許容差の中心とし，密度を1.43 g/cm³として計算したものである。

番号	No. 5 .36

作業名	合成樹脂管の接続	主眼点	カップリングによる管相互の接続

図１　TSカップリングによる接続

図２　コンビネーションカップリングによる接続

図３　送りカップリングによる接続

材料及び器工具など

合成樹脂管
TS カップリング
コンビネーションカップリング
送りカップリング
接着剤
トーチランプ
ウエス

番号	作業順序	要　点	図　解
●TS カップリングによる接続（図１）			
1	接着剤を塗る	1. カップリングの内面と管端の外面をウエスで丁寧に拭き取る。 2. 拭き取った箇所に，塗り漏らしのないように薄く接着剤を塗る。	図４　TSカップリングの断面図
2	接続する	1. 管端にカップリングを一気にいっぱいに差し込み，押しながら 90° ひねる（図４）。 2. そのまま 20～30 秒押さえておく。 3. はみだした接着剤をウエスで拭き取り仕上げる。	約5mm 図５　コンビネーションカップリングの断面図
●コンビネーションカップリングによる接続（図２）			
1	密着側を接続する	接続方法は,「TS カップリングによる接続」による。	
2	樹脂管を差し込む	1. 夏季は，管止めまで差し込む。 2. 夏季以外は，約 5 mm 引き戻して，伸縮しろを残して差し込む（樹脂管の長さが 10 m 以上の場合に用いる）（図５）。	加熱復元させる 図６　送りカップリングの断面図
●送りカップリングによる接続（図３）			
1	接着剤を塗る	1. カップリングの内側と管端の外面をウエスで丁寧に拭き取る。 2. 管端からカップリングの 1/ 2 の長さのところに，チョークで印を付ける。 3. カップリングの内面と管端の外面に，塗り漏らしのないように薄く接着剤を塗る。	
2	接続する	1. 一方の管端にカップリングをいっぱいに差し込む。 2. 樹脂管と樹脂管が一直線になるようにし，カップリングを他の樹脂管に送って，印の付いているところまで戻す。 3. カップリングをトーチランプで焦がさないように全周を暖め，復元させて接続する（パイプが柔らかくなるほど加熱しないこと）（図６）。	

番 号	No. 5 .37

作業名	合成樹脂管とボックスの接続	主眼点	ハブのないボックスの接続

図１　カップリングによる接続　　図２　１号コネクタによる接続　　図３　２号コネクタによる接続

材料及び器工具など

合成樹脂管
ハブのないボックス
ハブのあるボックス
コネクタ（1，2号）
接着剤
トーチランプ
ホルソ又はステップドリル
ウォータポンププライヤ
ウエス

番号	作業順序	要　点
1	コネクタを取り付ける	1. ボックスの必要箇所に，ホルソ又はステップドリルでコネクタの径に合った穴をあける（図４）。 2. １号コネクタの取り付け（図５） (1) コネクタのつばとボックスの内側の接続部分をウエスで拭き取り，接着剤を塗る。 (2) ボックスの内側よりコネクタのつばの平たい部分が，ボックスの底に向くように差し込み接着する。 3. ２号コネクタの取り付け（図６） (1) ニップルをボックスの内側より差し込む。 (2) ナットをボックスの外側よりニップルに合わせねじ込み，固く締め付ける。
2	接続する	1. 管端をＳ字形に曲げる。 2. １号コネクタとの接続 TS カップリングによる接続法かスリーブによる接続法により接続する（図１，図２）。 3. ２号コネクタとの接続 (1) コネクタの内側と管端をウエスで拭き取り，接着剤を塗る。 (2) 管端をコネクタのストッパの位置まで差し込み，20～30 秒押さえて接続する（図３）。
備考		

図　解

（a）

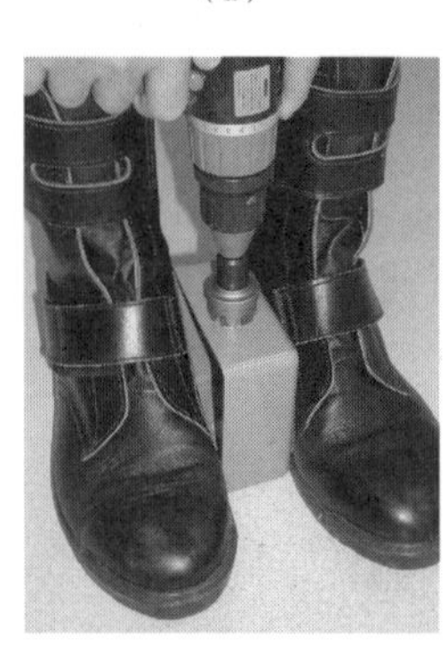

（b）

図４　ボックスの穴あけ

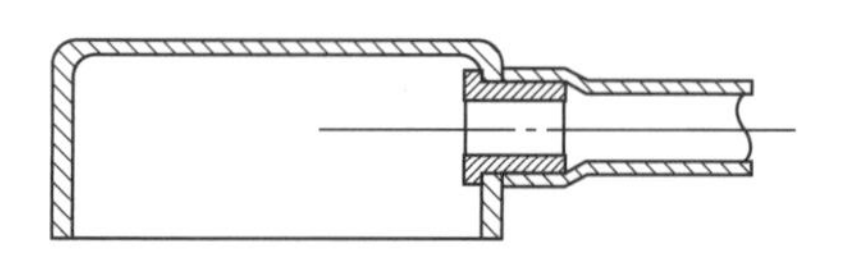

図５　１号コネクタの断面図

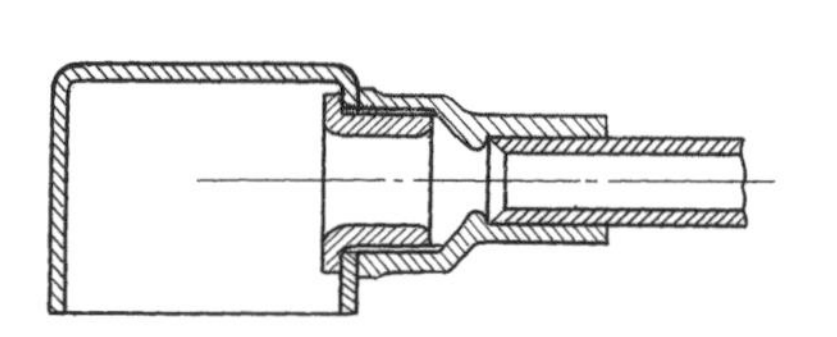

図６　２号コネクタの断面図

番 号	No. 5 .38

作業名	合成樹脂管の固定	主眼点	合成樹脂管露出配管の固定

図１　ボックスの位置決め

材料及び器工具など

合成樹脂管
アウトレットボックス
露出スイッチボックス
２号コネクタ，サドル，木ねじ
塩ビカッタ，面取り器，トーチランプ
水おけ，スポンジ，ウエス，加工板
ドライバ，ウォータポンププライヤ
ホルソ又はステップドリル
下げ振り，水平器
コンベックスルール
チョークライン

番号	作業順序	要　　点	図　　解
1	ボックスの位置を決める	1. ボックスの位置を決める。 2. 管と直接接続できないボックスにはコネクタを取り付ける（図１）。	図２　加工した合成樹脂管
2	合成樹脂管を加工する	1. 先にボックスと接続するＳ字曲げ以外の曲げを行う。 2. ボックス直近の管端をＳ字に曲げる。 3. 必要な長さで合成樹脂管を切断し，面取りを行う（図２）。	
3	配管する	各ボックスと合成樹脂管を接続する。	図３　合成樹脂管とボックスの固定
4	管を固定する	1. サドルを用い，堅ろうに固定する（固定間隔は1.5m以内とし，ボックス付近ではボックスより30cm以内とする）（図３）。 2. 屈曲部の前後をサドルで固定する。	

備考	

番号	No. 5 .39

作業名	PF 管・CD 管の切断	主眼点	フレキシブルカッタとナイフによる切断

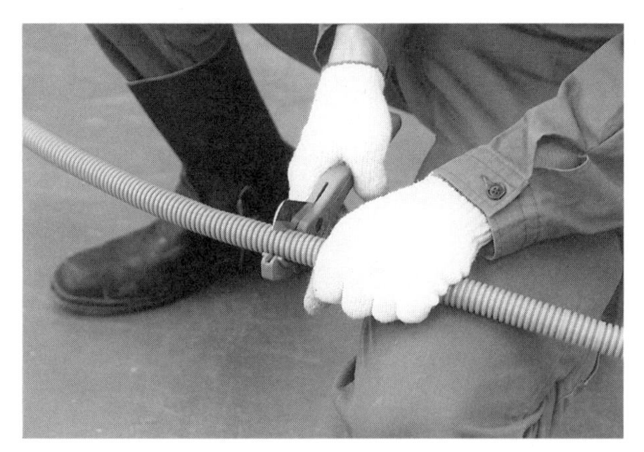

図１　フレキシブルカッタによる切断

材料及び器工具など

PF 管・CD 管
フレキシブルカッタ
電工ナイフ
コンベックスルール
作業用手袋

番号	作業順序	要点
●フレキシブルカッタで切断する		
1	切断する	1. 管の切断箇所の直近を左手でしっかりと握る。 2. 右手でフレキシブルカッタを持ち，フレキシブルカッタの刃を管表面の谷の部分に直角に当てる（図１）。 3. ハンドルを握り，切断する。
●電工ナイフで切断する		
1	切断する	1. 管の切断箇所の直近を左手でしっかりと握る。 2. 右手でナイフの柄を持ち，管表面の谷の部分に直角に当てる（図２）。 3. ナイフを前方に押しながら力を加える。 4. 勢いでけがをしないように，切り終わりは力を抜いて切り落とす。

図解

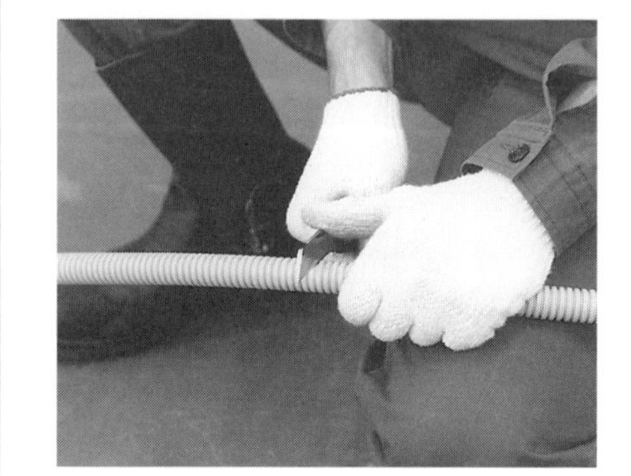

図２　ナイフによる切断

備考

【参考】合成樹脂製可とう電線管の規格（参考図１，参考図２，参考表）

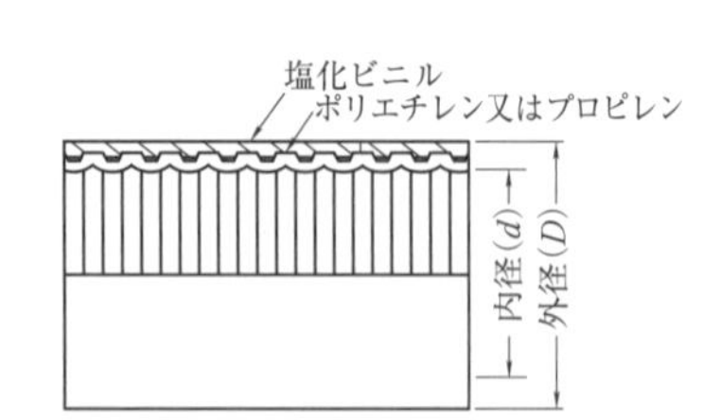

参考図１　合成樹脂製可とう管

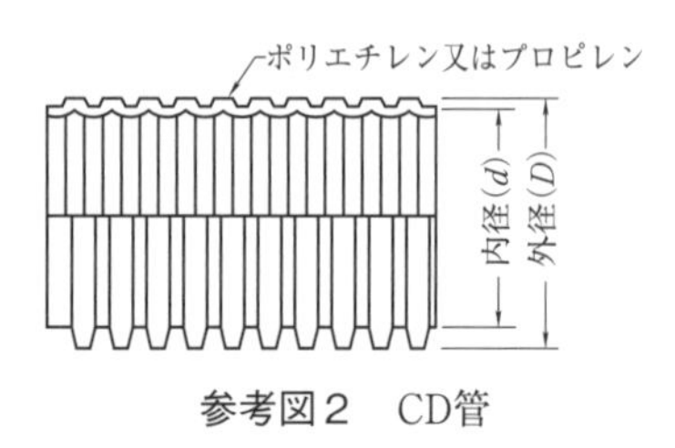

参考図２　CD管

参考表　合成樹脂製可とう電線管(JIS C 8411：2019)

［単位：㎜］

PF管				CD管			
呼び	外径	外径の許容差	最小内径	呼び	外径	外径の許容差	最小内径
14	21.5	±0.30	13.2	14	19.0	±0.30	13.2
16	23.0		15.2	16	21.0		15.2
22	30.5	±0.50	20.9	22	27.5	±0.50	20.9
28	36.5		26.7	28	34.0		26.7
36	45.5		33.4	36	42.0		33.4
42	52.0		38.2	42	48.0		38.2
54	64.5	±0.80	48.8	54	60.0	±0.80	48.8
70	81.0	±1.00	64.5	70	76.0	±1.00	64.5
82	94.5	±1.20	74.2	82	89.0	±1.20	74.2

注）管の形状には，波付き管(PFD，PFS，CD)がある。

番号	No. 5 .40

作業名	PF 管・CD 管相互，管とボックスの接続	主眼点	各種の接続方法

図1　カップリング

材料及び器工具など

PF 管・CD 管
カップリング
ボックスコネクタ
ボックス
接着剤
ドライバ
プライヤ

番号	作業順序	要　点
●カップリングによる管相互の接続（図1）		
1	接続する	1. 管端の直近を持つ。 2. カップリングが止まるまで強く差し込む。 3. 反対側も同じ順序で作業する。
●ボックスコネクタによる管とボックスの接続（図2）		
1	接続する	1. ボックス類に必要なサイズの穴をあける。 2. ボックス類にコネクタを取り付ける。 3. 管端の直近を持つ。 4. 管がコネクタの奥に止まるまで強く差し込む。

図　解

図2　ボックスコネクタ

備考

1. 管相互の接続のときは，カップリングの中心のストッパまでしっかり挿入する。
2. 各種接続材料（参考図1，参考図2）
3. 差し込み式は，接続口を回して，解除・接続をするタイプのものもある。

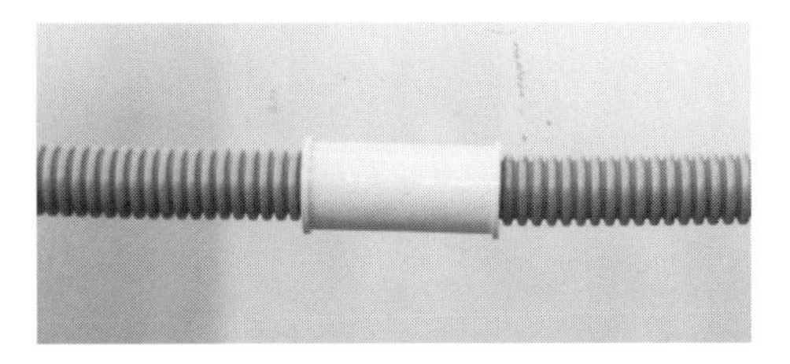

参考図1　接着剤式

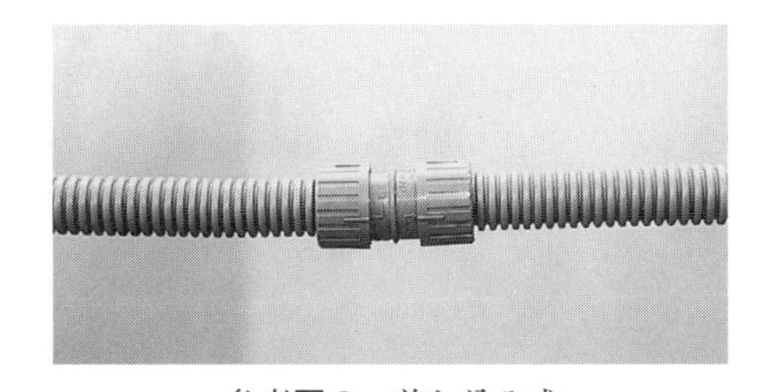

参考図2　差し込み式

番 号	No. 5 .41

作業名	PF 管とボックスの支持	主眼点	サドルによる固定

図1　サドルによる固定

材料及び器工具など

PF管
ボックスコネクタ
木ねじ
サドル
フレキシブルカッタ又はナイフ
コンベックスルール
作業用手袋

番号	作業順序	要　　　点
1	ボックスを固定する	ボックスの位置を決め，堅ろうに固定する。
2	管を固定しながら配管する	1. 管端をボックスに接続し，300 mm 以内に固定する（図 1）。 2. 直線部分の配管の固定は 1 000 mm 以内とする。 3. 直角曲げは，金属管工事の規定に準じて施工する。 4. 反対側のボックスに管を接続する場合，ボックスコネクタのストッパまで管が届くように切断し差し込む（図 2）。 5. ボックスから 300 mm 以内に固定する（図 3）。

図　　解

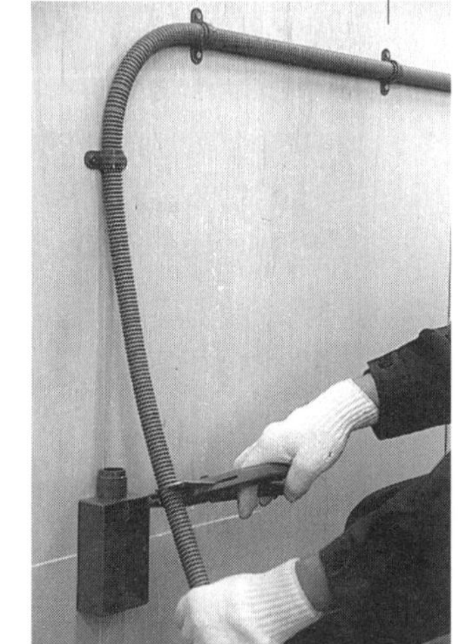

図2　切　断

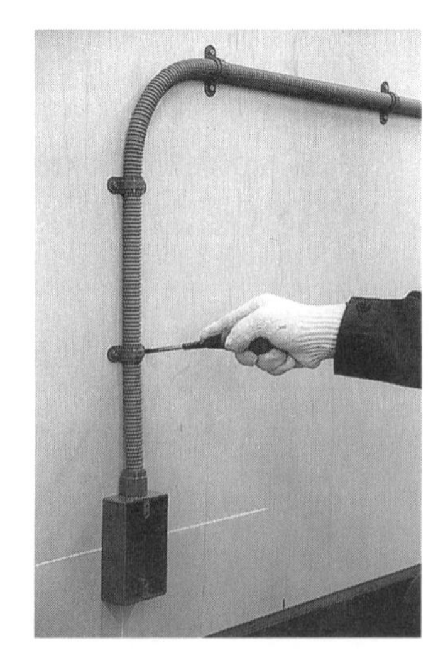

図3　固　定

備考

1. PF 管用サドルには，管が固定されるようサドルの内側に凸が付いている。
2. ボックスコネクタと造営材との間に段差がある場合は S 曲げを行う。

■固定方法
1. 造営材が木造の場合
   サドルを用いて，木ねじで固定する。
2. 造営材がコンクリート又はブロックの場合
   振動ドリルなどで造営材に穴をあけて，カールプラグで固定する。
3. 天井隠ぺいの場合
   天井つりボルトに，既製の支持金物で固定する（参考図）。

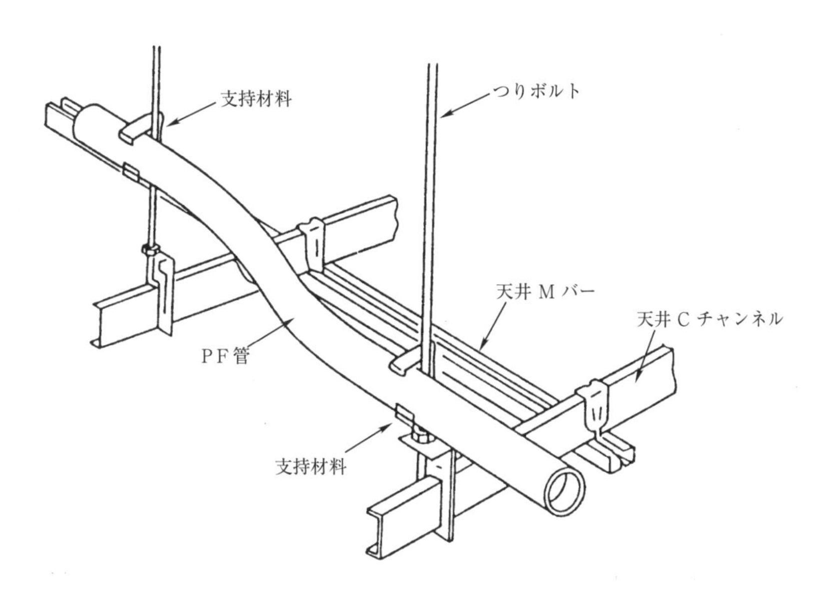

支持材料例

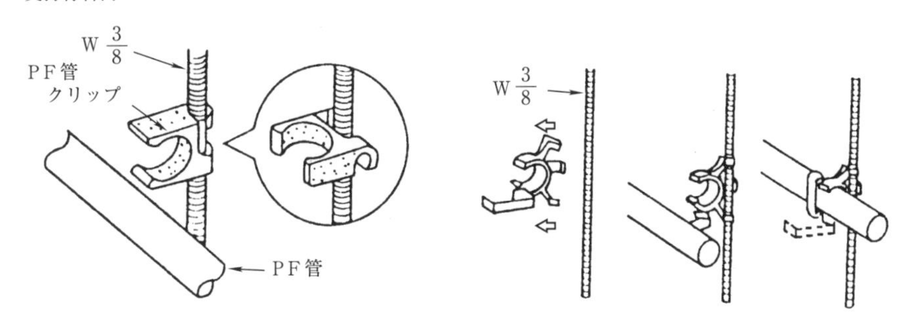

参考図　各種支持方法

備考

番号	No. 5 .42

作業名	PF 管・CD 管のスラブ，壁埋込み，立ち上げ配管	主眼点	埋込み配管の各種方法

支持用鉄筋棒
（L字形に曲げスラブ筋と結束する）
バインド線にて結束
PF管・CD管
（ただし，CD管はコンクリート壁立ち上げのみに使う）

図1　立ち上げ配管

材料及び器工具など

PF 管・CD 管
コネクタ
バインド線
専用カッタ又はナイフ
ハッカ

番号	作業順序	要　　　点
1	ボックスを固定する	1. ボックスの位置を決める。 2. コンクリートボックスは，くぎでコンクリートパネルに固定する。
2	配管をする	1. 配管が配筋の中央にくるように配管する。 2. １箇所をバインド線で固定し，合成樹脂製可とう管を引っ張り，真っすぐに配管する。 3. 交差配管はできるだけ避ける。やむを得ず配管する場合は，上筋と下筋の重なり部分よりずらして交差配管する。 4. 立上げは，支持用鉄筋棒などを使って固定する（図１）。 5. 立上げ配管相互の間隔は, 30 mm 以上とする（図１）。 6. はりの中は配管しない。 7. 配管相互は，30 mm 以上離す（図２）。
3	管を固定する	1. 配管支持は，鉄筋にバインド線で1 000 mm 以下ごとにする（コンクリート打設時の浮き上りを防止する）（図３）。 2. ボックス周り及び接続点近くは，その接続点より300mm 以内に支持する（図３）。 3. はり横断部は，管と型枠が密着しないように管を支持する（図４）。

図　　解

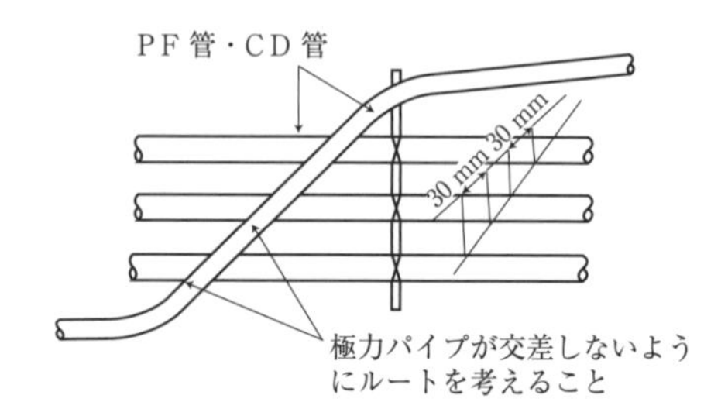

図２　配管の離隔距離

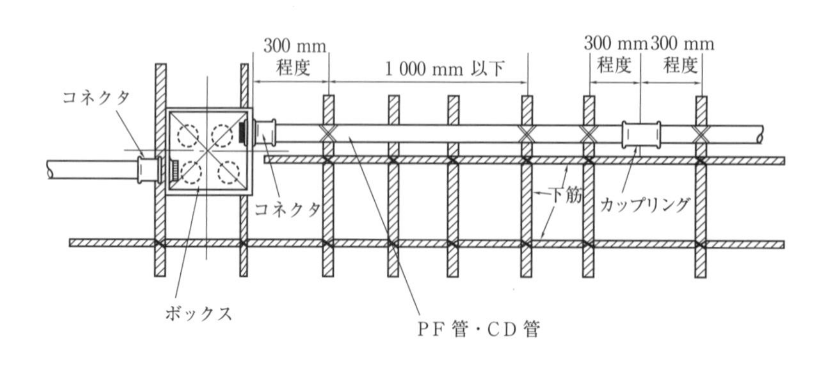

図３　接続点付近の支持

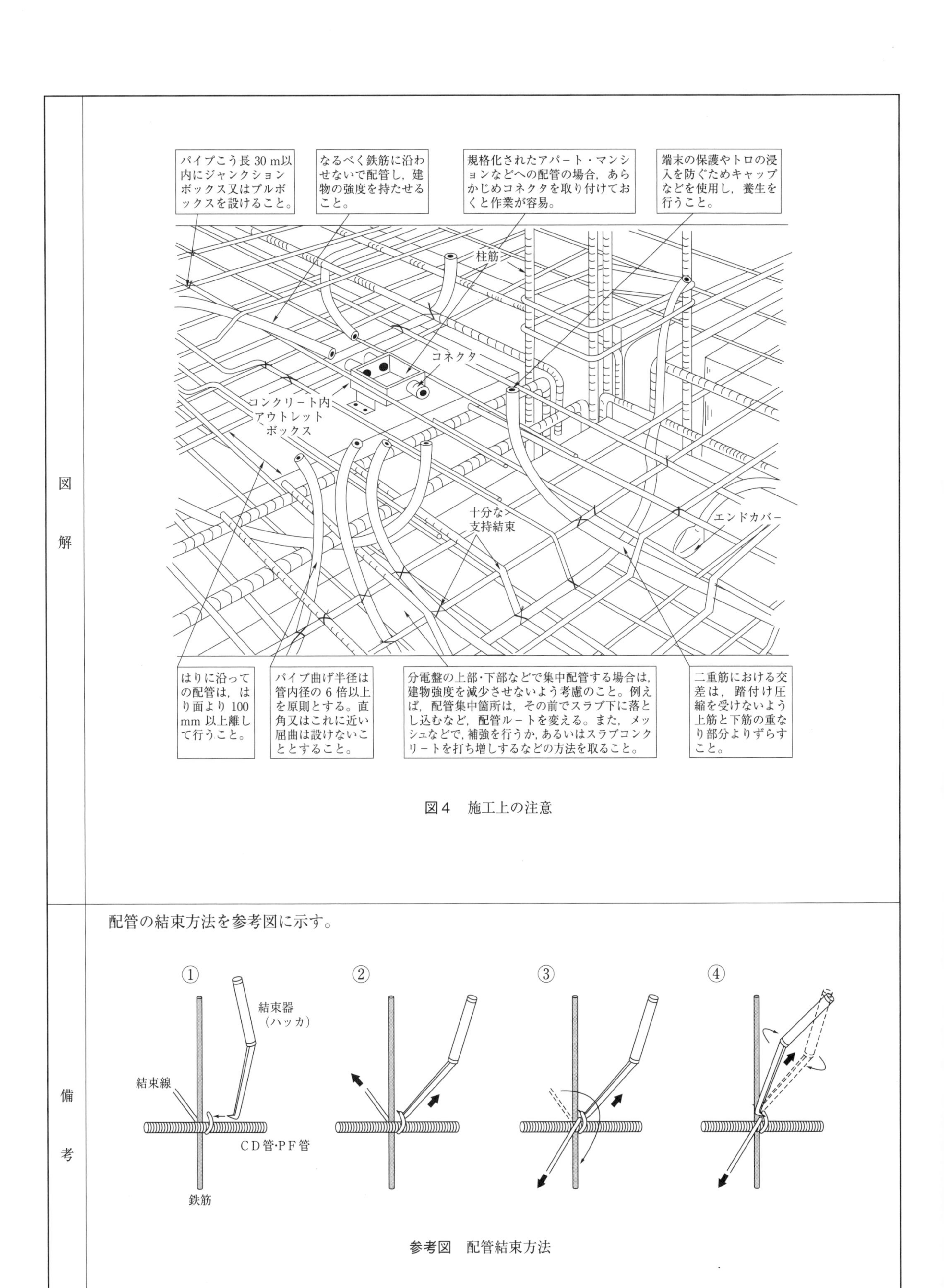

図４　施工上の注意

参考図　配管結束方法

番号	No. 5 .43

作業名	合成樹脂線ぴ工事	主眼点	施工方法の基本

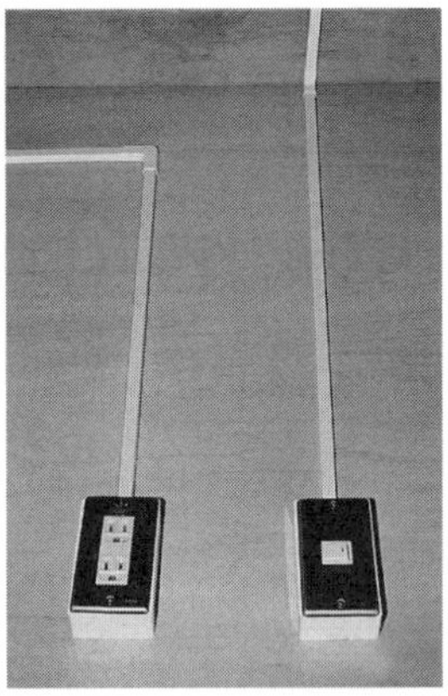

図1　合成樹脂線ぴ工事

材料及び器工具など

合成樹脂線ぴ付属品
金切りのこ
やすり
ナイフ
ペンチ
両面テープ
ボードアンカ
木ねじ
コンベックスルール
作業用手袋

番号	作業順序	要　点
1	切断・加工する	1. 線ぴの取り付けルートを選定する。 2. 線ぴの本体に切断寸法の印を付ける。 3. 金切りのこで直角に切断し，切り口はやすりで平滑に仕上げる。 4. ボックスと線ぴ接続口は，線ぴに合ったノック穴を選び，切り込みを入れ，ペンチなどで折り取る（図2）。
2	ベースを取り付ける	1. ベースの底部に両面接着テープを貼り，ベース相互が一直線上になるように造営材に密着させて，さらに木ねじ又はプラグにより固定する（図3）。 2. 固定ビスは，線ぴ1本単位に対して2箇所以上で固定する。 3. 線ぴの内部で突起を作らない。
3	入線する	1. 絶縁電線を使用する。 2. 線ぴ内では電線の接続をしないこと。
4	キャップを取り付ける	1. キャップはベースとすきまができないようにする（図1）。 2. ベースとキャップの接続部は30mm 以上ずらして取り付ける。

図　解

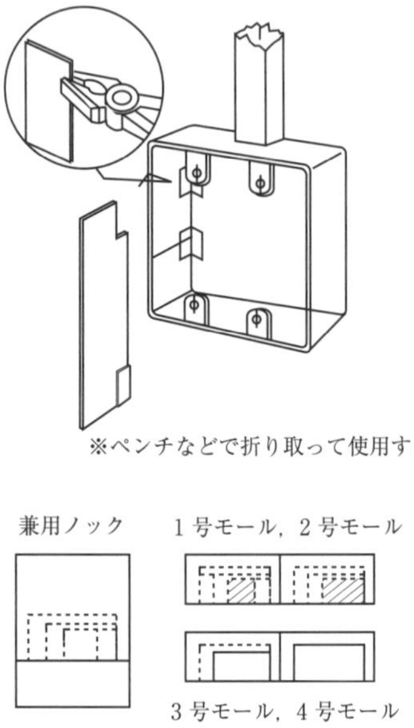

図2　兼用ノックアウト

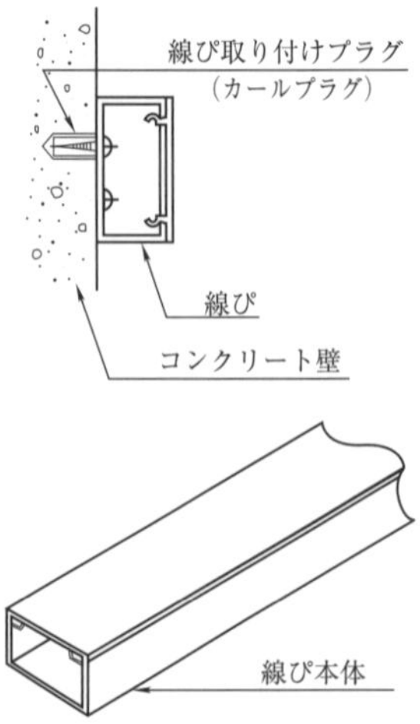

図3　ベースの固定

備考	平成24年の改正により，『電気設備に関する基準を定める省令（電気設備技術基準）』の合成樹脂線ぴ工事は削除された。なお，『内線規程（JEAC 8001-2011）』からも削除されたが，『内線規程（JEAC 8001-2016）』に改めて規定された。

番号	No. 5 .44

作業名	第2種金属線ぴ（レースウェイ）工事	主眼点	施工方法の基本

図1　第2種金属線ぴ（レースウェイ）工事施工例

材料及び器工具など

レースウェイ
付属品
つりボルト
防せいペンキ
高速カッタ
ドリル
バンドソー又は高速カッタ
ラチェット
モンキーレンチ
オートレベル
やすり
作業用手袋

番号	作業順序	要　　　点
1	位置を確認する	1. レースウェイ敷設ルートを確認する（施工図に準ずる）。 2. 他業種と接触しないようにする。
2	つり金物を取り付ける	1. 高さが決まったら，そのライン上に水糸を張る。 2. 事前に打ち込まれたインサートにつりボルトを取り付け，レースウェイつり金物を取り付ける（図1）。
3	レースウェイを切断する	1. 基点となる電源ボックス，分岐ボックスより寸法取りをする。 2. バンドソー又は高速カッタで直角に切断する。 3. 切り口はやすりで平滑に仕上げる。 4. 切り口は防せい塗装を行う。
4	レースウェイを取り付ける	1. つり金物にレースウェイを取り付ける。 2. レースウェイの接続は，専用の付属品を使用する（図2，図3）。
5	入線をする	1. 絶縁電線を使用する。 ※ レースウェイ内では接続しない（接続はジョイントボックス内ですること）。 ※ 器具取り付け位置には，接続用ブランチ線の余長を残すこと。
6	器具を取り付ける	1. 器具の取り付け位置を確認する。 2. 器具の取り付け，結線を行う。 ※ レースウェイの向きによって支持金具が違うため注意が必要である。

図　　解

図2　レースウェイの支持

図3　照明器具の取り付け

番号	作業順序	要　　　　点	図　　　　解
7	カバーを取り付ける	器具取り付け後にレースウェイ開口部にカバーを取り付ける。 ※　カバーと本体にすきまのないように取り付ける。 ※　カバーと本体との間に電線を挟まないように注意する。 ※　ふた止め金具の取り付けは，２箇所以上とする。	

備考

1. レースウェイは開口部が上向き，下向きの使用ができるが，それぞれ付属品が専用となる場合がある（参考図１）。

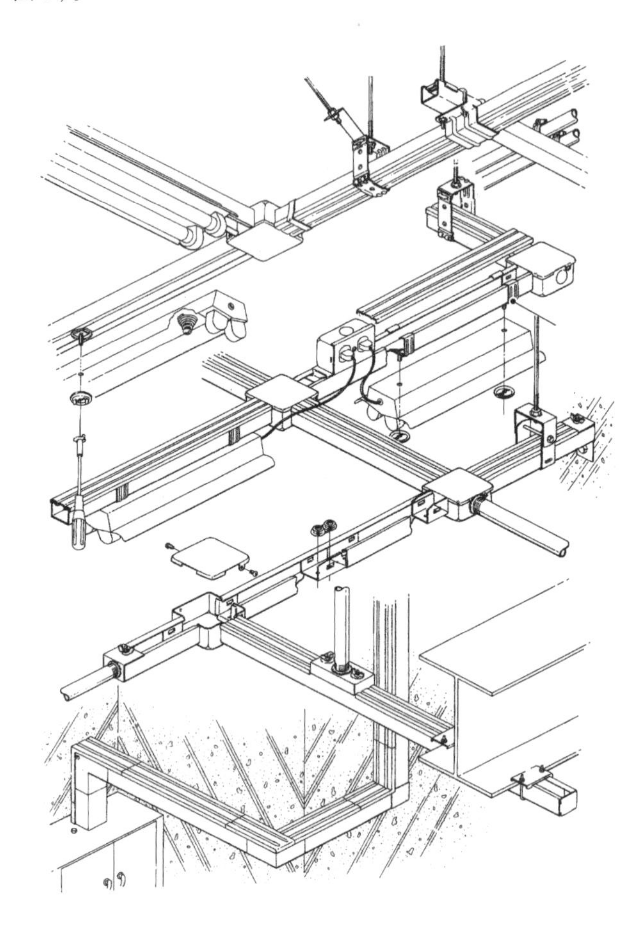

参考図１　レースウェイ付属品

①上向き工法
（メリット）
・コンセントとの複合ができる。

（デメリット）
・器具を取り付けるとき，穴あけ作業が必要。
・レースウェイ全体にふたの取り付けが必要。

②下向き工法
（メリット）
・器具を取り付けるとき，穴あけ作業が不要。
・レースウェイのふたが少なくできる。（器具取り付け部分は，ふたが省略できる）

（デメリット）
・入線が困難。

2. 施工時にオートレベルを使用する場合がある（参考図２，参考図３）。

参考図２　レースウェイ（上向き）

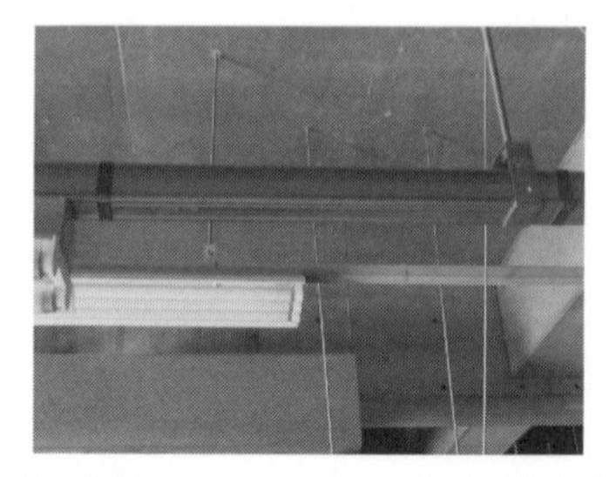

参考図３　レースウェイ（下向き）

番号	No. 5 .45

作業名	OA フロアの配線工事（1）	主眼点	OA フロアの種類・特徴

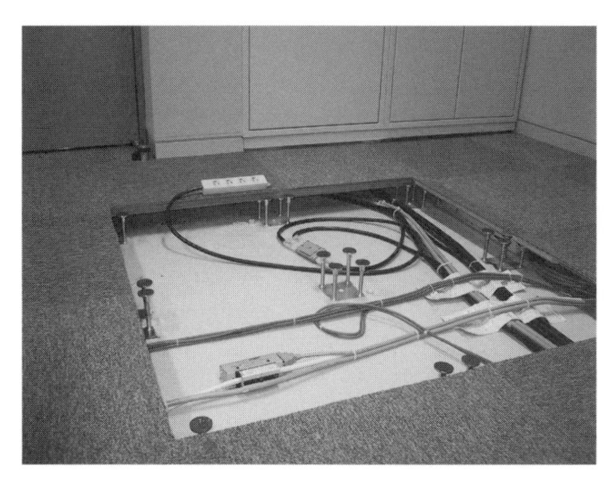

図1　OAフロア内配線例

材料及び器工具など

要　点

企業のIT化により，オフィス内でのLANの導入による電力配線，情報配線が増大している。これに対応するためOAフロア（図1，図2）が新設工事では，設計時より計画されている。またIT化に対応するため既設ビルにおいても，リニューアル工事としてOAフロアの導入が進んでいる。

● OA フロアの種類

OAフロアの種類は大きく分けて，2種類に分類される（図3，図4）。

● OA フロアの特徴

1. 工期が短くできる。
2. 配線変更が簡単である。
3. 配線の管理が簡単である。

① 溝構法（置敷・溝配線方式）（図3）

床面上に配線溝をグリッド状に形成して通過通路とし，溝カバーでふたをする構造である。

［特徴］

低床置敷式で，スロープや天井高への影響が少なく，配線管理が簡単である。床高調整はできないが，施工後の調整不要で，既設ビルの改修など，工期が短く，施工スピードが要求される場合に向いている。

② パネル構法（主に床高調整二重床方式）（図4）

パネルで床を上げて二重床にし，主に床高調整ができる支柱でパネルを支える構造である。パネル下が配線スペースとなる。

［特徴］

⑴ 自由な配線空間なので，大容量の配線や床下空調を必要とするオフィスや電算室に向いている。

⑵ 床高調整することにより，床下地が悪く，段差があっても床レベルを出すことができる。

備考

図　解

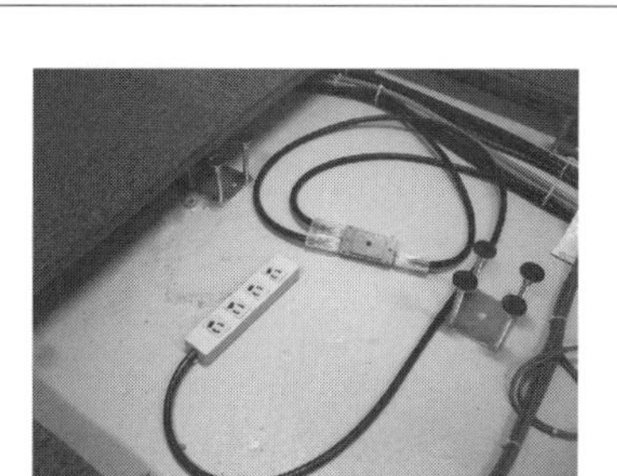

図2　OAフロア内配線例

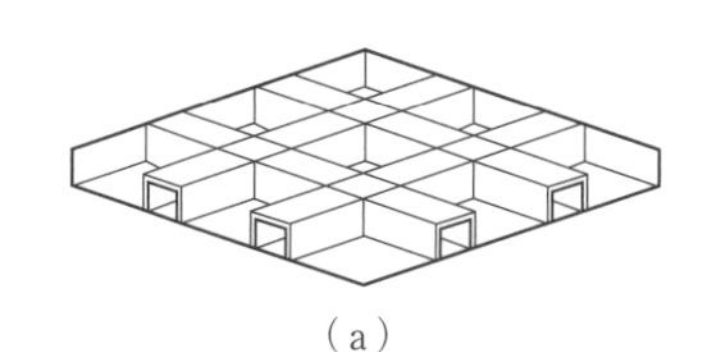

（a）

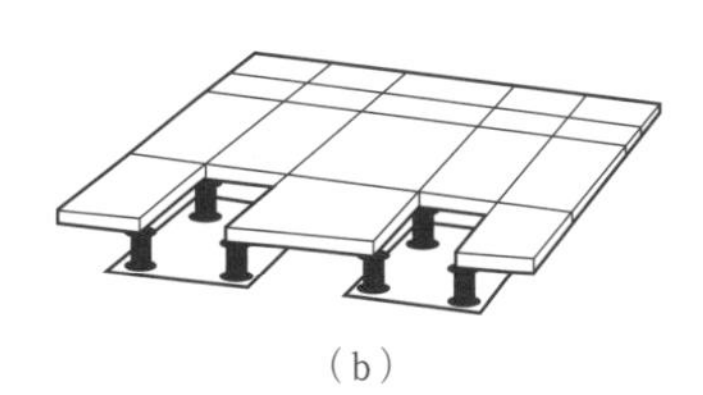

（b）

図3　溝構法（置敷・溝配線方式）

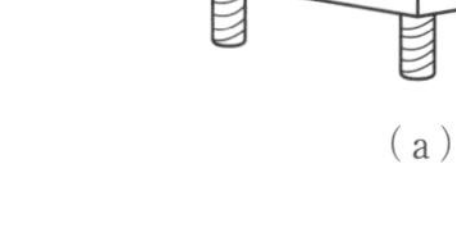

（a）

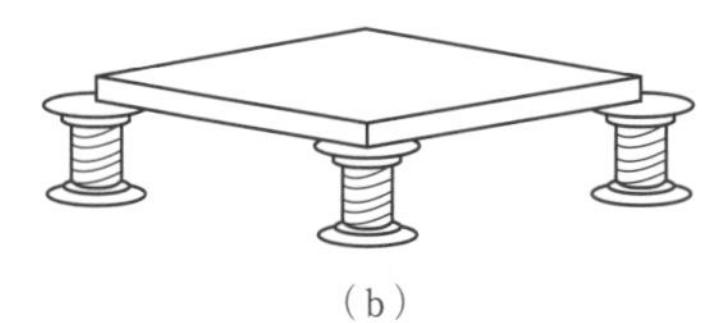

（b）

図4　パネル構法（主に床高調整二重床方式）

番号	No. 5 .46

作業名	OA フロアの配線工事（2）	主眼点	OA フロアの配線

図1　OAフロアの配線

材料及び器工具など
フロアダクト ジャンクションボックス インサートスタット インサートマーカ ダクトサポート その他フロアダクト付属品 ハイテンション ローテンション オートレベル（望遠鏡形） 高速カッタ，金切りのこ やすり，左官こて 作業用手袋

番号	作業順序	要　　点
1	OA フロアの施工をする	ジャンクションボックス，配線器具の取り付け位置を決める（図1）。
2	配線工事をする	1. 配線ルート，ボックス，配線器具取り付け位置の OA フロア板をめくる（図2）。 2. ジャンクションボックスを固定する（図3）。
3	配線工事（異種配線混触防止）をする	1. ケーブルを敷設する。 2. 敷設したケーブルを整線，結束する。 3. セパレータで，異種配線の混触防止をする（図4）。
4	配線器具を設置する	1. ケーブルの外装被覆を規定の長さではぎ取る。 2. 配線器具差し込み端子に合わせ，心線被覆をはぎ取る。 3. ライン側，ニュートラル側を合わせ，差し込み端子に心線を差し込む。 4. 配線器具をしっかりと固定する。
5	完了（フロアパネル復旧）する	1. OA フロア板を元に戻す。 2. タイルカーペットを元に戻す（図5）。
備考		

図　　解

図2　OAフロア施工

図3　ジャンクションボックス設置

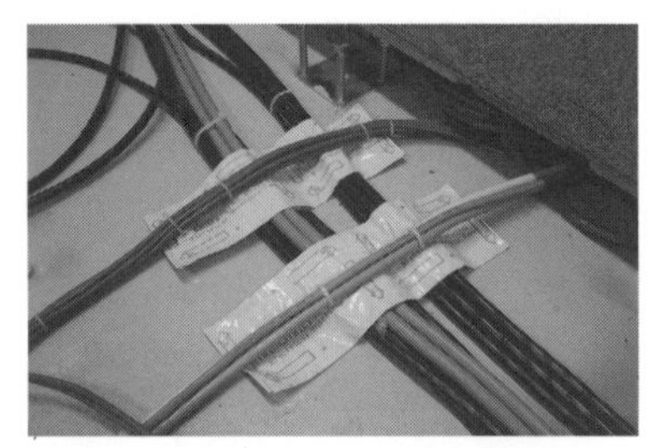

図4　セパレータによる混触防止

図5　工事完了

番号	No. 5 .47

作業名	ケーブルラック工事	主眼点	施工方法の基本

図1　ケーブルラック工事施工例

材料及び器工具など

ケーブルラック
ダクタ
つりボルト
防せいペンキ
ドリル
バンドソー又は高速カッタ
トルクレンチ
ラチェット
モンキーレンチ
オートレベル
やすり
作業用手袋

番号	作業順序	要　点
1	位置を確認する	1. ケーブルラック敷設ルートを確認する（施工図に準ずる）。 2. 他業種の設備と接触しないようにする。
2	つりボルトを取り付ける	事前に打ち込まれたインサートにつりボルトを取り付け，ケーブルラックつりサポートを取り付ける。
3	ケーブルラックを切断・加工する	1. 基点となる立上り，立下り，分岐より寸法取りをする。 2. バンドソー又は高速カッタで，直角に切断する。 3. 切り口はやすりで平滑に仕上げる。 4. 切り口に防せい塗装を行う。
4	ケーブルラックを取り付ける	1. つりサポートにケーブルラックを取り付ける（図2）。 2. 直線接続には，継ぎ金具を使用して接続する（図3）。 3. アースボンドを取る（図4）。
5	ケーブルを敷設する	1. ケーブルをケーブルラック上に敷設する。 2. 敷設したケーブルを整線後，結束する（図1）。

図　解

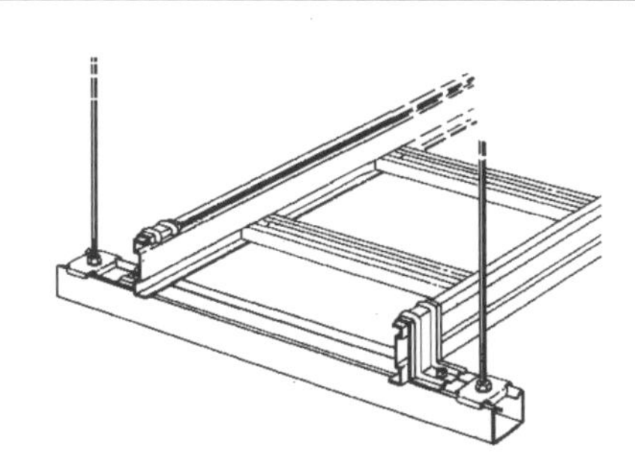

図2　ケーブルラックの支持

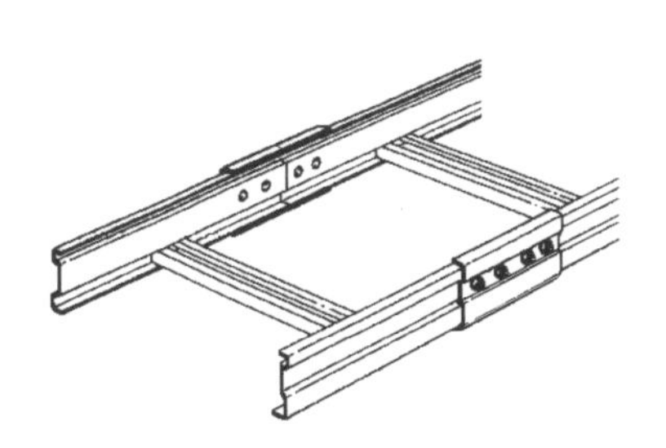

図3　直線接続（電気的接続のためアースボンド必要なし）

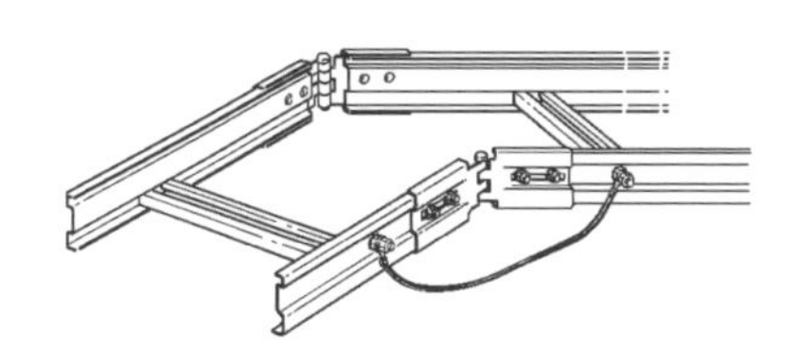

図4　水平自在継ぎ金具の接続（機械的接続のためアースボンドが必要）

備考

1. ケーブルラック支持ボルトの太さ
   ラック幅　600 mm 以下………径 9 mm 以上
   〃　　600 mm 超える……径 12 mm 以上
2. ケーブルラック支持点間の距離
   水平支持…… 2 m 以下
   垂直支持…… 3 m 以下
3. ラック相互の接続にはアースボンドを取る。
4. 防火区画の処理は，貫通箇所にケーブル延焼防止工事を施す（参考図）。
5. オートレベルを使用する場合もある。

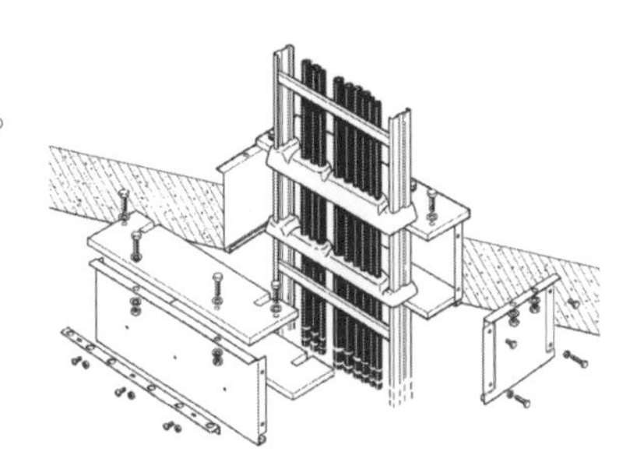

参考図　区画の防火処理例

番号	No. 5 .48

作業名	はつり及びアンカ取り付け工事（1）	主眼点	アンカの取り付け

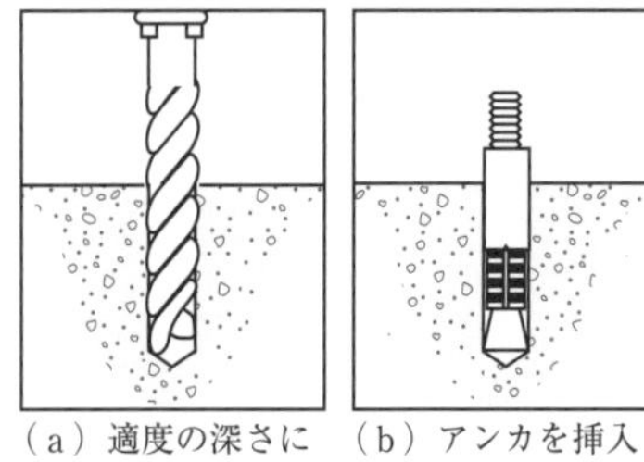
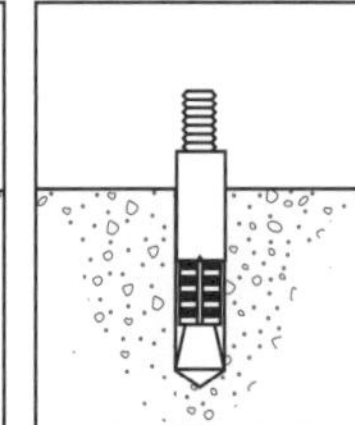
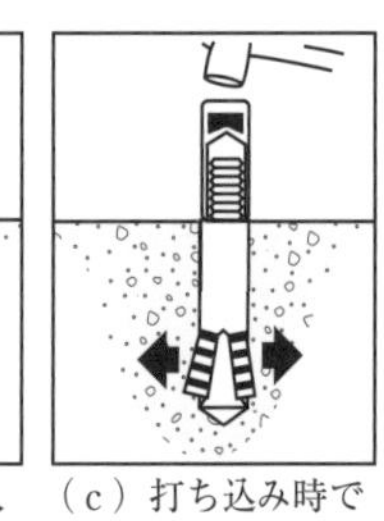

（a）適度の深さに穴あけ　（b）アンカを挿入　（c）打ち込み時でカラーをコンクリート部まで打ち込み　（d）ナットを締めて取り付け完了

図1　アンカの施工方法

材料及び器工具など

ホールインアンカ
振動ドリル
ハンマ
スポイト
防じんマスク
作業用手袋

番号	作業順序	要点	図解
1	位置をしるす	1. 穴あけ位置は，正確に墨出しする。 2. サドル穴の場合には，壁にサドルを当て鉛筆で印を付けてもよい。	図2　コンクリートドリル
2	きり先を当てる	1. 振動ドリルにホールインアンカの外径に合ったコンクリートドリルを取り付ける（図2）。 2. ドリル先を墨に合わせて作業床と直角に構える。	
3	打つ	1. 振動ドリルをしっかり持ち，スイッチを入れて穴をあける（図1（a））。 2. 穴の深さが，アンカの長さより多少深めになるまで打つ。 3. 穴内部をスポイトなどで清掃する。	
4	アンカを入れる	1. きり先の直径に合ったアンカを穴に差し込み（図1（b）），ハンマでたたいて入れる（図1（c））。 2. アンカのねじをつぶさないようにアダプタを使用する（図1（d））。	

備考

参考図に，ボルト付きホールインアンカの詳細を示す。

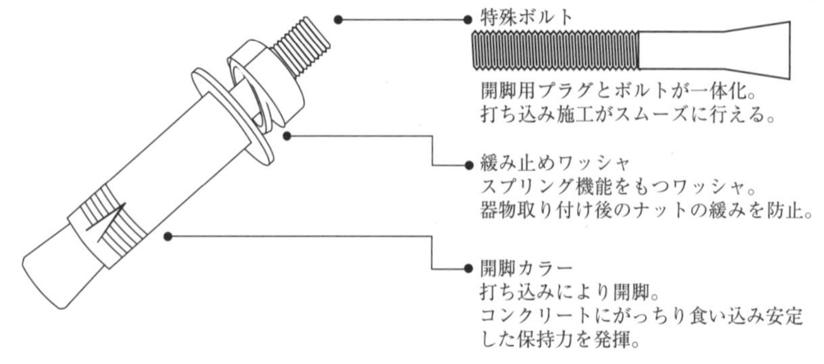

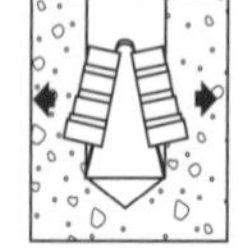

参考図　ボルト付きホールインアンカ

番号	No. 5 .49

作業名	はつり及びアンカ取り付け工事（2）	主眼点	壁の穴あけ，床のはつり

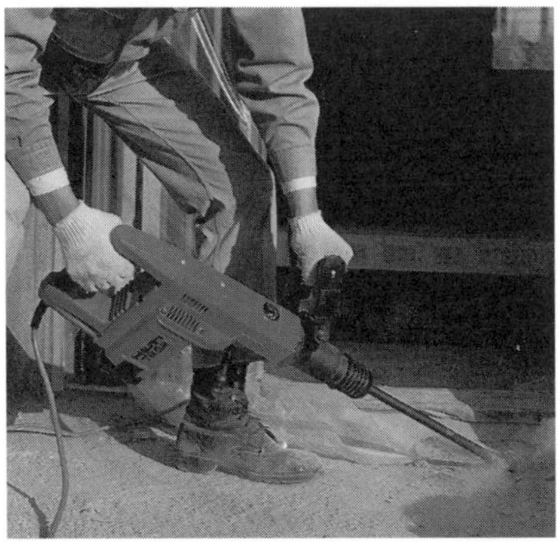

図1　ハンマドリルによるはつり例

材料及び器工具など

ハンマドリル
コンクリート用きり先
ハンマドリル用はつりのみ
作業用手袋

番号	作業順序	要点
●壁の穴あけ（アンカの下穴）		
1	位置をしるす	穴あけ位置を正確に墨出しをする。
2	穴あけをする	1. 初めは断続回転をさせ，きり先がマーキングした中心になるように，ゆっくりきり先を当てる。 2. きり先が振れなくなったら回転を連続させる（図2）。 3. 穴あけ深さは，アンカの長さより少し深めにする。ストッパを穴あけ深さにセットすること。
●床のはつり		
1	位置をしるす	はつり箇所を正確にマーキングする（図3）。
2	はつる	1. 床と45°ぐらいの角度に，はつりのみを当てる（図1）。 はつりのみの先端を見ながらハンマドリルを動かす（図4）。 2. はつりくずを整理しながら交互に繰り返す。
備考		

図解

図2　穴あけ施工

図3　マーキング

図4　はつりの例

番号	No. 5 .50

作業名	コンクリート壁の補修	主眼点	モルタル補修

図1　モルタル補修

材料及び器工具など

セメント
川砂
水
練り舟
練りくわ
小手板
左官ごて
作業用手袋

番号	作業順序	要　点	図　解
1	モルタルを作る	1. 初めに川砂とセメントを 2：1 でよく混ぜる。 2. モルタルの粘度によって水の量を調整する。 3. モルタル練り舟の中で作る（図 2）。	図2　モルタル練り舟
2	補修面に散水する	補修箇所にむらなく，隅々まで水を掛けて粉じんを流し落とす。	
3	モルタル補修をする	1. 小手板に適量のモルタルを乗せる。 2. 左官ごてを使ってモルタルが細部まで入るようにする（図 1，図 3）。 3. 狭いところは，棒などでつつきながら隅々まで行き渡らせ，気泡のできないように行う。	図3　モルタルづくりの練りくわと左官ごて
4	仕上げる	1. 木又は金ごてなどで表面のつやが出て平らになるまで押さえる。 2. 一度には仕上がらないので，何度も繰り返し押さえる。	

備考	

番 号	No. 5 .51

作業名	電動機工事（1）	主眼点	配電箱及びコンデンサの取り付け

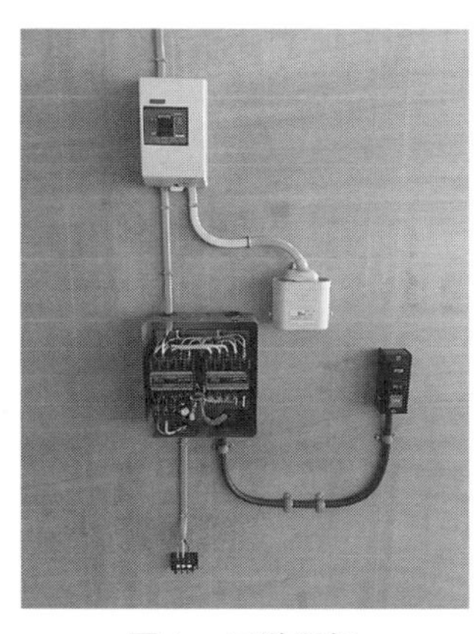
図1　可逆運転

図2　電動機運転回路の例

材料及び器工具など

配電箱
低圧進相コンデンサ
配線材料
きり
木ねじ
ワイヤストリッパ
ドライバ
圧着端子
圧着ペンチ

番号	作業順序	要　　点
1	配電箱を取り付ける	1. 配電箱の取り付け位置を決める。 2. 配電箱を実技板上に押さえておき，取り付け穴の位置に三つ目ぎりで実技板にきりもみをする。 3. きりもみをした位置に木ねじを途中までねじ込み，配電箱をそれに引っ掛け，下の 2 箇所を木ねじで止める。 4. 配電箱を引っ掛けた木ねじを最後までねじ込む。
2	コンデンサを取り付ける	配電箱の近くにコンデンサを木ねじで固定する。
3	配線工事を行う	次のいずれかの工事方法で行う。 (1) ケーブル工事　(2) 金属管工事 (3) 2種可とう管工事　(4) PF 管工事
4	接続する	1. 配電箱内の端子接続は，電線の被覆をかんだり，心線の被覆をむく長さが不必要に長過ぎて，心線が露出しないようにする。 2. コンデンサ回路は，電流計を通さないように接続する（図3）。 3. コンデンサ端子と配線の接続は，心線の裸導体部分が端子カバーから露出しないように接続する（リード線付きのコンデンサは，リード線を配電箱に接続するだけでよい）。 4. 配電箱のスイッチを切ったとき，コンデンサの残留電荷が放電されるように，放電抵抗内蔵のコンデンサを使用するか，電動機巻線でコンデンサが短絡されるように接続する。 5. 電動機の端子と配線の接続は，圧着端子を使用する。配線が単線の場合は，端子の太さに合わせて輪づくりをして接続する（図1，図2）。
5	接地工事を施す	鉄製の配管，配電箱，コンデンサケース，電動機には接地工事を施す。
6	電動機の回転方向を確認する	電動機への配線のうち，2本の線が入れ替わり回転方向が変わる（図4）。
備考		近年，モーターブレーカ（参考図）による施工が多い。

図　　解

ヒューズが接続される
電流計が接続される
接地端子
電動機へ
コンデンサへ

図3　配電箱内部の接続例

L1 L2 L3　U V W　M（正転）
L1 L2 L3　U V W　M（逆転）

図4　回転方向の変更

参考図　ブレーカを用いた配電箱

番号	No. 5 .52

作業名	電動機工事（2）	主眼点	可逆切替えスイッチの取り付け

図１　電動機運転回路例

材料及び器工具など

配電箱
配線材料
可逆切替えスイッチ
きり
木ねじ
ワイヤストリッパ
ドライバ
圧着端子
圧着ペンチ

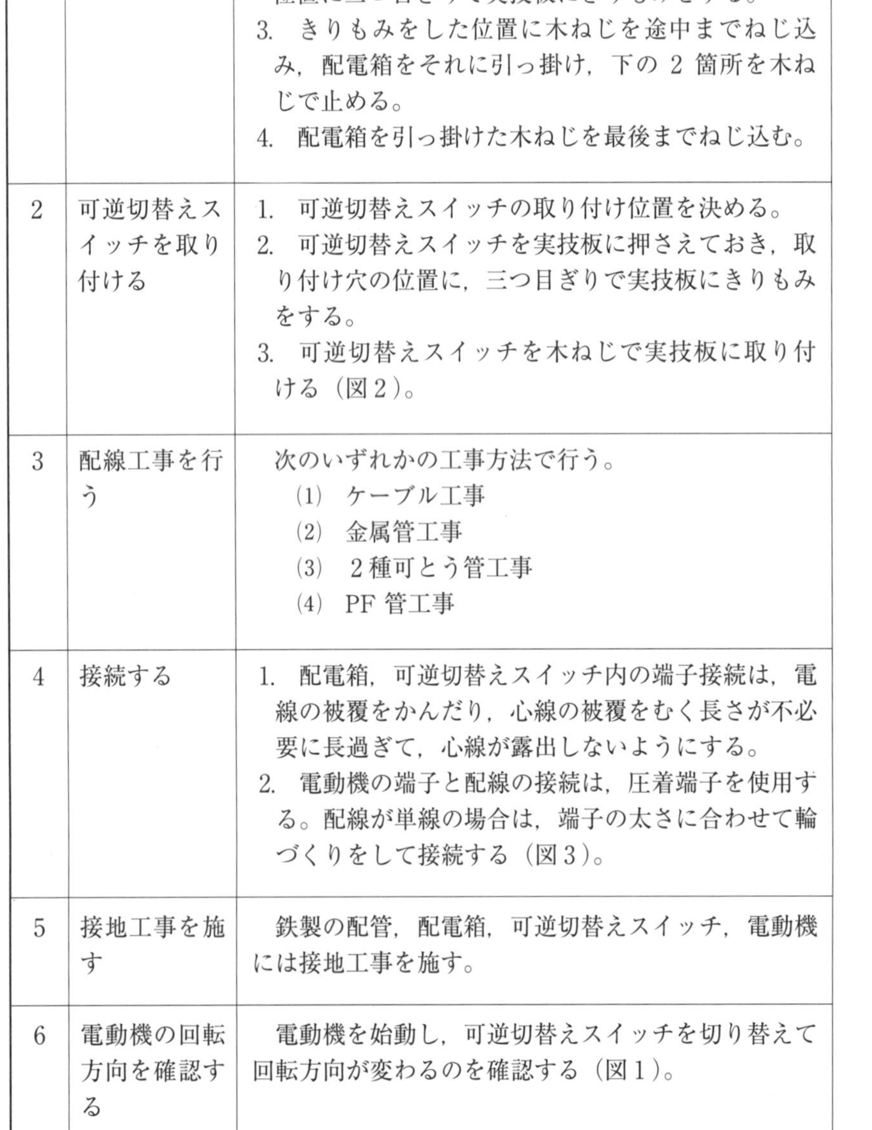

番号	作業順序	要　　点
1	配電箱を取り付ける	1. 配電箱の取り付け位置を決める。 2. 配電箱を実技板上に押さえておき，取り付け穴の位置に三つ目ぎりで実技板にきりもみをする。 3. きりもみをした位置に木ねじを途中までねじ込み，配電箱をそれに引っ掛け，下の 2 箇所を木ねじで止める。 4. 配電箱を引っ掛けた木ねじを最後までねじ込む。
2	可逆切替えスイッチを取り付ける	1. 可逆切替えスイッチの取り付け位置を決める。 2. 可逆切替えスイッチを実技板に押さえておき，取り付け穴の位置に，三つ目ぎりで実技板にきりもみをする。 3. 可逆切替えスイッチを木ねじで実技板に取り付ける（図２）。
3	配線工事を行う	次のいずれかの工事方法で行う。 (1) ケーブル工事 (2) 金属管工事 (3) ２種可とう管工事 (4) PF 管工事
4	接続する	1. 配電箱，可逆切替えスイッチ内の端子接続は，電線の被覆をかんだり，心線の被覆をむく長さが不必要に長過ぎて，心線が露出しないようにする。 2. 電動機の端子と配線の接続は，圧着端子を使用する。配線が単線の場合は，端子の太さに合わせて輪づくりをして接続する（図３）。
5	接地工事を施す	鉄製の配管，配電箱，可逆切替えスイッチ，電動機には接地工事を施す。
6	電動機の回転方向を確認する	電動機を始動し，可逆切替えスイッチを切り替えて回転方向が変わるのを確認する（図１）。

図　　解

図２　可逆切替えスイッチ

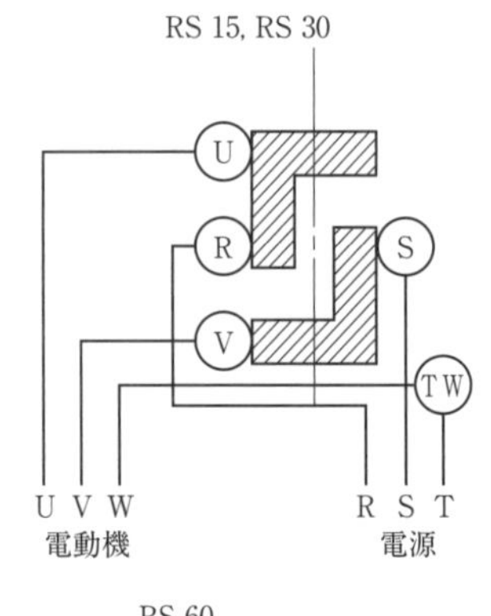

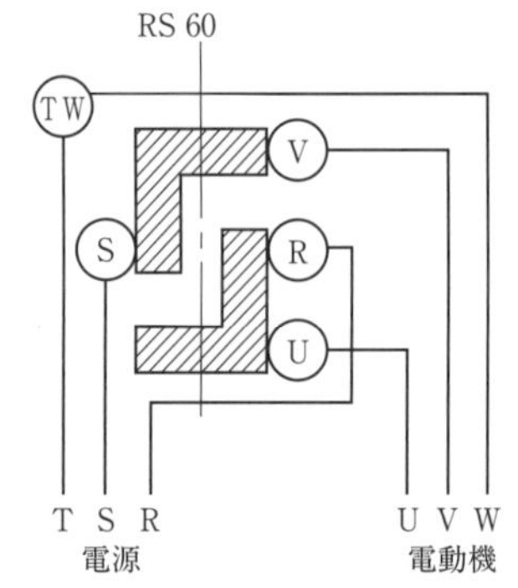

図３　可逆切替えスイッチの接触子

備考	

番号	No. 5.53

作業名	電動機工事（3）	主眼点	スターデルタ始動器の取り付け

図1　スターデルタ開閉器使用例

材料及び器工具など

配電箱
スターデルタ始動器
配線材料
きり
木ねじ
ワイヤストリッパ
ドライバ
圧着端子
圧着ペンチ

番号	作業順序	要　点
1	配電箱を取り付ける	1. 配電箱の取り付け位置を決める。 2. 配電箱を実技板上に押さえておき，取り付け穴の位置に三つ目ぎりで実技板にきりもみをする。 3. きりもみをした位置に木ねじを途中までねじ込み，配電箱をそれに引っ掛け，下の 2 箇所を木ねじで止める。 4. 配電箱を引っ掛けた木ねじを最後までねじ込む。
2	スターデルタ始動器を取り付ける	スターデルタ始動器を配電箱を取り付ける要領で，実技板に木ねじで堅固に取り付ける。
3	配管配線する	1. 配電箱とスターデルタ始動器の間は，電線を 3 本，始動器と電動機の間は，電線を 6 本使用する。 2. 電線は赤，白，黒などの色別で使うか，電線に U1，V1，W1，U2，V2，W2 の記号を付けて使用する（図2）。
4	電線を端子に接続する	1. 配電箱からきた電線は，始動器の R，S，T 端子に接続する。 2. 始動器と電動機の接続は，電動機の巻線が始動時には Y 接続，運転時にはΔ接続になるように接続する（図3，図4）。
5	接地工事を施す	鉄製の配管，配電箱，スターデルタ始動器，電動機には接地工事を施す。
6	電動機の回転方向を確認する	Y－Δタイマへ適切な値を設定して，電動機を Y から始動し，Δ運転に切り替えて，始動，運転がスムーズに行われることを確認する（図1）。
備考		1. 電磁開閉器を用いた電動機運転回路例を図5に示す。 2. 近年は汎用インバータによる始動が多い。

図　解

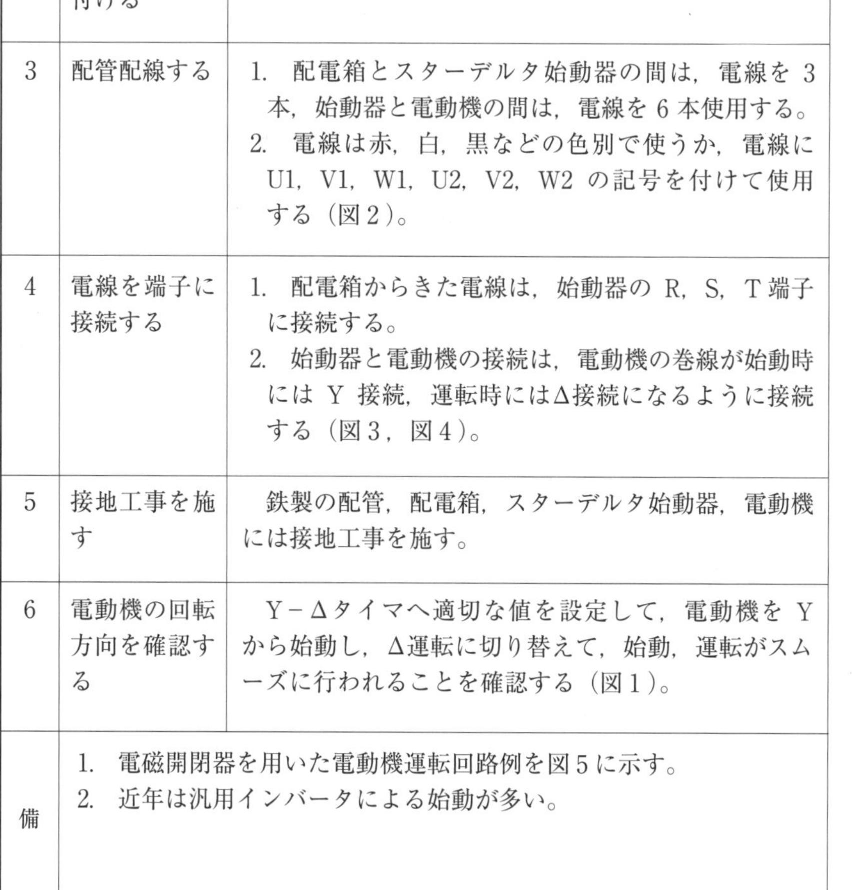

3φ3W200V
L_1 R L_2S L_3T
U1 V1 W1
M 3～
U2 V2 W2
（Δ結線）
（Y結線）

図2　結　線

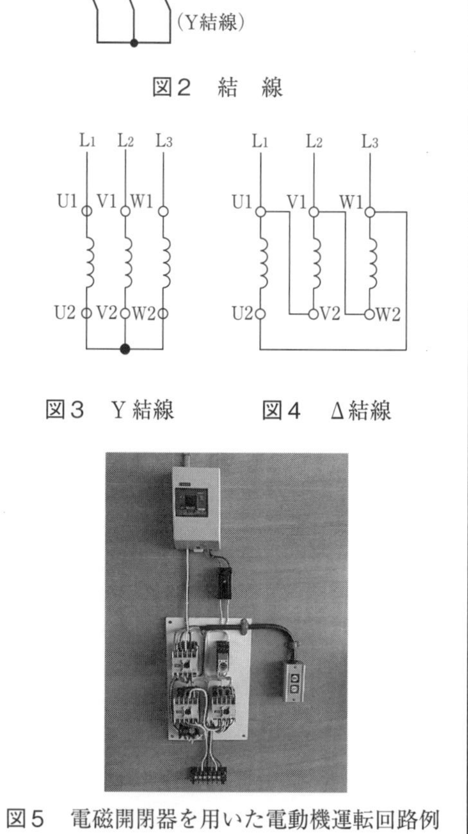

L_1 L_2 L_3
U1 V1 W1
U2 V2 W2

図3　Y結線　　図4　Δ結線

図5　電磁開閉器を用いた電動機運転回路例

番号	No. 5 .54

作業名	電動機工事（4）	主眼点	電磁開閉器の取り付け

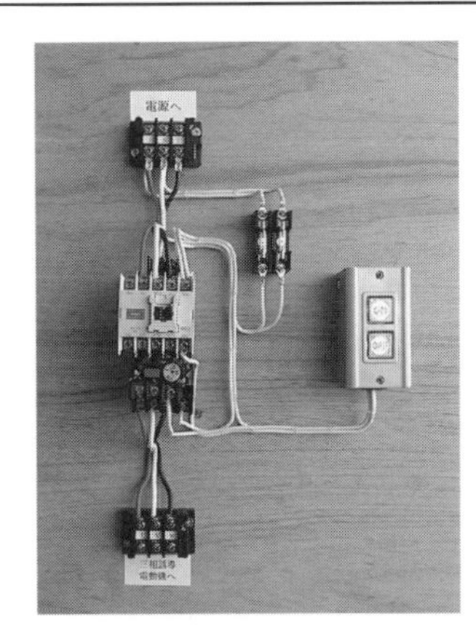

図１　電磁開閉器を用いた制御回路例

材料及び器工具など

配電箱
電磁開閉器
押しボタンスイッチ
配線材料
きり
木ねじ
ワイヤストリッパ
ドライバ
圧着端子
圧着ペンチ
電工用工具一式

番号	作業順序	要点
1	配電箱又は配線用遮断器を取り付ける	取り付け位置を決め，木ねじで器具を止める。
2	電磁開閉器を取り付ける	電動機運転回路（図２）に合わせた電磁開閉器の取り付け位置を決め，木ねじで器具を止める。
3	押しボタンスイッチを取り付ける	押しボタンスイッチを電磁開閉器を取り付ける要領で取り付ける（図3)。
4	結線作業を行う	1. 電動機運転回路に合わせた主回路を結線する。 2. 制御回路をシーケンス図に基づき結線する。 3. 制御回路の結線作業は，配線用電線サイズ及び器具の端子に合ったＹ端子を使用する。
5	配線工事を行う	1. 電源及び電動機への配線工事を行う。 2. 次のいずれかの工事方法で行う。 (1) ケーブル工事 (2) 金属管工事 (3) ２種可とう管工事 (4) PF 管工事
6	接地工事を施す	鉄製の配管，配電箱，電動機には接地工事を施す。
7	電動機の回転方向を確認する	電動機運転回路に合った動作をするかどうか，確認する（図１)。

図解

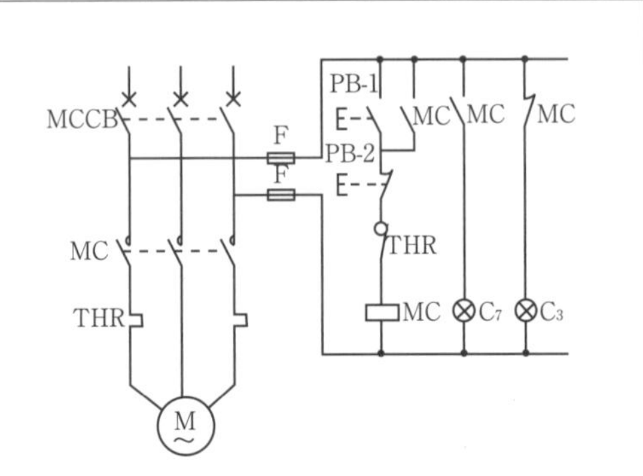

図２　運転停止回路

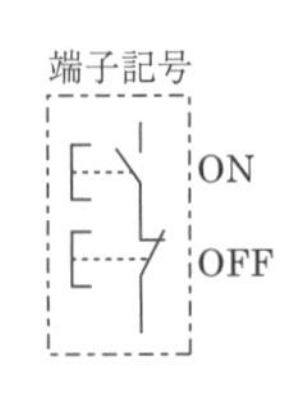

(a)

(b)

図３　押しボタンスイッチ

各種回路例を参考図１～５に示す。

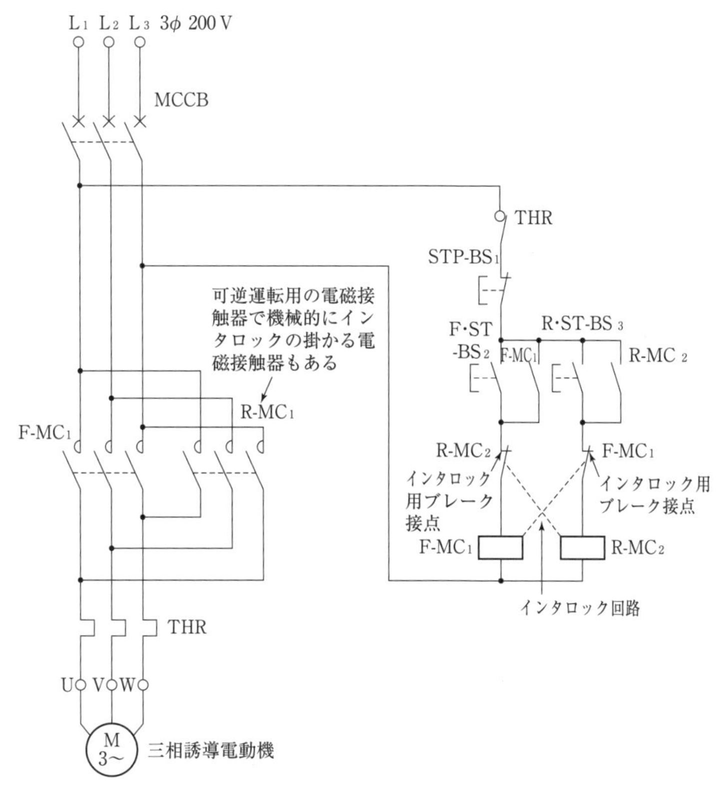

参考図１　可逆運転回路

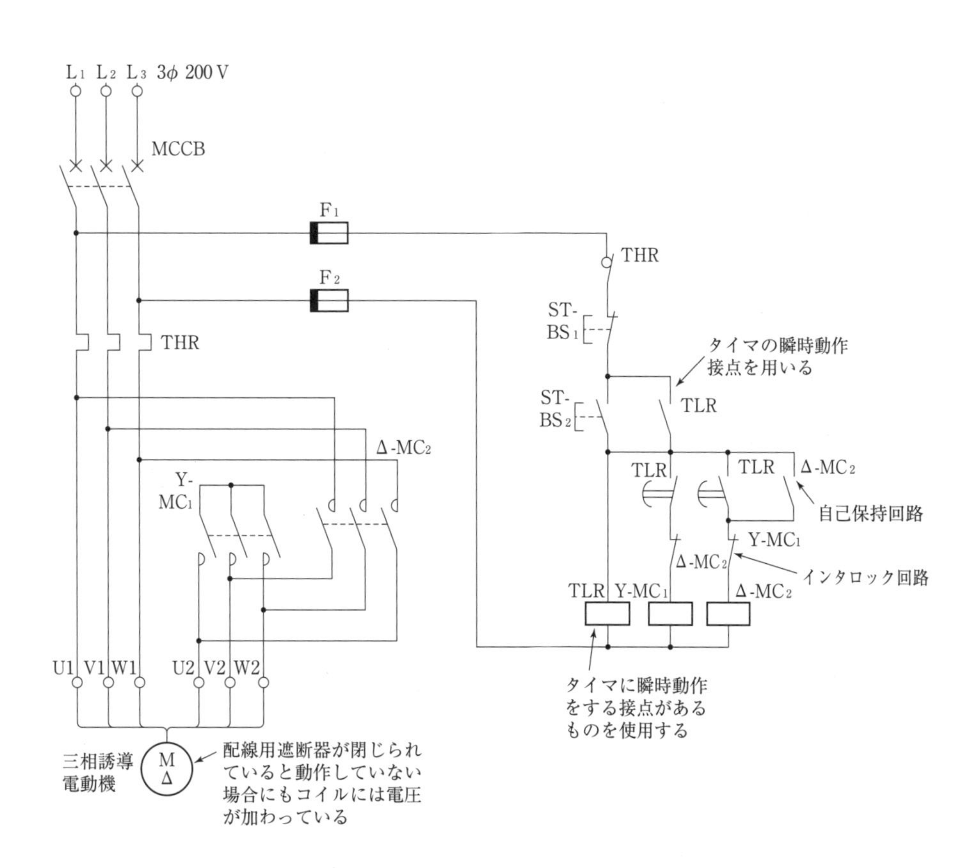

参考図２　Y－Δ始動回路（２コンタクタ方式）

備考

備考

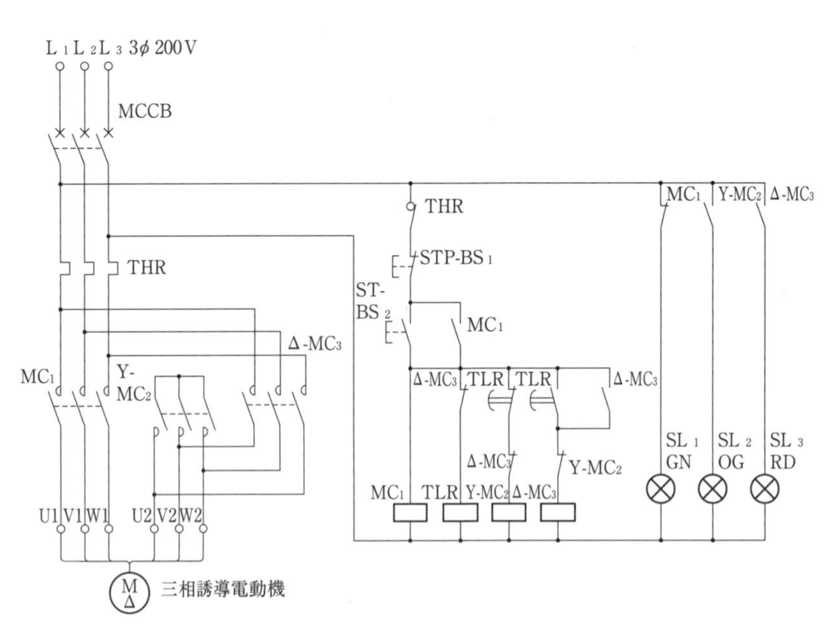

参考図３　Y－Δ始動回路（３コンタクタ方式）

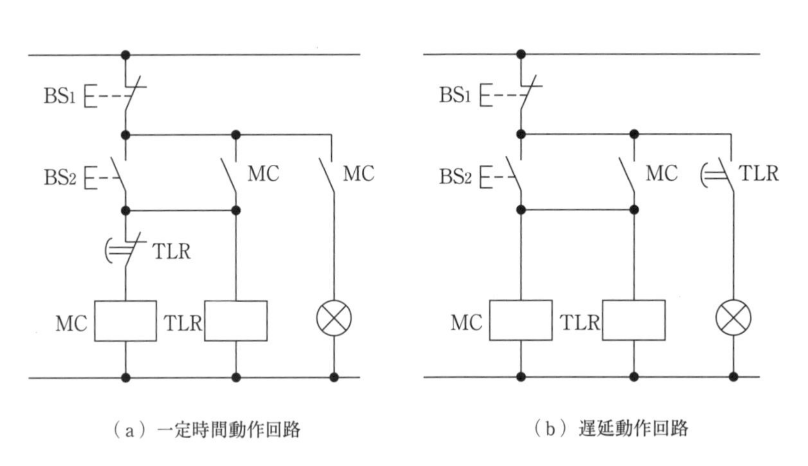

（a）一定時間動作回路　　（b）遅延動作回路

参考図４　時限動作回路

２つの出力が交互に切り替わり，休止時間はない。

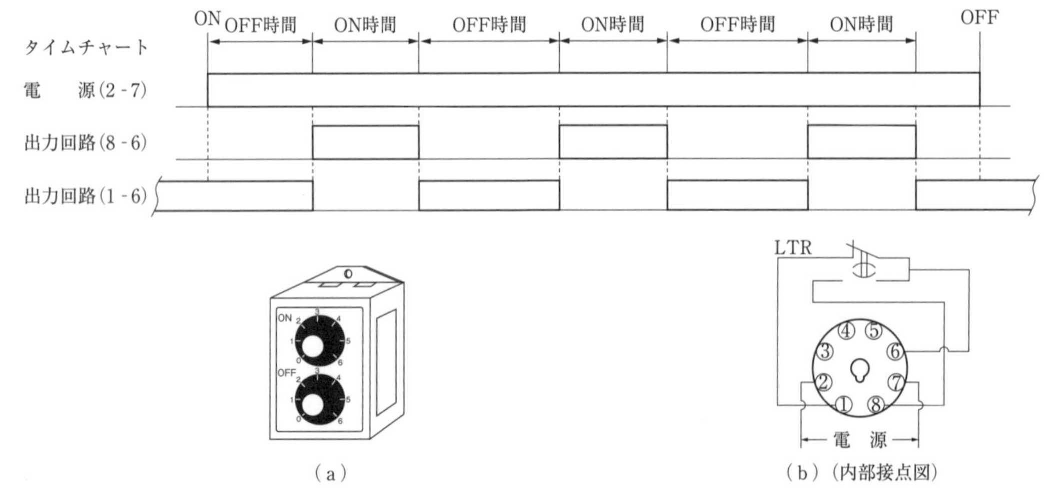

（a）　　（b）（内部接点図）

参考図５　リピートタイマ

番号	No. 5 .55

作業名	電動機工事（5）	主眼点	フロートスイッチの取り付け

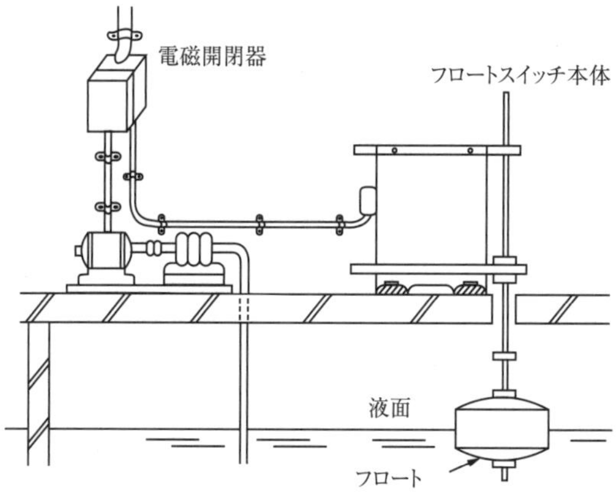

図1　フロートスイッチ施工例

材料及び器工具など

配電箱
電磁開閉器
フロートスイッチ
配線材料
きり
木ねじ
ワイヤストリッパ
ドライバ
圧着端子
圧着ペンチ
電工用工具一式

番号	作業順序	要　　点
1	配電箱を取り付ける	1. 配電箱の取り付け位置を決める。 2. 配電箱を実技板上に押さえておき，取り付け穴の位置に三つ目ぎりで実技板にきりもみをする。 3. きりもみをした位置に木ねじを途中までねじ込み，配電箱をそれに引っ掛け，下の 2 箇所を木ねじで止める。 4. 配電箱を引っ掛けた木ねじを最後までねじ込む。
2	電磁開閉器を取り付ける	1. 電磁開閉器の取り付け位置を決める。 2. 電磁開閉器を実技板に押さえておき，取り付け穴の位置に三つ目ぎりで実技板にきりもみをする。 3. きりもみをした位置になべ頭木ねじで，電磁開閉器を取り付ける。
3	フロートスイッチを取り付ける	1. ロッドを本体に固定し，水槽の上に取り付ける。 2. フロートスイッチは，給水に使用するか，排水に使用するかによって，ロッドの取り付け位置が違うので注意して取り付ける（図2）。 3. ロッドにフロートを通し，給（排）水量を考慮してフロートのストッパをロッドに固定する（図3）。
4	配線工事を行う	1. 電源及び電動機等への配線工事を行う。 2. 次のいずれかの工事方法で行う。 (1) ケーブル工事 (2) 金属管工事 (3) 2種可とう管工事 (4) PF 管工事
5	接地工事を施す	鉄製の配管，配電箱，フロートスイッチ，電動機には接地工事を施す。
6	電動機を試運転する	1. 電動機は給水用に使用するか，排水用に使用するか，想定した運転ができたか，確認する（図1）。 2. 回転方向が違うときは，3 本のうち 2 本の線を入れ替えるとよい。

図　解

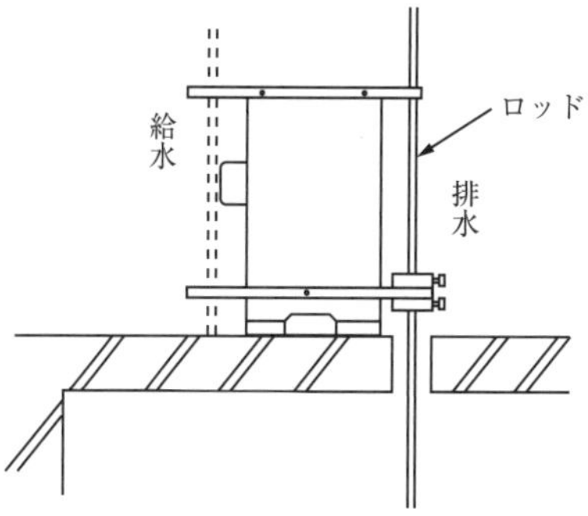

図2　フロートスイッチ取り付け

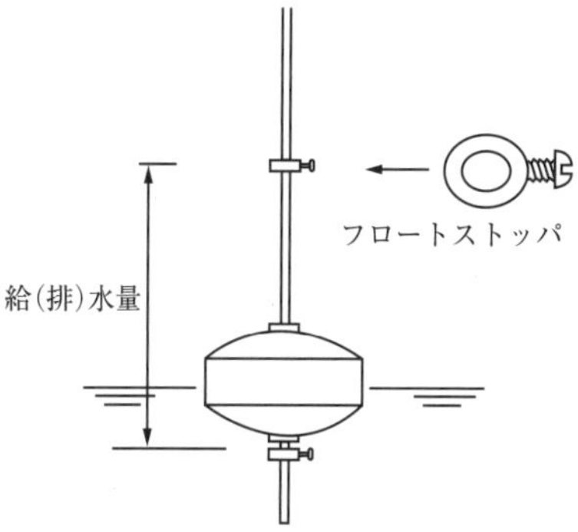

図3　フロートスイッチ

備考

■一般的な給水自動運転又は排水自動運転

1. 接　続

(1) 給水運転の場合は A～C 端子，排水運転の場合は B～C 端子を使用して，参考図のように電磁開閉器に接続する。

(2) アルミ鋳物製本体を使用する場合には，アース端子を必ず接地する。

2. 動　作

(1) 給水運転の場合

水面が上限おもり①の中心付近まで上昇するとポンプが止まり，下限おもり②の中心付近まで下降するとポンプが働き，この動作を繰り返す。

(2) 排水運転の場合

水面が上限おもり①の中心付近まで上昇するとポンプが働き，下限おもり②の中心付近まで下降するとポンプが止まり，この動作を繰り返す。

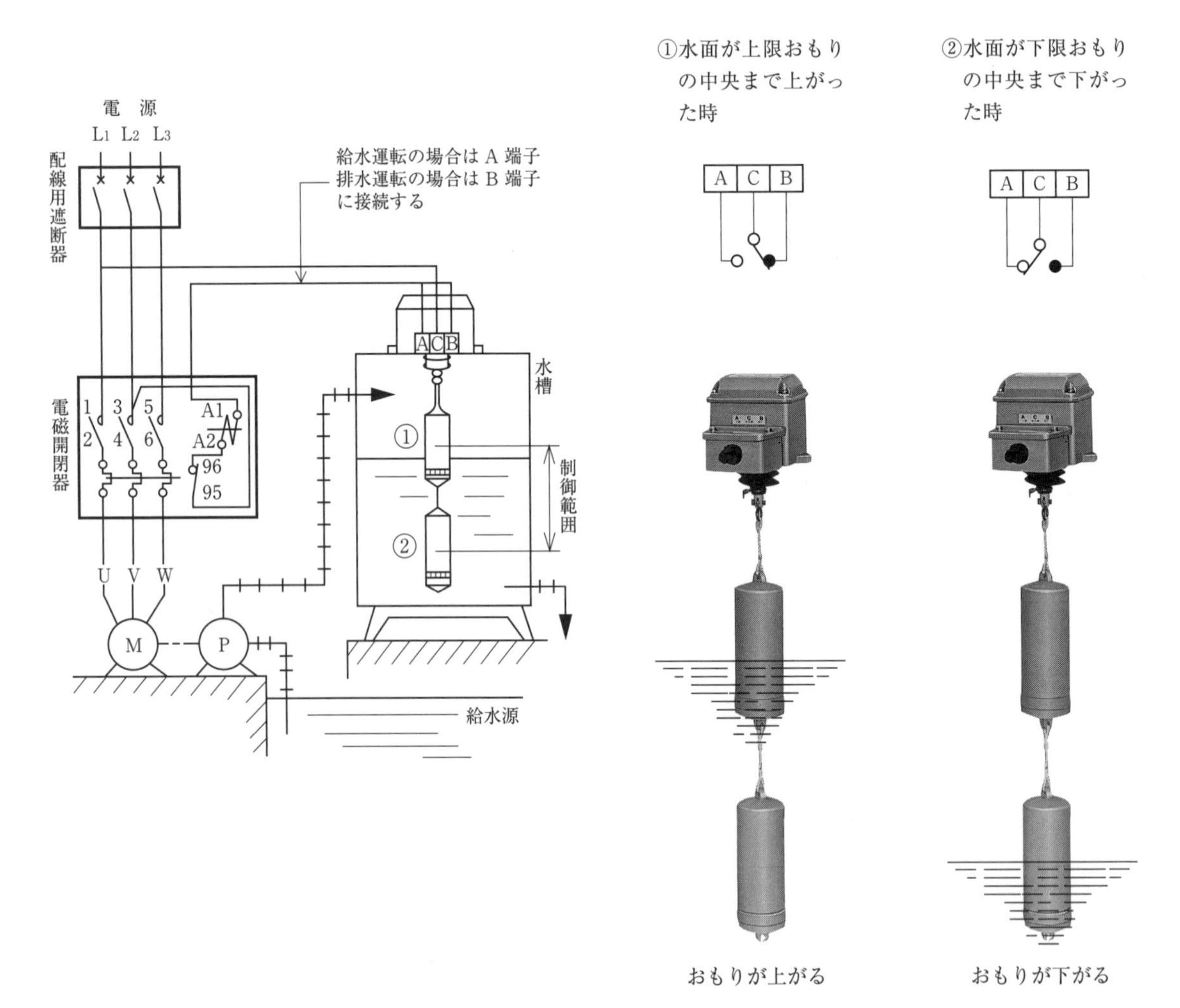

参考図　給水運転と排水運転の回路例と動作

番 号	No. 5 .56

作業名	電動機工事（6）	主眼点	フロートレススイッチの取り付け

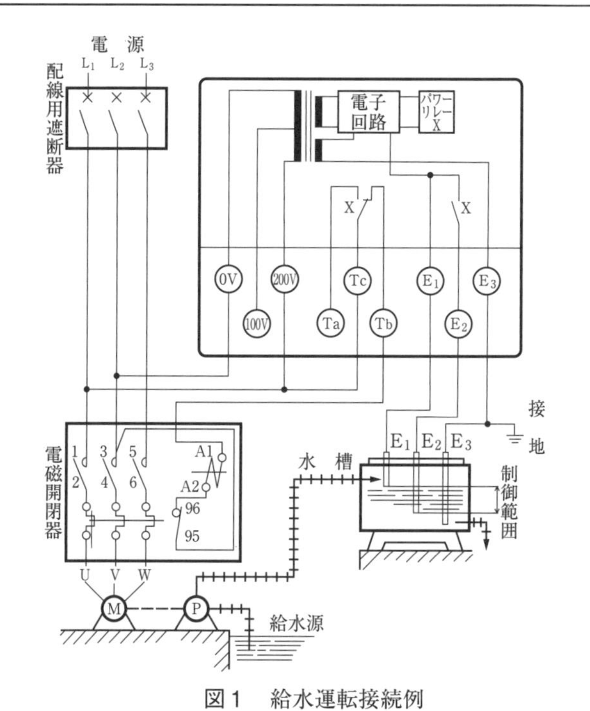

図１　給水運転接続例

材料及び器工具など

配電箱
電磁開閉器
フロートレスリレー
電極（電極保持器と電極棒）
配線材料
きり
木ねじ
ワイヤストリッパ
ドライバ
圧着端子
圧着ペンチ
電工用工具一式

番号	作業順序	要　　点
1	配電箱を取り付ける	1. 配電箱の取り付け位置を決める。 2. 配電箱を実技板上で押さえておき，取り付け穴の位置に三つ目ぎりで実技板にきりもみをする。 3. きりもみをした位置に木ねじを途中までねじ込み，配電箱をそれに引っ掛け，下の 2 箇所を木ねじで止める。 4. 配電箱を引っ掛けた木ねじを最後までねじ込む。
2	電磁開閉器を取り付ける	1. 電磁開閉器の取り付け位置を決める。 2. 電磁開閉器を実技板に押さえておき，取り付け穴の位置に三つ目ぎりで実技板にきりもみをする。 3. きりもみをした位置になべ頭木ねじで，電磁開閉器を取り付ける。
3	フロートレスリレーを取り付ける	電磁開閉器を取り付ける要領で，フロートレスリレーを取り付ける（図３）。
4	配線工事を行う	1. 配線を行う（図１，図２，図４）。 2. 電源及び電動機等への配線は，次のいずれかの工事方法で行う。 (1) ケーブル工事 (2) 金属管工事 (3) ２種可とう管工事 (4) ＰＦ管工事
5	接地工事を施す	鉄製の配管，配電箱，電動機には接地工事を施す。
6	電動機を試運転する	1. 電動機は給水用に使用するか，排水用に使用するか，想定した運転ができたか，確認する。 2. 回転方向が違うときは，3 本のうち 2 本の線を入れ替えるとよい。

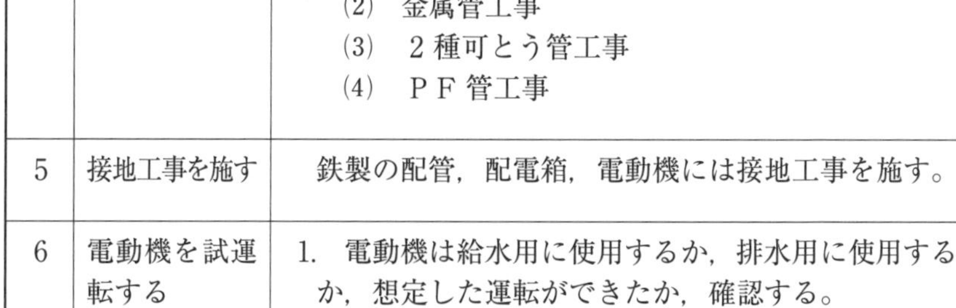

図　　解

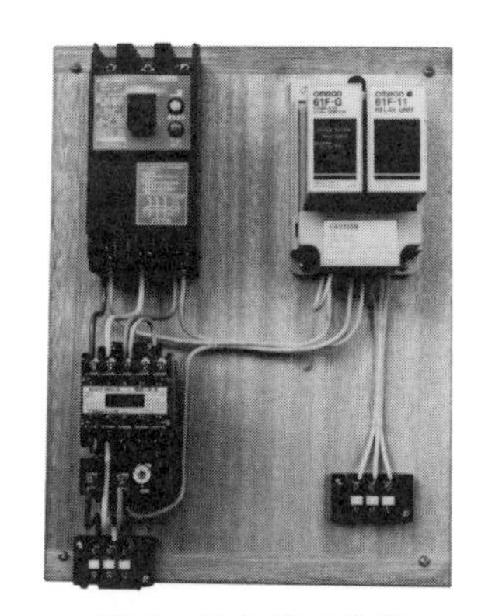

図２　取り付け状態

図３　フロートレスリレー　　図４　電　極

備考

1. 給水自動運転の接続例と動作を参考図1に示す。

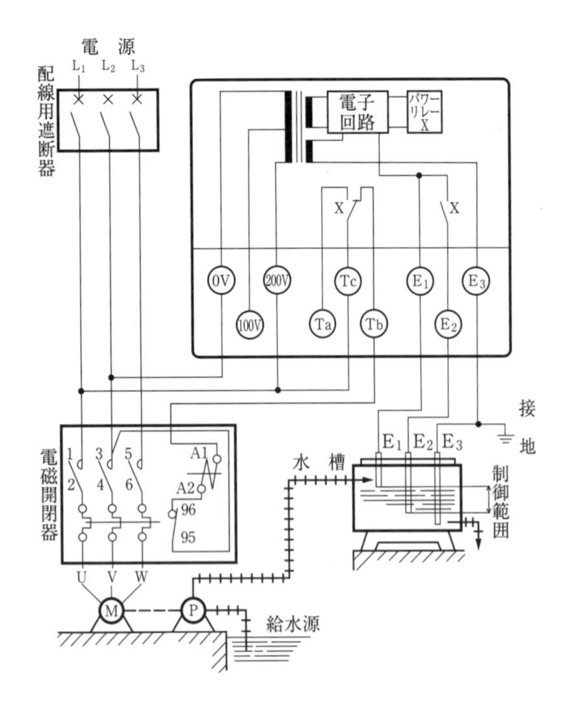

参考図1　給水自動運転

■動　作

1. 水面が E_1 に達したときポンプが止まり，E_2 を離れたときポンプが働く。
2. 水面が E_1 と E_2 の間にあるとき電源を入れると，いったん水面が E_2 を離れるまでポンプは働かない。
3. 電極回路の接続は，端子符号と電極の長さとをよく確かめて行う。E_1 は上限用，E_2 は下限用，E_3 は接地用の電極をそれぞれ接続する。
4. E_3 端子は必ず接地する。

2. 排水自動運転の接続例と動作を参考図2に示す。

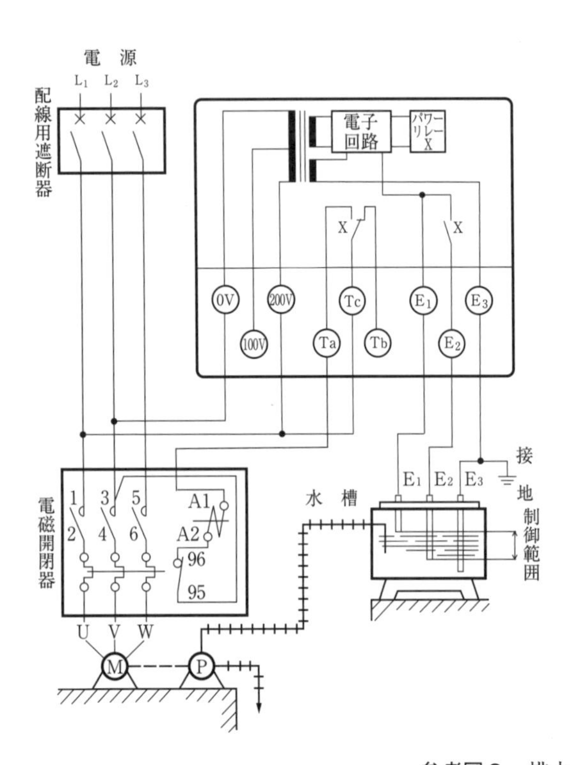

参考図2　排水自動運転

■動　作

1. 水面が E_1 に達したときポンプが働き，E_2 を離れたときポンプが止まる。

備考

3. ポンプの空転防止を兼ねた給水自動運転の接続例と動作を参考図3に示す。

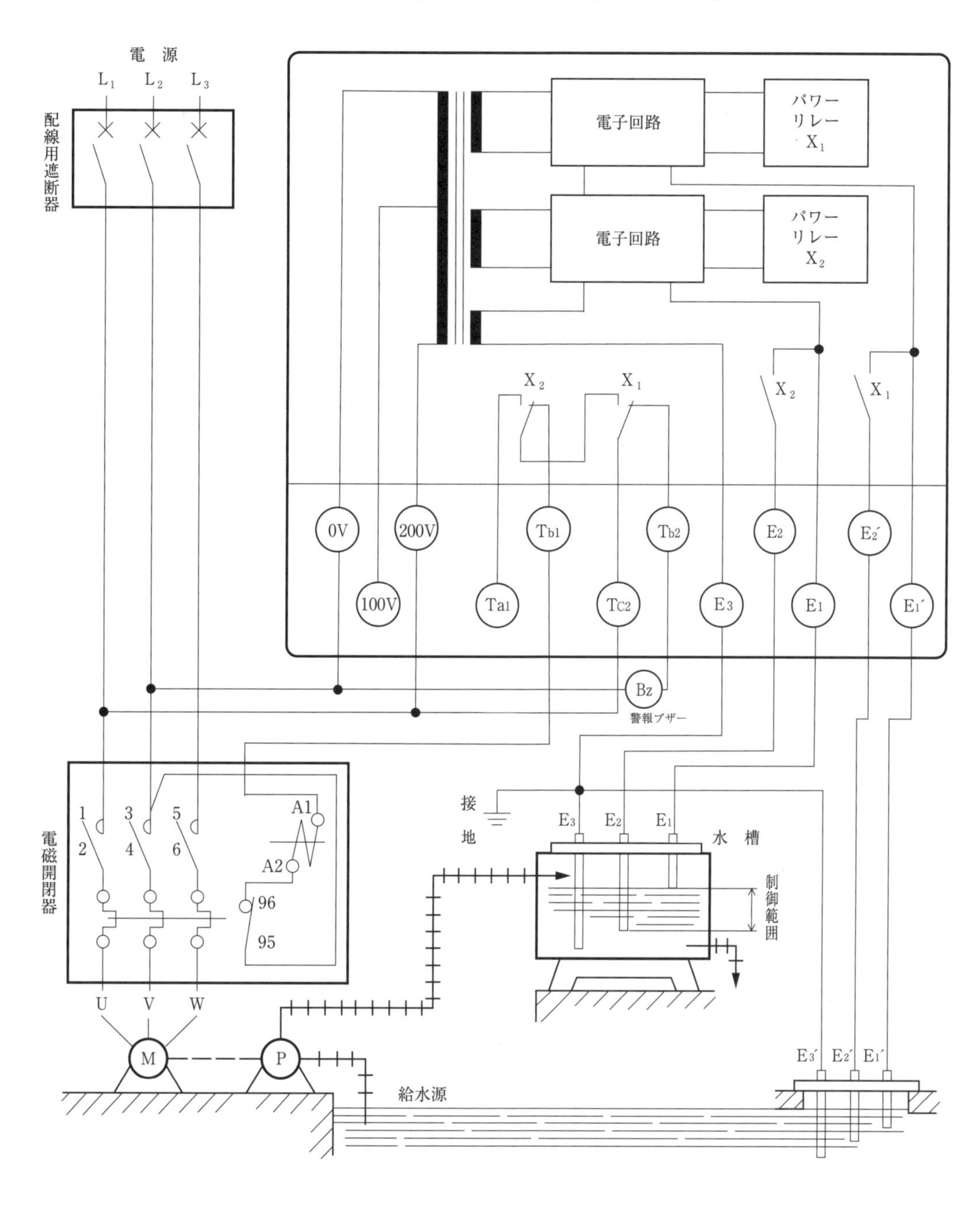

■動　作

1. 水槽の水面が E_1 に達したときポンプが止まり，E_2 を離れたときポンプが働く。
2. 水面が E_1 と E_2 の間にあるとき電源を入れると，いったん水面が E_2 を離れるまでポンプは働かない。
3. 給水源の水面が E_2' を離れたとき，ポンプが止まり警報を発する。また，水面が E_1' に達すると，復帰して平常の給水運転が行われる。
4. 電源投入時，給水源の水面が E_1' と E_2' の間にあれば，給水動作は正常に行われる。
5. 電極回路の接続は水槽では，E_1 は上限用，E_2 は下限用，E_3 は接地用の電極を接続し，給水源では，E_1' は復帰用，E_2' は下限用，E_3 は接地用の電極をそれぞれ接続する。
6. E_3 端子は必ず接地をする。

参考図３　ポンプの空転防止を兼ねた給水自動運転

6. 引込口工事

番 号	No. 6 . 1

作業名	引込口工事（1）	主眼点	VVR の末端処理

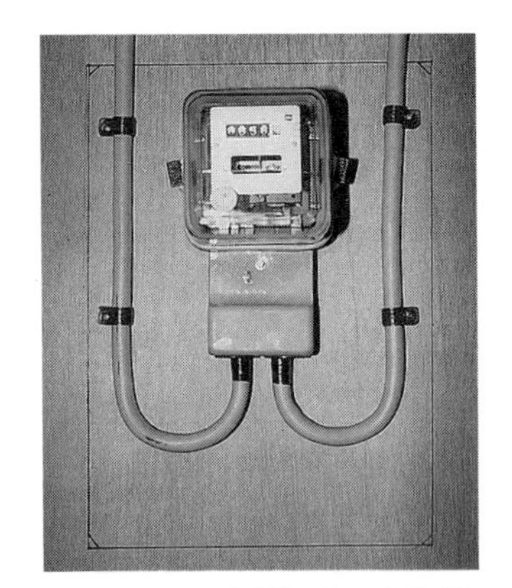

図1　VVR 末端処理の実施例

材料及び器工具など

VVR ケーブル
ナイフ
ペンチ
スケール
ビニルテープ

番号	作業順序	要　点
1	ケーブルを敷設する	1. 計器取付板の位置までケーブルを配線する。 2. 電力量計につなぎ込みができるように U 字状の余裕をもたせて 2 次側配線を行う（図 1）。 3. ケーブルサドルで固定する。
2	末端処理を行う	1. 電力量計の位置を決める。 2. U 字状のケーブルが二等分になる長さで切断する。 3. 接続に必要な長さを決めて，外装の外周をナイフで均等に切り込みを入れる（図 2）。 4. ケーブル先端まで縦の切り込みを入れて外装をはぎ取り，介在物を処理する（図 3）。 5. 防湿のために外装はぎ取り箇所にテープ巻きをする（図 4）。 6. 特に各線間にもテープをたすき掛けに巻き付ける（図 4）。
3	配線を行う	計器取付板における配線方法は図 5 に示す。

図　解

図2　ケーブル外周への切り込み入れ

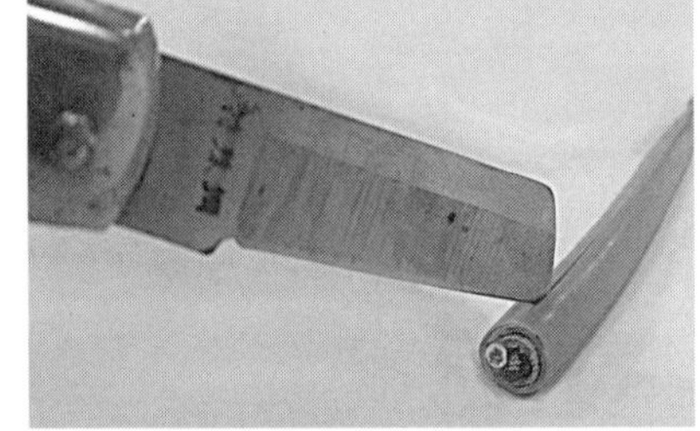

図3　VVR ケーブル断面

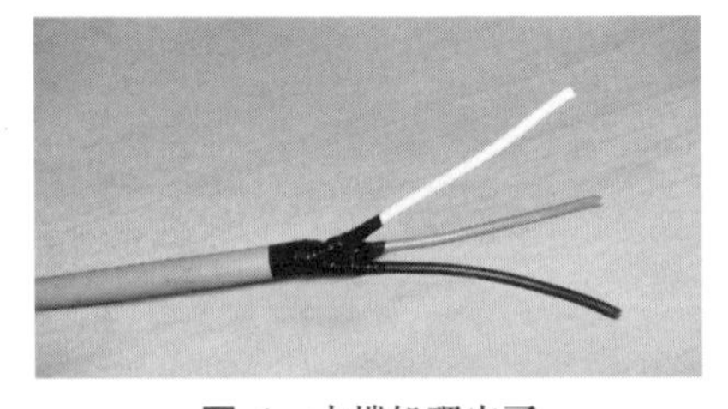

図4　末端処理完了

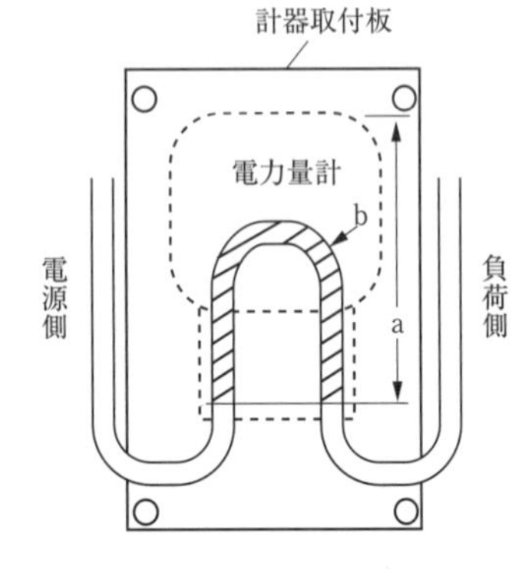

〔注1〕 a の間隔（計器取付ねじからケーブルでは被覆はぎ取りは，金属管では，端口までの間隔のこと）は計器の容量に従って，次の寸法とする。

	30 A 以下	50 A 以上
単相 2 線式	190 mm	250 mm
単相 3 線式 及び 三相 3 線式	260 mm	330 mm

〔注2〕 b の電線斜線部は，25 cm 以上の長さとする。
なお，ケーブルの場合は，施設者において電力量計などの取り付けに支障のないよう外部被覆をむいて防湿のためテープ巻きをする。
〔注3〕 ケーブルを曲げる場合の屈曲半径は，ケーブル外径の 5 倍以上とする。

図5　電力量計とケーブル設置

番号	No. 6 . 2

作業名	引込口工事（2）	主眼点	分電盤の取り付けと配線

（a）リミッタスペース付き
（北海道・東北・東京・中部・北陸・九州電力管内用）

（b）リミッタスペースなし
（全電力管内用）

図１　分電盤

材料及び器工具など

分電盤（中性線欠相保護付き ELB）
ジョイントボックス
ケーブル
ステップル
木ねじ
木ビス
ボードアンカ
きり
電工用工具一式
その他

番号	作業順序	要　　点
1	位置の確認をする	次の点を考慮して位置を決める。 (1)　スイッチ操作の利便 (2)　家屋に対しての美観 (3)　湿気や外傷を受けない 高さは図２を基準とする（現在は制限なし）。
2	分電盤を取り付ける	1.　所定の高さで四隅に下穴をあける。 2.　木ビスをねじ込み，分電盤を固定する（図１）。 3.　取り付け場所がボードの場合は，事前に補強材を入れておく。
3	配線する	1.　分電盤内開口部からケーブルを引き出し，くせを直し，形を整える（図３）。 2.　ブレーカ取り付け部分は，ケーブルを 100 mm 余裕をみる。 3.　ブレーカ２次側にケーブルをかまし込む。 4.　ビニルバンド又はひもなどでケーブルを固定する。
4	アンペアブレーカを取り付ける	1.　封印ビスを緩めてカバーを外す。 2.　本体を木ねじで固定する。 3.　電圧側と接地側の別を確認して，ブレーカ端子にねじ止めする。 4.　カバーを付け，封印ビスを締める（電力会社が施工後封印をする）。 5.　取り付け位置は図４に示す。
備考		1.　分電盤は壁が仕上がった後，取り付けるとよい。 2.　ホーム分電盤（パネル式分電盤）には，２回路以上 40 回路くらいまで各種の既製品がある。これを用いると比較的場所も取らずに体裁もよく，省力化にも役立つので，多く用いられている。

図　　解

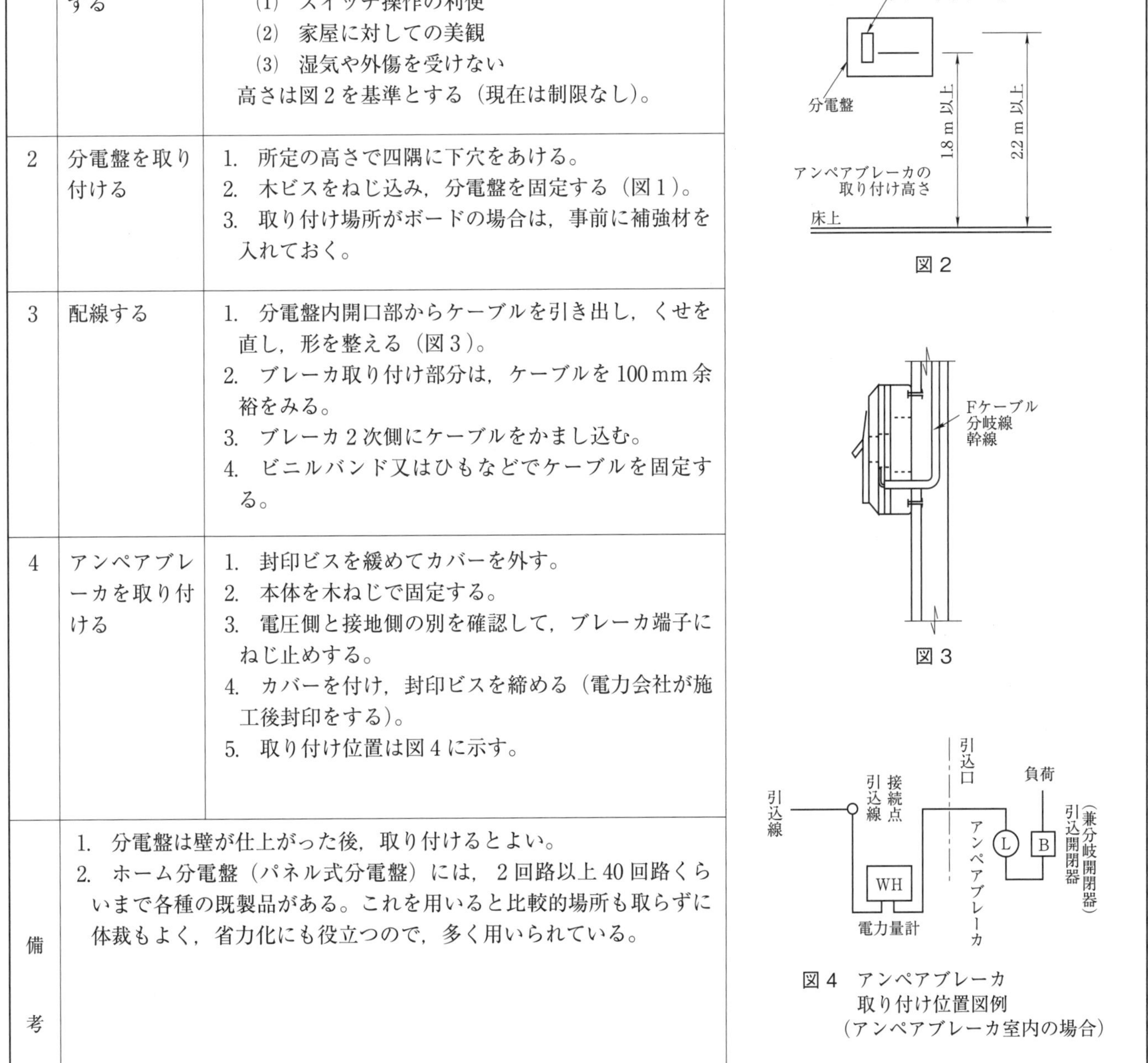

図２

図３

図４　アンペアブレーカ取り付け位置図例（アンペアブレーカ室内の場合）

番 号	No. 6 . 3

作業名	引込口工事（3）	主眼点	電力量計の取り付けと配線

図 1　電力量計

材料及び器工具など

耐候形計器盤
平形又は丸形ビニル外装ケーブル
サドル
ビス
保護管
ビニルテープ
ホルソ
ショートビット
電工用工具一式

番号	作業順序	要点
1	位置を決める	次の点を考慮して位置を決める（図 1）。 (1) 引込線の取り付け点 (2) 引込口箇所 (3) 検針の利便性 (4) 家屋に対しての美観 (5) 振動や外傷を受けることの有無
2	耐候形計器盤を取り付ける	1. 耐候形計器盤に，幹線と分岐線の入る必要箇所にホルソで径に合った穴をあける。 2. 地上 1.8 m の高さに亜鉛めっきした木ねじで固定する。
3	引込み口に保護管を通す	1. 穴の位置を正確に決める。 2. 穴をあける。 (1) 木造下地の時はショートビット（図 4）を用いる。 (2) 亜鉛引き又はカラー鉄板の時は，ホルソを用いる。 (3) 保護管（合成樹脂管）を通す（図 2）。
4	配線する	1. 電源側の先端は，外装をむき取り心線を約 60 cm 出し，耐候形計器盤内に入れておく。 2. 耐候形計器盤内は外装をむき取り，電力量計の接続がやりやすいように心線を 10 cm 出しておく（図 3）。 3. ケーブルの支持は雨の掛かるところでは，サドル又は片サドルを用いる。 4. 引込口に挿入した保護管の口元は，雨雪などの浸入と管の移動を防ぐため，ビニルテープを巻く。
備考		現在では電力量計に代わり，スマートメータが設置されている（参考図）。 参考図　スマートメータ

図解

図 2　引込口保護管施工例

図 3　耐候形計器へのケーブル処理

図 4　ショートビット

出所：（参考図）大崎電気工業（株）

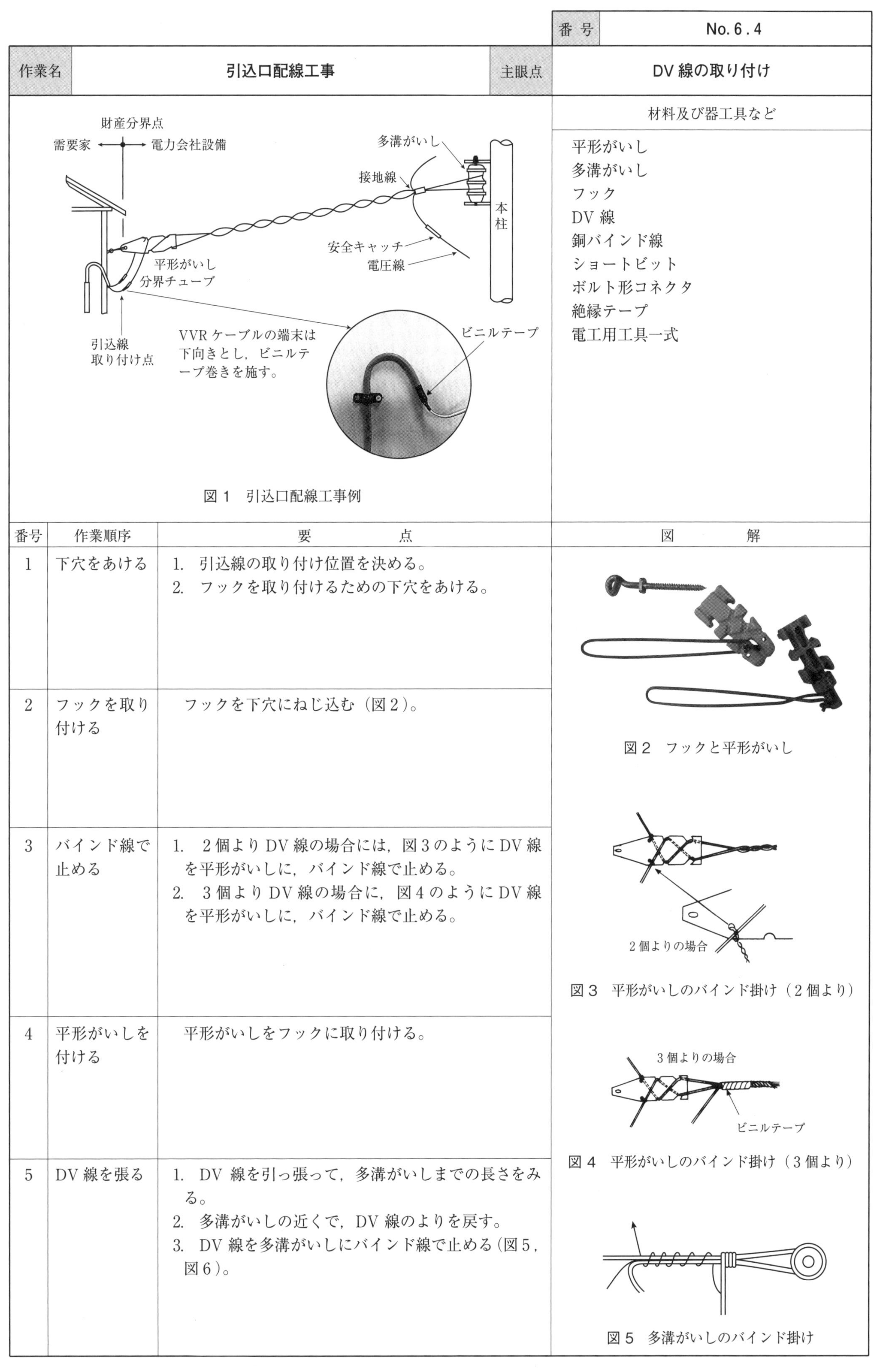

番号	No. 6.4

作業名	引込口配線工事	主眼点	DV線の取り付け

図１　引込口配線工事例

材料及び器工具など

平形がいし
多溝がいし
フック
DV 線
銅バインド線
ショートビット
ボルト形コネクタ
絶縁テープ
電工用工具一式

番号	作業順序	要点
1	下穴をあける	1. 引込線の取り付け位置を決める。 2. フックを取り付けるための下穴をあける。
2	フックを取り付ける	フックを下穴にねじ込む（図２）。
3	バインド線で止める	1. ２個より DV 線の場合には，図３のように DV 線を平形がいしに，バインド線で止める。 2. ３個より DV 線の場合に，図４のように DV 線を平形がいしに，バインド線で止める。
4	平形がいしを付ける	平形がいしをフックに取り付ける。
5	DV 線を張る	1. DV 線を引っ張って，多溝がいしまでの長さをみる。 2. 多溝がいしの近くで，DV 線のよりを戻す。 3. DV 線を多溝がいしにバインド線で止める（図５，図６）。

図解

図２　フックと平形がいし

図３　平形がいしのバインド掛け（２個より）

図４　平形がいしのバインド掛け（３個より）

図５　多溝がいしのバインド掛け

番号	作業順序	要　　点	図　　解
6	接続する	1. 引込口配線との接続は分界チューブを入れ，ボルト形コネクタで接続し，ボルコンカバーを取り付け，絶縁テープで固定する（図1）。 2. 本線との接続は緑色の線に安全キャッチを取り付け，電圧側と接地側を確認し，接地側には青色の線を，電圧側には緑色の電線をボルト形コネクタで接続し，ボルコンカバーを取り付け，絶縁テープで固定する。	図６　多溝がいしによる引留め

備考

1. 引込線取り付け点とは，需要場所の建造物又は構内支持物の電線取り付け点のうち最も電源に近いところで，引込線を容易にかつ堅固に施設し得る点をいう。
   ここでは，ボルト形コネクタによる接続方法を示したが，最近，低圧引込み接続は低圧スリーブを使用する方法に移行しつつある。このとき，地域によって使用する工具が異なるので，注意が必要である（参考図1～参考図3）。
2. DV グリップには，電力会社による規格が存在する（参考図4，5）。

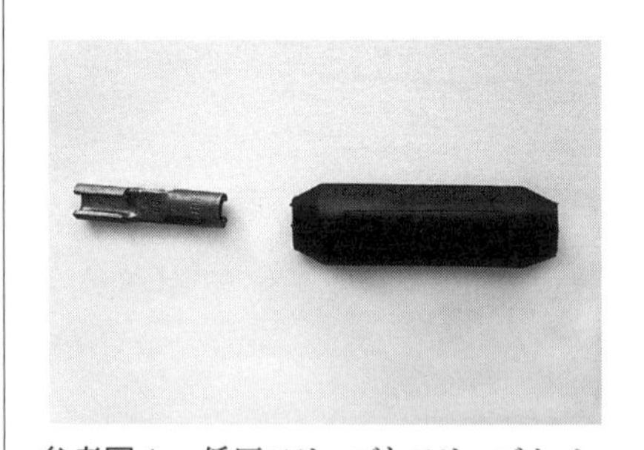

参考図１　低圧スリーブとスリーブカバー（東京電力管内用）

参考図２　低圧スリーブ手動式圧式工具（東京電力管内用）

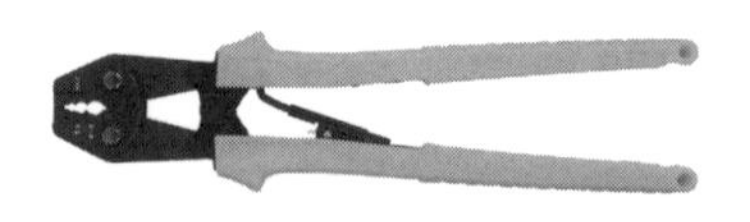

参考図３　低圧スリーブ手動式圧式工具（東北電力管内用）

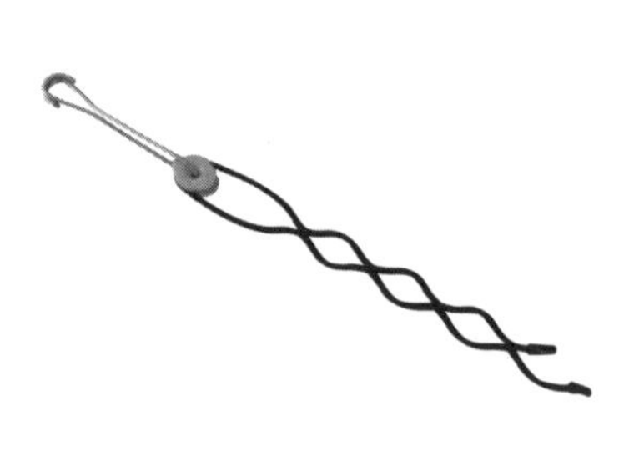

参考図４　DVグリップ

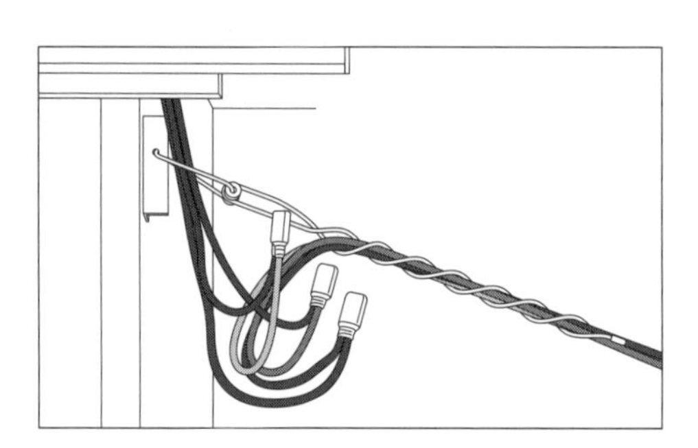

参考図５　DVグリップの使用例

出所：（参考図2，参考図3）マクセルイズミ（株），（参考図4，参考図5）東神電気（株）

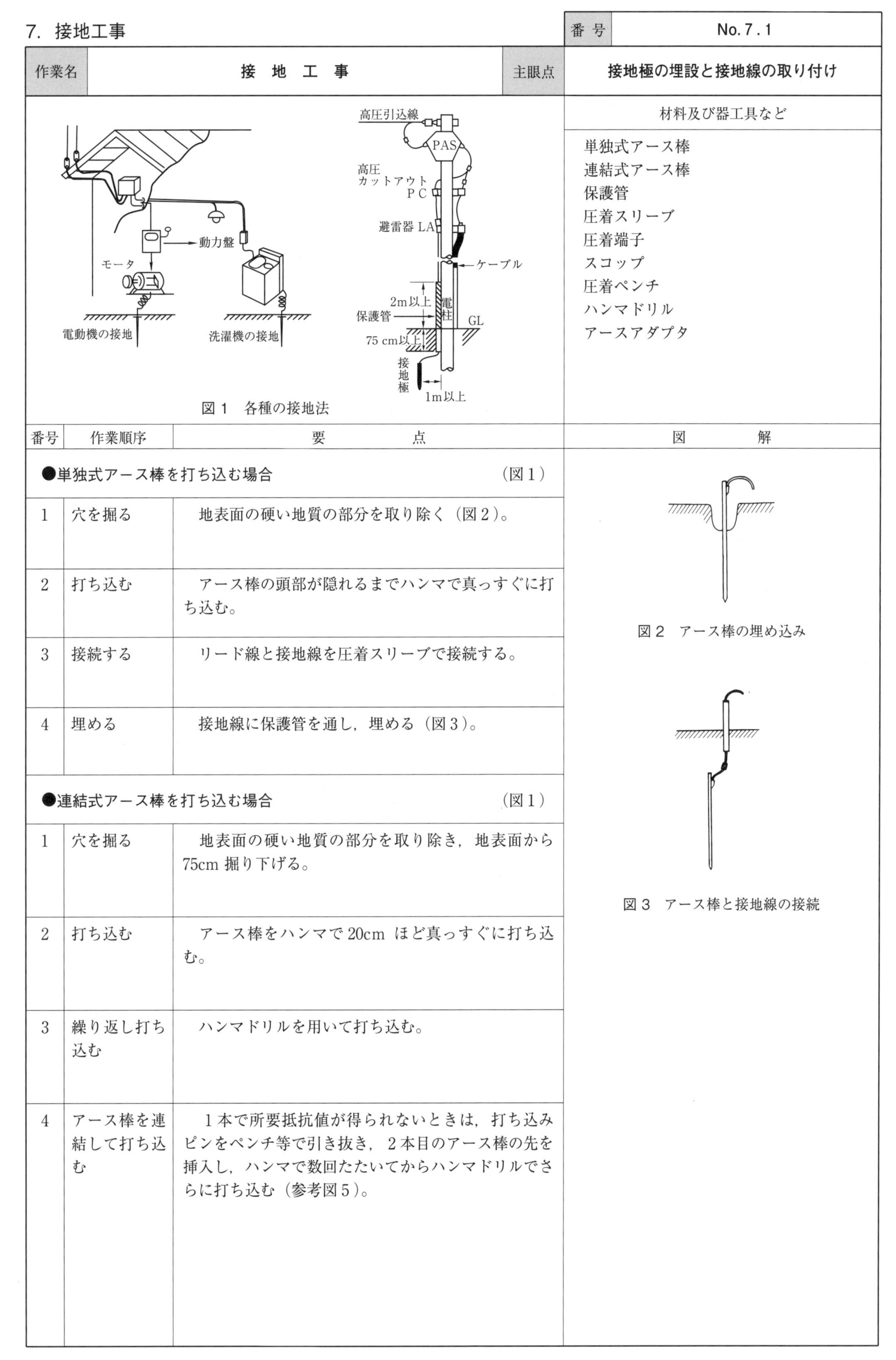

番号	No. 7.1

作業名	接　地　工　事	主眼点	接地極の埋設と接地線の取り付け

図１　各種の接地法

材料及び器工具など

単独式アース棒
連結式アース棒
保護管
圧着スリーブ
圧着端子
スコップ
圧着ペンチ
ハンマドリル
アースアダプタ

番号	作業順序	要　　点
●単独式アース棒を打ち込む場合		（図１）
1	穴を掘る	地表面の硬い地質の部分を取り除く（図２）。
2	打ち込む	アース棒の頭部が隠れるまでハンマで真っすぐに打ち込む。
3	接続する	リード線と接地線を圧着スリーブで接続する。
4	埋める	接地線に保護管を通し，埋める（図３）。
●連結式アース棒を打ち込む場合		（図１）
1	穴を掘る	地表面の硬い地質の部分を取り除き，地表面から75cm 掘り下げる。
2	打ち込む	アース棒をハンマで 20cm ほど真っすぐに打ち込む。
3	繰り返し打ち込む	ハンマドリルを用いて打ち込む。
4	アース棒を連結して打ち込む	１本で所要抵抗値が得られないときは，打ち込みピンをペンチ等で引き抜き，２本目のアース棒の先を挿入し，ハンマで数回たたいてからハンマドリルでさらに打ち込む（参考図５）。

図　　解

図２　アース棒の埋め込み

図３　アース棒と接地線の接続

番号	作業順序	要　　　点	図　　　解
●ハンマドリルを使って打ち込む場合			アースアダプタ 図4　アースアダプタ
1	アースアダプタをセットする	ハンマドリルの先にアースアダプタを取り付ける（図4）。	
2	打ち込む	ハンマで20cmほど打ち込んだアース棒に，セットしたハンマドリルで下向きに電動で打ち込む（図5）。	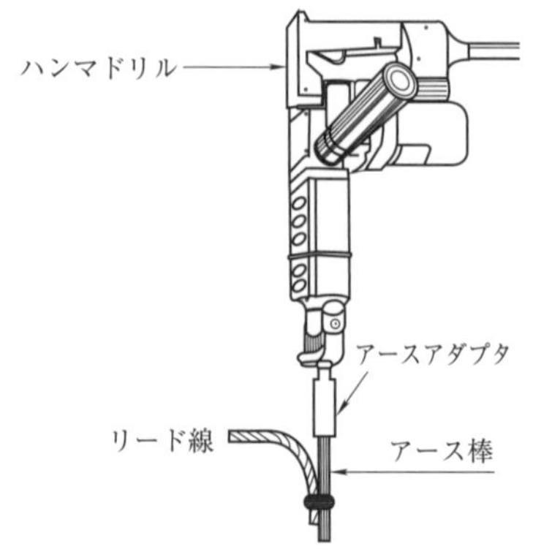 図5　ハンマドリルによるアース棒の打ち込み
3	接続する	リード線と接地線を圧着スリーブで接続する。	
4	埋める	接地線に保護管を通し，埋める。	
●接地板を埋設する場合			
1	埋設箇所を確認する	埋設場所は土質が均一で，他の金属埋設物がない場所とする。	
2	穴を掘る	接地板上部が地表面から75cm以上になるように掘り下げる。そのとき2m前後の掘削が必要となるため，土留めに対しては十分な配慮をすること（図6）。	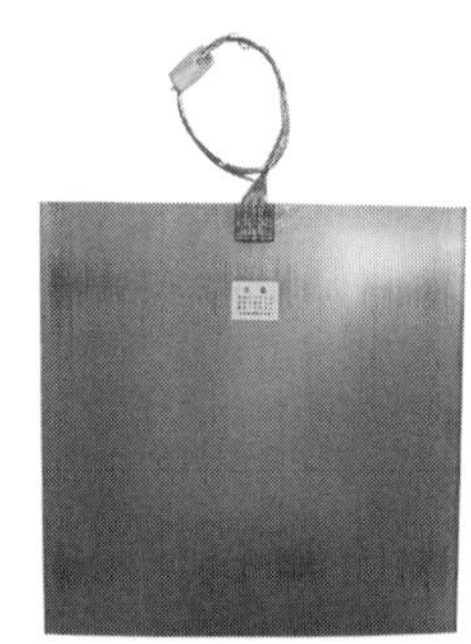 図6　接地板
3	接地板を入れる	1. 接地板とリード線との接続箇所を損傷しないように十分注意して，垂直に入れる。 2. 接地板の上面と地表面の距離は75cm以上であることを確認する。	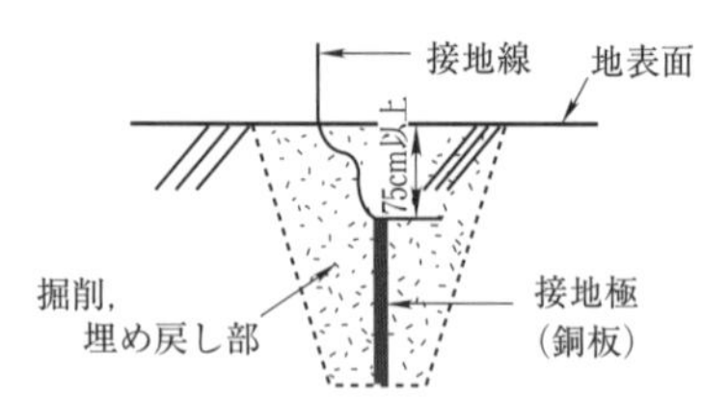 図7　銅板埋設
4	接地板を埋める	接地板が周りの土と十分に密着するように，砂利の混じっていない良質の土を選んで接地板を包むように埋める（図7）。 また，所要抵抗値が得られにくい地質の場合は，接地抵抗低減剤などを混ぜ込んで埋める（図8）。	
5	接続する	リード線と接地線を圧着スリーブで接続する。	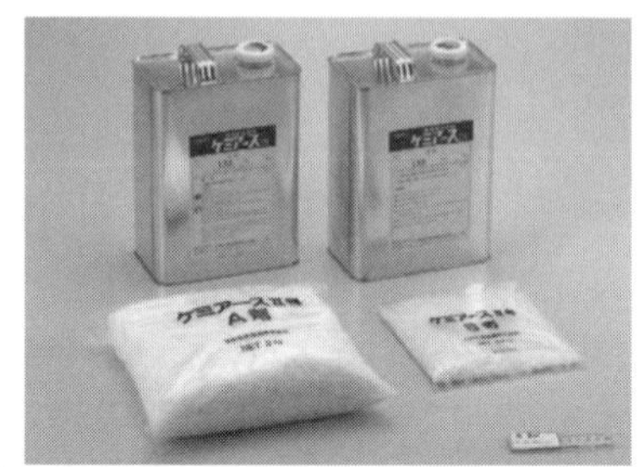 図8　接地抵抗低減剤
6	埋める	接地線に保護管を通し，埋める。	

番号	作業順序	要　　　　　点	図　　　　解
●接地線の取り付け			
1	水切り端子を取り付ける	1. 接地極（建物外部）から建物内部に接地線を引き込む場合には，毛細管現象による水の流入を防ぐために，水切りスリーブを用いる（図９）。 2. リード線サイズにあった水切りスリーブを選択する。 3. 水切り端子の両端に接地線心線を差し込み，圧着接続を行う。 4. 地中はりなどのコンクリートに埋める際は他の金属部（鉄筋など）に接触しないように施工する（図10）。	図９　水切りスリーブ
2	機器と接続する	1. 機器に塗装がしてある場合は，接地線接触面の塗装をはがし，電気的に完全に接続できるようにする。 2. 単線の場合は，先端を輪作りして座金（ワッシャ）を当て，ねじやナットで締め付ける（図11）。 より線の場合は，先端に圧着端子や銅管ターミナル（図12）を取り付け，ねじやナットで締め付ける。 また，振動する機器に用いる場合はスプリングワッシャを入れて締め付けることによって，ねじの緩みを抑えることができる（図13）。	図10　水切り端子を用いた接地線接続
備考		1. A種接地工事又はB種接地工事に使用する接地線を，人が触れるおそれのある場所に施設する場合は，接地極が地下75cm以上の深さになるように埋設し，接地線は地上２mまで不導体のといで覆う（参考図１）。 2. 所要の接地抵抗が得られないときは，アース棒を２～３本連結して打ち込むか，２mの間隔に２～３本打ち込み，並列に接続するとよい（参考図２，参考図３）。 3. 埋設場所が岩盤や砂利や乾燥地帯には，ボーリングによる深孔接地極埋設とか，土留め用に打ち込んだ矢板，H鋼などを代替接地として使用する場合もある。 4. アース棒の形状，種類及び主な規格を参考図４～６，参考表に示す。 5. 内線規程では，住宅用分電盤には集中接地端子を設け，接地線やコンセントの接地極に施す接地線などを集中接地端子に接続することが推奨されている。 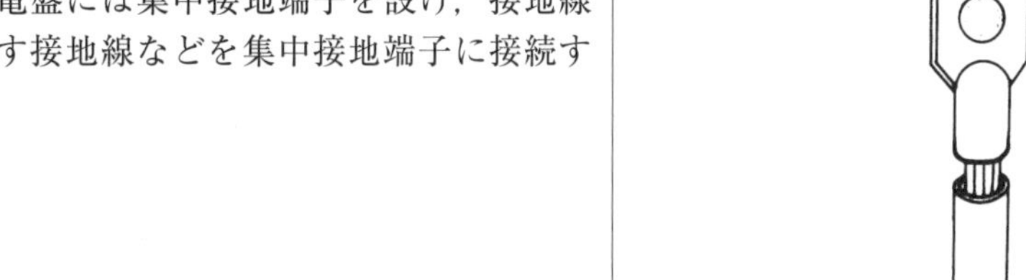 出所：（図８）三井化学産資（株），（図９）朝日合金（株）	図11　接地線（単線）の取り付け 図12　銅管ターミナル 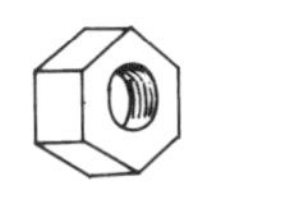  図13　ナット，スプリングワッシャ

備考

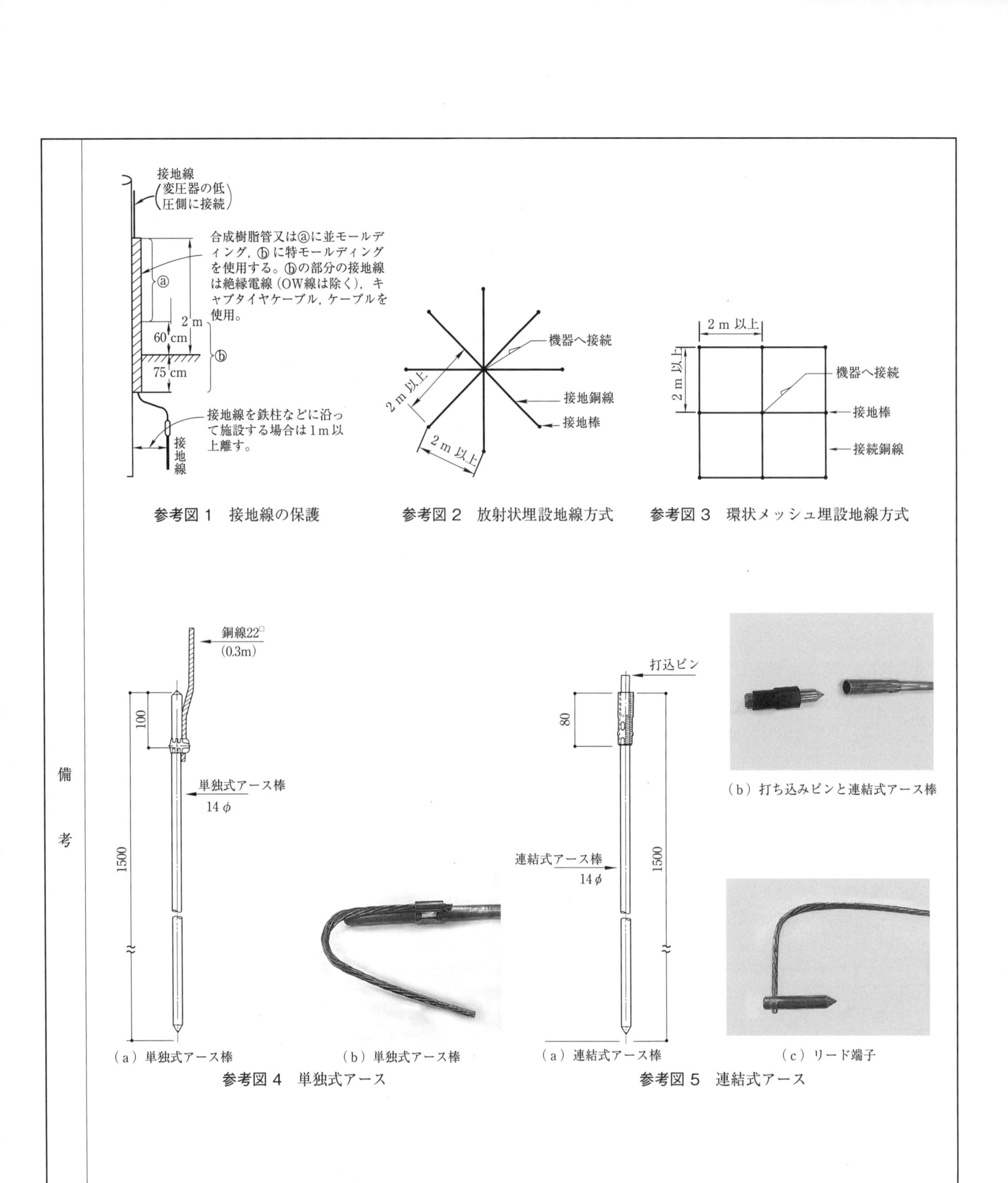

参考図１　接地線の保護

参考図２　放射状埋設地線方式

参考図３　環状メッシュ埋設地線方式

（a）単独式アース棒　（b）単独式アース棒

参考図４　単独式アース

（a）連結式アース棒　（b）打ち込みピンと連結式アース棒　（c）リード端子

参考図５　連結式アース

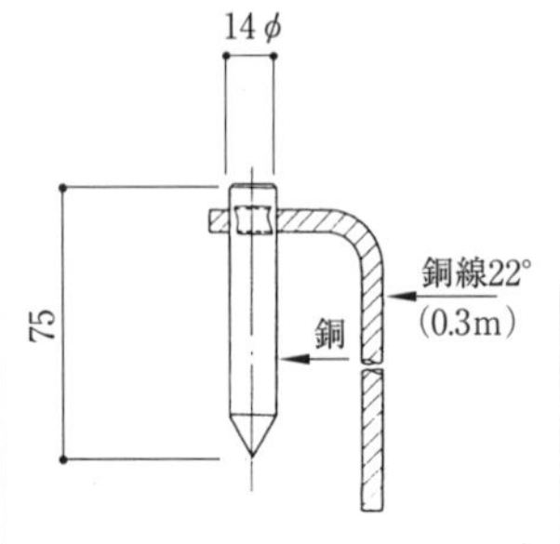

参考図６　リード端子

参考表　アース棒の規格例

種 類	連結式接地棒										リード端子							
	棒外径	鋼棒径	全 長	パイプ	パイプ径	せん頭	鉄ピン				D	l	l_1	l_2	l_3	d_1	d_2	リード線
	D	d	La	Lp	Dp	la	Lf	lf	df	Df								
10 mm	φ10	φ9	1 500	80	φ13	10	66	15	φ9.8	φ11	10	52	9.5	10	8	φ$10^{+0.1}_{-0}$	φ9.5	8 500 mm
14 mm	φ14	φ12	1 500	100	φ17	14	85	20	φ13.8	φ15	14	62	13.5	14	8	φ$14^{+0.1}_{-0}$	φ13.5	22 500 mm

8. 測定器の使用法

番号	No. 8.1

作業名	ノギスの使用法	主眼点	外側，内側及び深さの測定

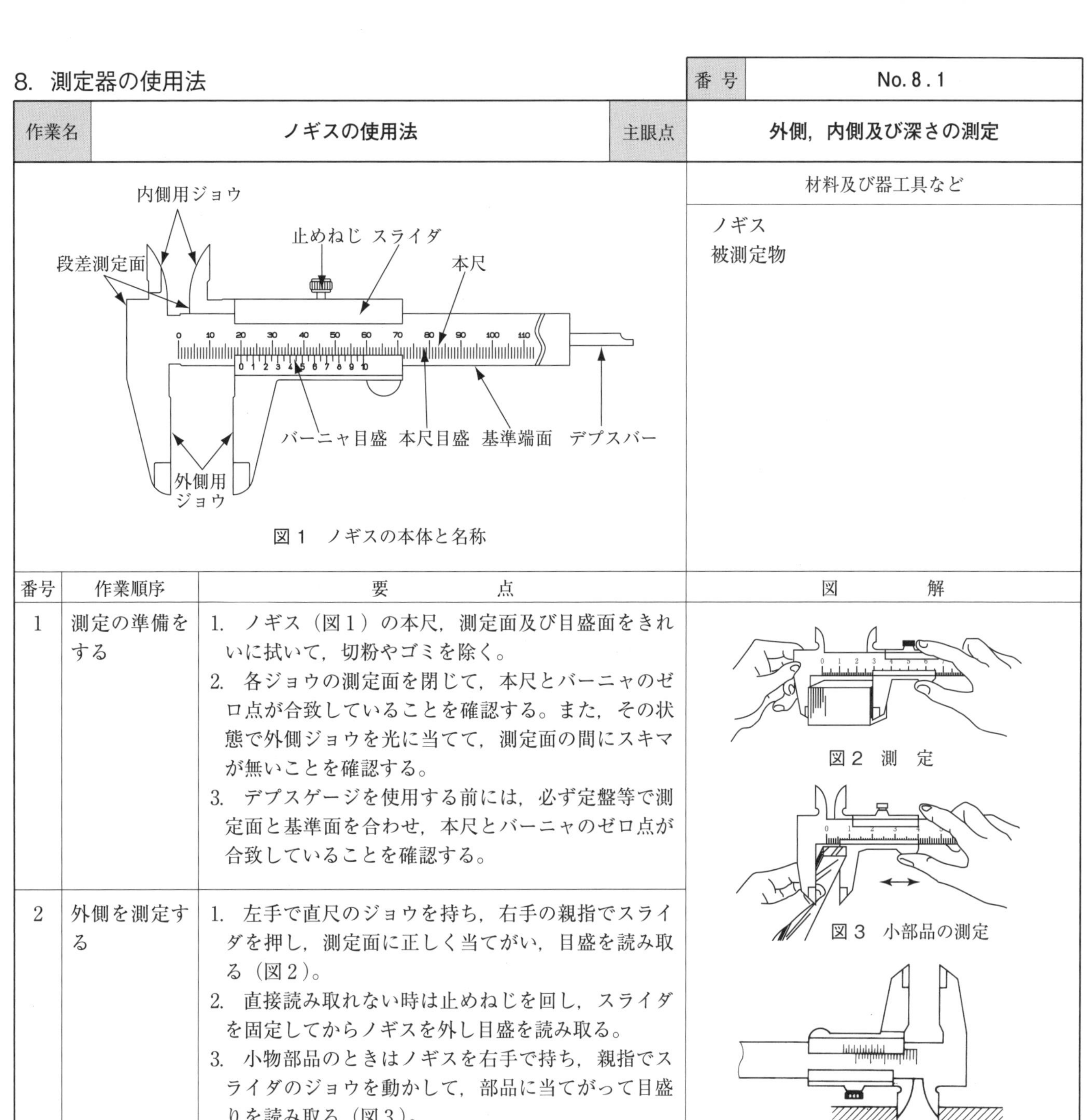

図１ ノギスの本体と名称

材料及び器工具など

ノギス
被測定物

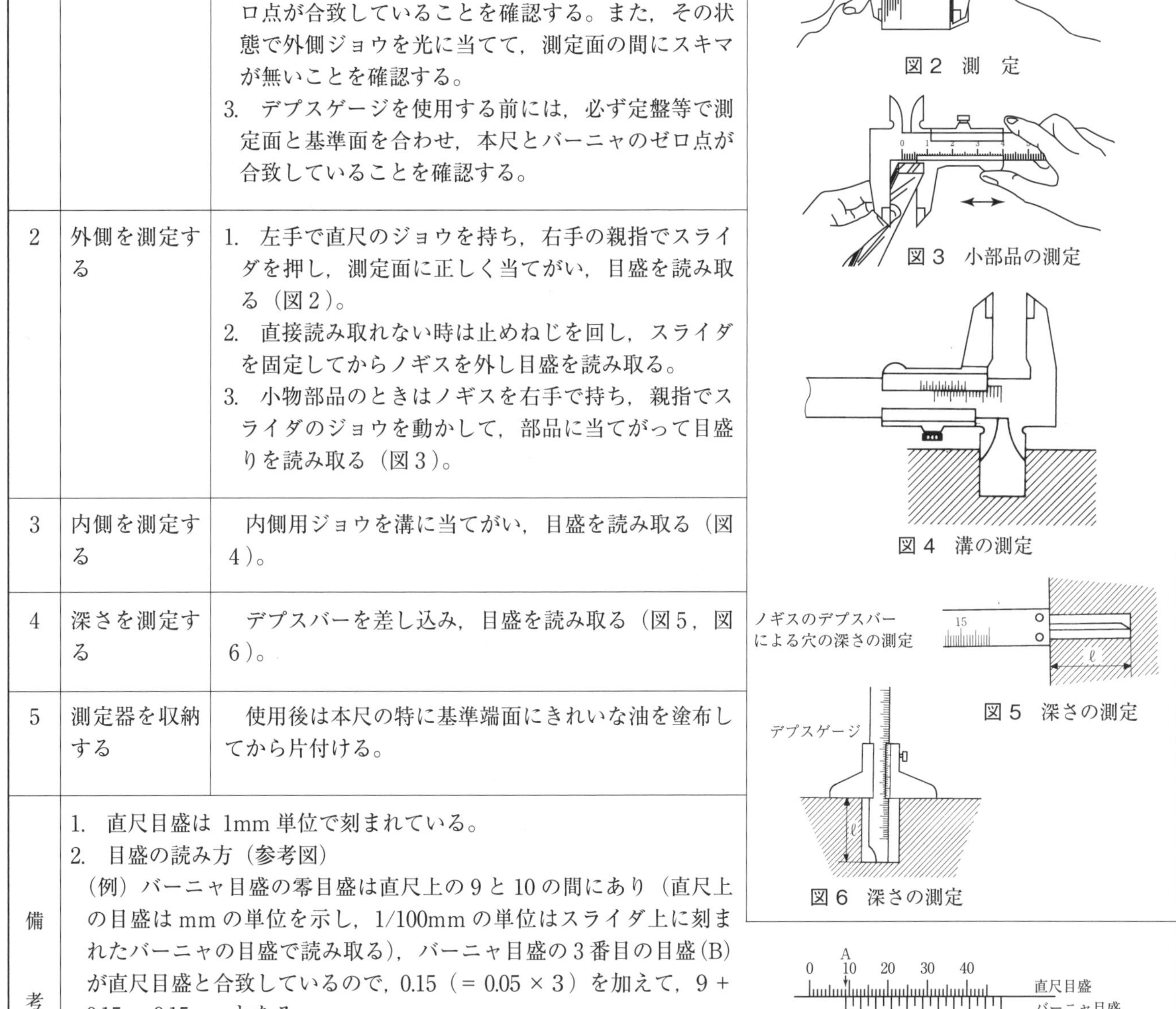

図２ 測 定

図３ 小部品の測定

図４ 溝の測定

図５ 深さの測定

図６ 深さの測定

参考図 直尺とバーニャ目盛の関係

番号	作業順序	要点
1	測定の準備をする	1. ノギス（図１）の本尺，測定面及び目盛面をきれいに拭いて，切粉やゴミを除く。 2. 各ジョウの測定面を閉じて，本尺とバーニャのゼロ点が合致していることを確認する。また，その状態で外側ジョウを光に当てて，測定面の間にスキマが無いことを確認する。 3. デプスゲージを使用する前には，必ず定盤等で測定面と基準面を合わせ，本尺とバーニャのゼロ点が合致していることを確認する。
2	外側を測定する	1. 左手で直尺のジョウを持ち，右手の親指でスライダを押し，測定面に正しく当てがい，目盛を読み取る（図２）。 2. 直接読み取れない時は止めねじを回し，スライダを固定してからノギスを外し目盛を読み取る。 3. 小物部品のときはノギスを右手で持ち，親指でスライダのジョウを動かして，部品に当てがって目盛りを読み取る（図３）。
3	内側を測定する	内側用ジョウを溝に当てがい，目盛を読み取る（図４）。
4	深さを測定する	デプスバーを差し込み，目盛を読み取る（図５，図６）。
5	測定器を収納する	使用後は本尺の特に基準端面にきれいな油を塗布してから片付ける。

備考

1. 直尺目盛は 1mm 単位で刻まれている。
2. 目盛の読み方（参考図）

（例）バーニャ目盛の零目盛は直尺上の 9 と 10 の間にあり（直尺上の目盛は mm の単位を示し，1/100mm の単位はスライダ上に刻まれたバーニャの目盛で読み取る），バーニャ目盛の 3 番目の目盛(B)が直尺目盛と合致しているので，0.15（＝ 0.05 × 3）を加えて，9 + 0.15 ＝ 9.15mm となる。

番号	No. 8. 2

作業名	マイクロメータの使用法	主眼点	外側の測定

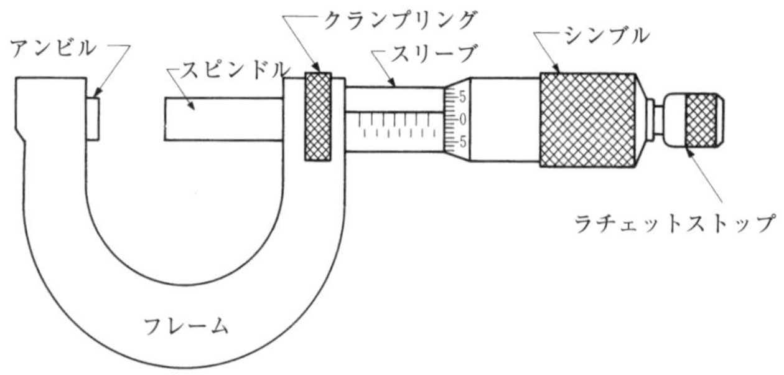

アンビル
スピンドル
クランプリング
スリーブ
シンブル
ラチェットストップ
フレーム

図１　外側マイクロメータ

材料及び器工具など

外側マイクロメータ

番号	作業順序	要　　点
1	測定の準備をする	1. 外側マイクロメータ（図1）のアンビル面とスピンドル面の汚れを取る。 2. ラチェットストップを回し，スピンドルの動きを確かめる。 3. スリーブの基線にシンブルの零目盛が一致しているかを両測定面を閉じて確かめる。
2	測定物を挟む	1. シンブルを回し，測定面を開き，アンビルとスピンドルの間に測定物を入れる（図2）。 2. ラチェットストップを 2 ～ 3 回回して，一定の圧力で測定物を挟む（図3）。
3	目盛を読み取る	1. 測定物を挟んだまま目盛を読む。 2. 目盛が読みにくい時は，クランプを締めてスピンドルを固定し，測定物を外してから読む（図4）。

図　　解

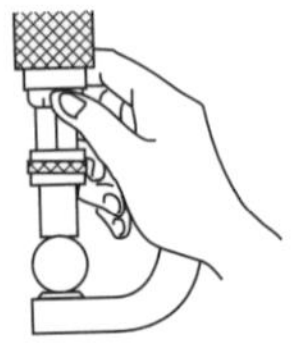

図２　測定物の挿入

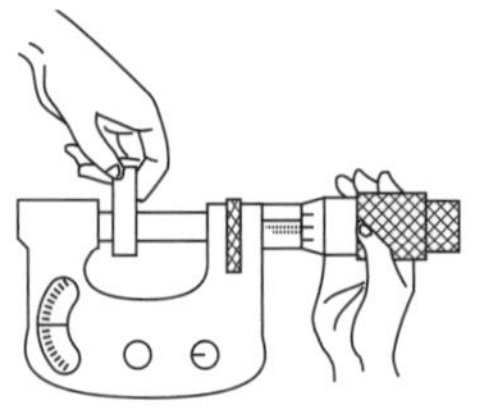

図３　測定物に一定の圧力を加える

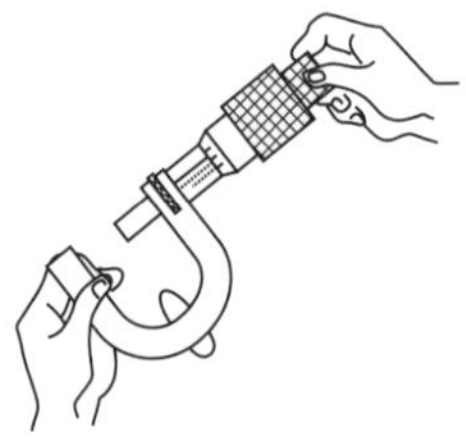

図４　測定物を外して目盛を読む

備考

1. 使用の初めにはスリーブとシンブル部の零目盛が一致することを確認する。この際，薄い白紙を挟んでチップ面のゴミなどを取る。
2. シンブル部を直接回さないこと。ラチェットストップを回転して，一定の圧力で測定する。シンブル部を持ってフレーム部を振り回さないこと。
3. 使用後はチップ面を少しあけておき，スピンドル油などを塗っておく。
4. 電線径などを測るときは曲がっているところを避け，直線部で測定する。
5. スリーブで目盛で mm の単位を，シンブルの目盛で 1/100（0.01）mm の単位を測定する（参考図）。

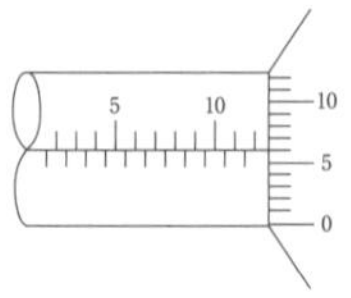

5　10　10　5　0

測定例：長さは　12.06 mm となる。
mm 単位：シンブルがスリーブ目盛線 12 を越えている。= 12 mm
0.01 mm：シンブル目盛線 6 がスリーブ基準線と一致している = 0.06 mm
∴ 12 + 0.06 = 12.06 mm

参考図　測定例

番号	No. 8 . 3

作業名	回転計の使用法	主眼点	回転速度の測定

図１　非接触式

図２　接触式

材料及び器工具など

回転計

番号	作業順序	要点
●非接触式		（図１，図３，図５）
1	測定の準備をする	1. バッテリーチェックを行う。 2. 反射マークを張る面の油，水，ほこりなどの汚れを拭き取り凸凹がないようにする。 3. 測定する回転体に反射テープを１枚張る（低速回転を測定する場合は回転数によって反射テープを増やす）。 4. 電源スイッチをONにし，灯光部からの光を反射マークの位置に合わせ，インジゲータが点灯するのを確かめる。
2	測定する	1. 正確なデータを得るために３秒間以上測定する。 2. 検出部と反射面の距離を20～300mmの間で適切に保つ（曲面の測定や斜めに測定する場合は測定距離が短くなるので注意する）。 3. 記録スイッチを押して現在の測定値を記憶させる。 4. 呼び出しスイッチを押して測定値を呼び出し，記録する。
●接触式		（図２，図４，図６）
1	測定の準備をする	1. バッテリーチェックを行う。 2. 検出軸に回転接触子を取り付ける。 3. 測定レンジを選択する。
2	測定する	1. 電源スイッチを押しながら，回転軸の軸端センター穴にスリップしないように接触子を押し当てる（１秒以上）。 2. 記録スイッチを押して現在の測定値を記憶させる。 3. 呼び出しスイッチをして測定値を呼び出し，記録する。
備考		出所：（図１～図６）（株）小野測器

図解

図３　各部の名称と機能（非接触式）

図４　各部の名称と機能（接触式）

図５　非接触式の測定例

図６　接触式の測定例

番号	No. 8.4

作業名	照度計の使用法	主眼点	照度の測定

図1 照度計

材料及び器工具など

照度計

番号	作業順序	要点
1	測定の準備をする	1. 照度計（図1，図2）のバッテリーチェックを行う。 2. 受光面を乾いたやわらかい布等で軽く拭く。 3. 測定レンジが最大レンジの位置にあるか確認する。 4. 受光部に光が照射しないように，受光部をケースなどに収納し，値が0を示していることを確認する。示していなければ調整する。 5. 受光部の初期効果（指示が安定しない）の影響をなくすため，測定前には5分以上露光しておく。 6. 測定誤差をなくすために，電球は5分以上，放電灯は30分以上，測定前に点灯させておく。 7. 昼間に室内で測定する場合は，外部からの光を遮断するため，窓を黒いカーテンなどで覆う。 8. 測定目的を明確にする。 (1) 非常灯を測定する場合は建築基準法を確認する。 (2) 誘導灯を測定する場合は消防法を確認する。 (3) 照度を自主管理している場合はJIS照度基準（備考2.）を確認する。
2	測定する	1. 測定場所によって照度計の受光面を置く高さを確認する。 (1) 事務所や工場 床上85cm (2) 和室や座作業場所 床（畳）上45cm (3) 廊下・階段・路面 床（路）面上に直接置くかもしくは床（路）面上15cm程度 2. 計器を水平に置く。 3. 測定レンジを大きいほうから小さいほうへ切り替え，指針を目盛の1/3以上のところで読めるように調整する 4. 平均照度を求めるときは，部屋の中心1ヶ所で測定する1点法で行うか，もしくは部屋の四隅で測定する4点法で行う（図3）。

図解

光
拡散板
フィルタ1
フィルタ2
セレン光電池
記録計用端子
指示計
吸収形
干渉形
角度補正用
補正用
視感度

図2 照度計の構造

Ei
E＝Ei
1点法
Ei
E＝ΣEi／4
4点法

図3 平均照度Eの求め方

備考

1. 照度計の保守
(1) 受光部に高熱を与えないように注意する。 (2) 明るいところで，ふたを開けないように注意する。
(3) しまうときは，切替えスイッチを指示の多いほうに設定しておく。
(4) 受光部の光電池は，感度が使用時間と入射照度の積に比例して低下するので，ときどき補正する。
2. 照度基準は，JIS Z 9110：2011「照明基準総則」に規定されている。
3. 非常用の照明は，床面において1ルクス（蛍光灯の場合2ルクス）以上の照度を確保できること（「建築基準法施行令」第126条の5）。
4. 通信機能を搭載し，データを送信できるものもある。

出所：（図1）共立電気計器（株）

番号	No. 8.5

作業名	低圧検電器の使用法	主眼点	低圧における検電

	材料及び器工具など
図1　低圧用検電器	低圧用検電器

番号	作業順序	要　　点	図　　解
1	検電の準備をする	1. 対象の電路において，検電器（図1）の使用電圧範囲が適合しているか確認する。 2. 目視により，検電器の破損・汚れ・傷・ひび等が無いことを確認する。 3. 電池内蔵検電器はテストボタンを押し，発音発光が連続することを確認する。 4. 既知の電源や検電器用試験器などを使用して検出動作が正常であることを確認する。	正しい当て方 検知部（金具） 電線 本体 誤った当て方 検知部（金具） 図2　検電器の正しい当て方
2	検電する	検電器の握り部をしっかり持ち，対象検電部に当てる。被覆電線の上から検電する時は，検知部を十分に電線上に当てていないと心線と検知金具との間の静電容量が変わり，動作感度が鈍くなるので注意する（図2）。	

備考

■検電器の保管，管理

1. こわれやすいので，大切に取り扱うこと。
2. 携帯するときは，必ず携帯袋を使用すること。
3. 高温高湿の場所に置かないこと。
4. ナンバプレートを取り付け，台帳を作り，検電器用試験器（参考図）により定期的にテストし，記録を保管しておくこと。

参考図　検電器用試験器

出所：（図1，図2，参考図）長谷川電機工業（株）

番号	No. 8 . 6

作業名	高圧検電器の使用法	主眼点	高圧における検電

図１　高圧用検電器

材料及び器工具など

高圧用検電器
絶縁保護具（点検済）

番号	作業順序	要　　点	図　　解
1	検電の準備をする	1. 対象の電路において，検電器（図１）の使用電圧範囲が適合しているか確認する。 2. 目視により，検電器の破損・汚れ・傷・ひび等が無いことを確認する。 3. 電池内蔵検電器はテストボタンを押し，発音発光が連続することを確認する。 4. 既知の電源や検電器用試験器などを使用して検出動作が正常であることを確認する。	図２　伸縮式高圧用検電器
2	検電する	1. 高圧を検電する際には，高圧部から 60cm 以内に手が近づく場合は絶縁ゴム手袋など絶縁用保護具を着用する（参考図１，参考表１）。 巡視点検等の場合で保護具・防具を携行しないときは，伸縮式高圧検電器を伸ばした状態で使用するなど離隔距離に注意を払うこと（図２）。 2. 絶縁用保護具（安全帽，絶縁上衣，絶縁手袋，絶縁長靴など）は定期的に点検し，正しく着用する。また，検電すべき電路の近くに別の充電電路がある場合は腕時計型の活線接近警報器（検電補助機器）などを使用し，安全を確保する（参考図２）。 3. 検電する際は検電器の握り部をしっかり持ち，アース側の方から対象電路へ徐々に近づける。また，一相ごと，各相について行う 4. 発音発光しない場合でも，すぐに近づかずに既知電路で再度発音発光を確認するなど再確認をする。	

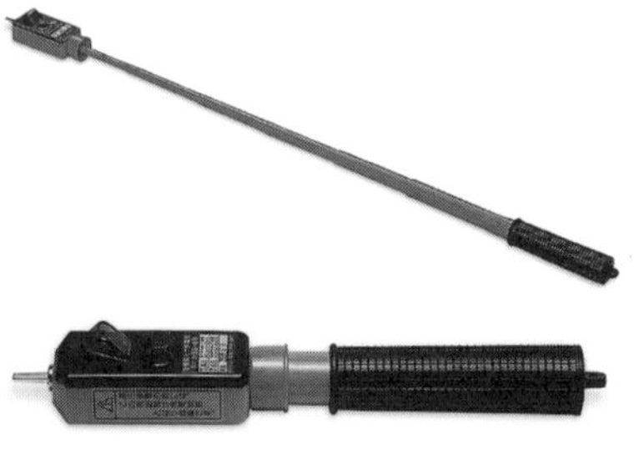

備考

1. 絶縁用保護具とは絶縁上衣，安全帽など「労働安全衛生規則」第348条に規定されたものをいう。
2. 雷発生時や遮断器・開閉器の開閉時など，サージ電圧が発生する恐れのある時は，検電器の使用を中止する。
3. 雨中での検電は原則として避ける。やむを得ず行うときは，検電器の構造上，雨中での動作が信頼できるかどうか，検電器の水ぬれ状態に注意し，感電の恐れがないかを検討，確認すること。
4. 高圧電力ケーブルは，導体が導電テープで遮へい接地されており検電できないので注意すること。高圧ケーブルの検電は，ケーブル端末に特に設けられた検電用端子で，専用の検電器で行うこと（参考図3）。

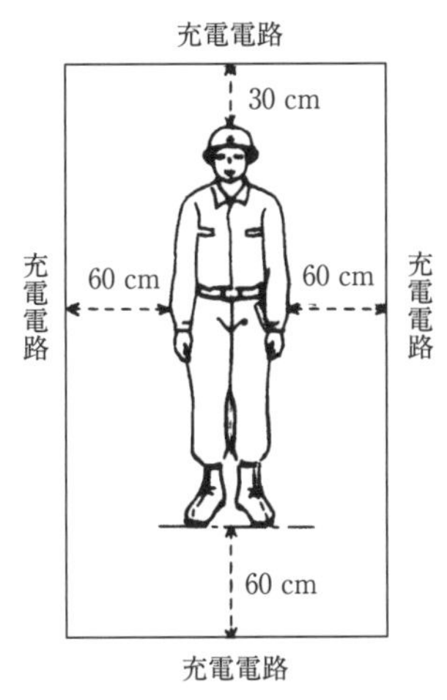

参考図１　高圧充電電路離隔距離
（「労働安全衛生規則」342条）

参考表１　充電部安全離隔距離
（「労働安全衛生規則」344条）

充電電路の使用電圧［kV］	安全離隔距離（接近限界距離）［cm］
22以下	20
22をこえ　33以下	30
33をこえ　66以下	50
66をこえ　77以下	60
77をこえ　110以下	90
110をこえ　154以下	120
154をこえ　187以下	140
187をこえ　220以下	160
220をこえる場合	200

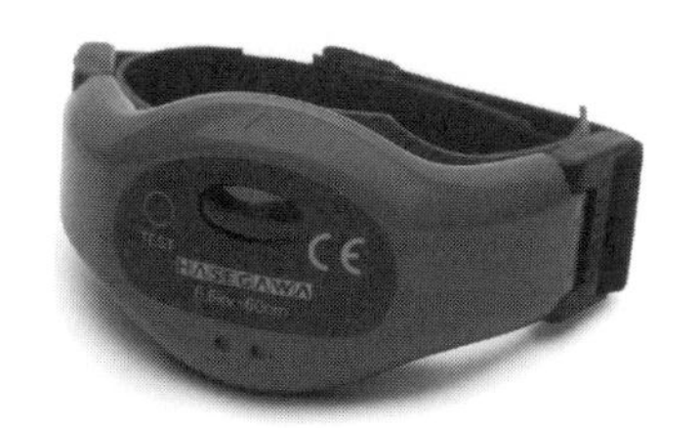

参考図２　腕時計型の活線接近警報器
（検電補助機器）

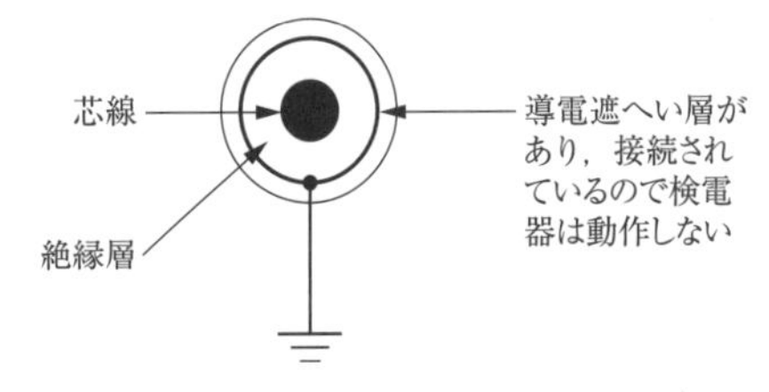

参考図３　高圧ケーブルにおける検電

出所：（図１，図２，参考図２，参考図３）長谷川電機工業（株）

番号	No. 8.7

作業名	回路計（テスタ）の使用法	主眼点	抵抗，交流電圧，直流電圧の測定

図１　回路計（アナログ式）

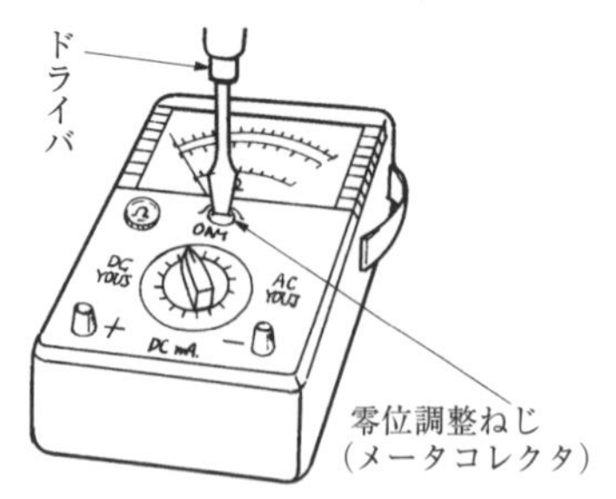

図２　測定準備：零位調整

材料及び器工具など

回路計（テスタ）
ドライバ
抵抗
交流電源
電池

番号	作業順序	要点
1	測定の準備をする	1. 回路計（テスタ；図１，参考図）のバッテリーチェックを行う。 2. 本体外観に損傷が無いか確認する。 3. テストピンに損傷及び心線の露出が無いか確認する。 4. テストピン及び内蔵ヒューズに断線が無いか確認する。 5. 零位調整ねじを回して指針を目盛左端の０目盛に合わせる。メータ零位調整を行う（図２）。
2	抵抗の測定をする	1. 測定レンジを目盛中央で読めるレンジに合わせる（不明な場合は最大レンジ）。 2. 両方のテストピンをショートさせ，零Ω調整つまみを回して零Ω調整を行う（図３）。 3. 被測定物にテストピンを当て，目盛を読み取る（図３）。 4. レンジの倍数を掛け，測定値を求める。
3	交流電圧を測定する	1. レンジ切り換えつまみを ACV レンジの中で最適なものに合わせる（不明な場合は最大レンジ）。 2. 被測定物にテストピンを当て，メータの振れを V・A 目盛で読み取る（図４）。
4	直流電圧を測定する	1. レンジ切り換えつまみを DCV レンジの中で最適なものに合わせる（不明な場合は最大レンジ）。 2. 赤のテストピンを被測定物のプラス側に，黒のテストピンを被測定物のマイナス側に，当てる。 3. メータの振れを V・A 目盛で読み取る（図５）。

図解

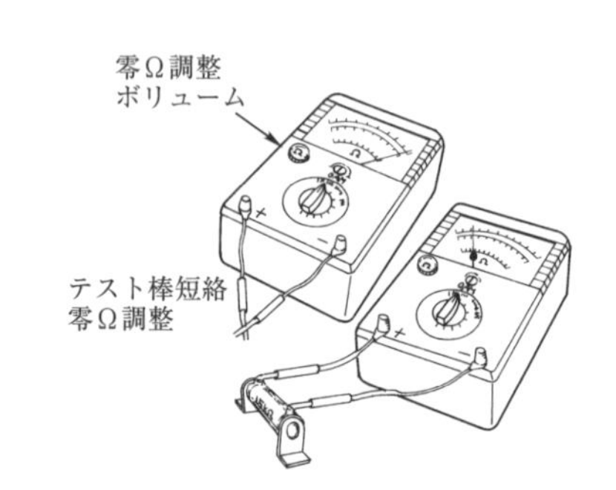

図３　抵抗の測定法

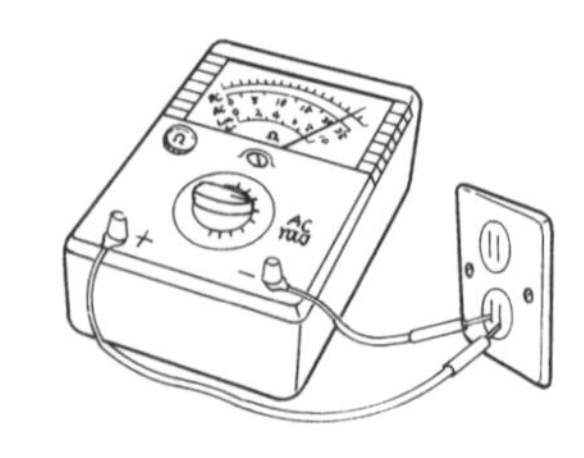
図４　交流電圧測定法

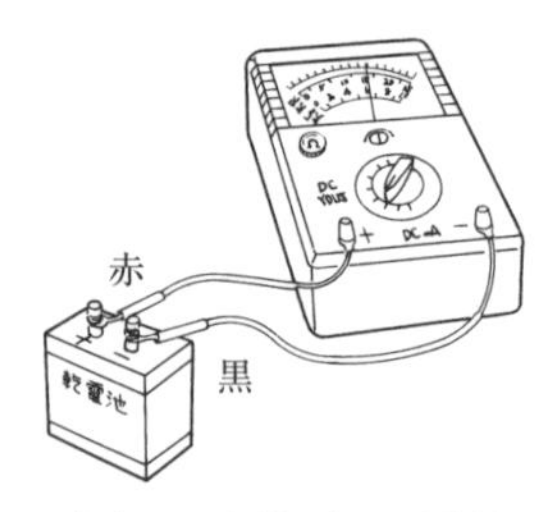

図５　直流電圧測定法

備考

■測定時の注意
1. 各レンジにおいて最大測定範囲を超えた入力信号は絶対に印加しないこと。
2. 測定ごとに「レンジ確認」を確実に行うこと。
3. 測定中にレンジを切り換えないこと。
4. 濡れた手で測定しないこと。
5. 抵抗レンジでは絶対に電圧を印加しないこと。
6. 電流レンジでは必ず回路と直列になるように接続すること。

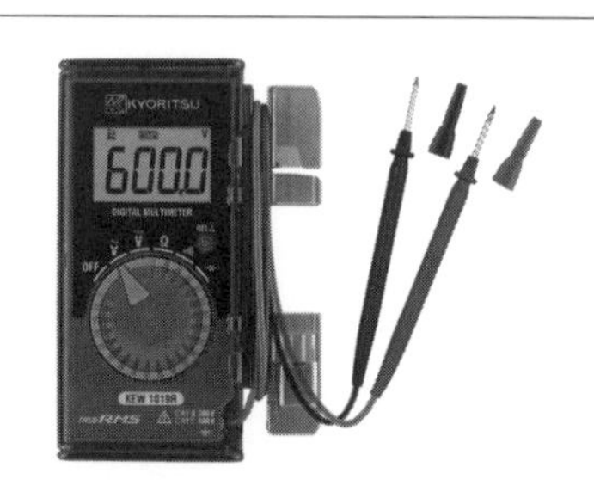

参考図　回路計（ディジタル式）
出所：（参考図）共立電気計器（株）

番号	No. 8.8

作業名	クランプメータの使用法	主眼点	電流の測定

図１　クランプメータ

材料及び器工具など

クランプメータ

番号	作業順序	要点
1	測定の準備をする	1. クランプメータ（図１，図２）のバッテリーチェックを行う。 2. データホールドスイッチが解除されているか確認する。
2	直流電流を測定する	1. ファンクションスイッチを直流電流が測定できる状態にする。 2. 被測定導体を挟まずにトランスコアを閉じた状態で，零調整スイッチを１秒間押し，表示を０にする。 3. 開閉レバーを押してコアの先端を開き，被測定導体の１本をコアの中心になるようにクランプする（図３）。 4. 表示の数値を読む（表側（表示部側）から裏側へ電流が流れる場合はプラス表示になり，裏側から表側に流れる場合はマイナス表示になる）。
3	交流電流を測定する	1. ファンクションスイッチを交流電流が測定できる状態にする。 2. 開閉レバーを押してコアの先端を開き被測定導体の１本をコアの中心になるようにクランプする（図３）。 3. 表示の数値を読む（交流電流測定の場合は零調整が必要なく，電流の方向も表示には影響がない）。

図解

図２　各装置の名称

図３　電流の測定

備考

■測定時の注意

1. 最大測定範囲を超えた入力信号は絶対に印加しないこと。
2. 濡れた手で測定しないこと。
3. 測定前に必ず測定したいファンクション（レンジ）設定されているか確認すること。
4. 測定の際は，指先等が設備に接地されているバリアを越えることがないようにすること。

出所：（図１，図２）横河計測（株）

番号	No. 8．9

作業名	接地抵抗計の使用法と測定（1）	主眼点	接地抵抗の測定

図1　接地抵抗計（ディジタル式）

図2　接地抵抗計（アナログ式）

材料及び器工具など

接地抵抗計

番号	作業順序	要点
1	測定の準備をする	1. 接地抵抗計（図1，図2）を取り出し，アナログ式は水平に置く。 2. 補助接地棒をなるべく湿気のあるところへ，一直線に 10 m 間隔で打ち込む。 3. 付属のリード線を用いて図3のように接続する。
2	バッテリーのチェックをする	1. 切換スイッチを「B」にして，押しボタンスイッチを押し，指針が青帯（BATT）内に入ることを確認する。青帯から外れる場合は,新しい電池と交換する。 2. ディジタル式は，電池電圧の状態を示すマークが消えている場合は電池を交換する。
3	地電圧を確認する	1. 切換スイッチを「V」にして，地電圧が 10V 以下であることを確認する。 2. 地電圧が 10V を超える場合は，影響している電路の開閉器を開放や，接地線を電路から切り離すなどして地電圧を充分低くしてから測定する。
4	測定する	1. 切換スイッチを「Ω」にして，押しボタンスイッチを押しながら目盛ダイヤルを回して検流計のバランスを取る。バランスが取れたら押しボタンを離し目盛ダイヤルの指標の位置を読み取る。 2. ディジタル式は直読する。

図解

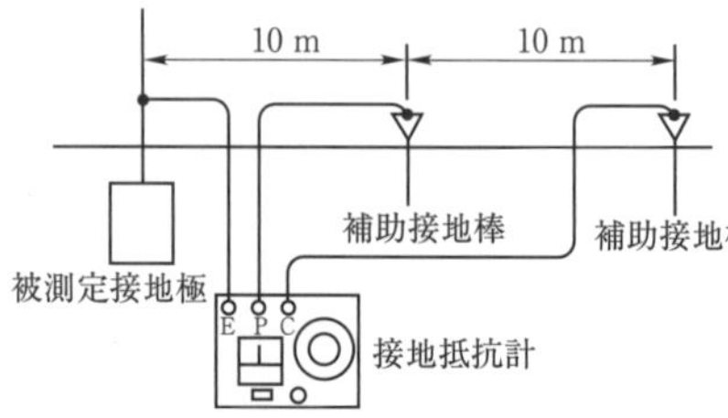

10 m　10 m　補助接地棒　補助接地棒　被測定接地極　E P C　接地抵抗計

図3　接地極と補助接地極の関係

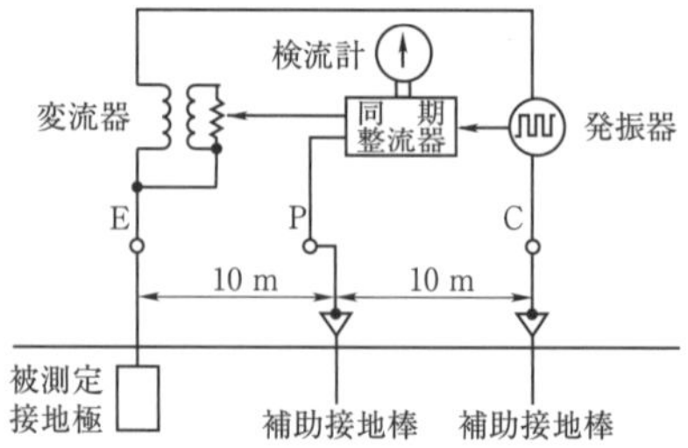

検流計　変流器　同期整流器　発振器　E　P　C　10 m　10 m　被測定接地極　補助接地棒　補助接地棒

図4　測定原理図

備考

1. 接地抵抗の測定原理を図4に示す。
2. 接地工事種別の規格値を参考表に示す。

参考表　各接地工事の規格値

接地工事種別	接地抵抗値	接地線の太さ	主な適用場所
A種	10Ω以下	2.6 mm 以上	特高，高圧機器の外箱，避雷器
B種	＊1　$\frac{150}{地絡電流}$ Ω以下	2.6 mm 以上	特高，高圧に結合されるトランスの低圧電路の接地
C種	＊2　10Ω以下	1.6 mm 以上	300 V 以上の低圧機器
D種	＊2　100Ω以下	1.6 mm 以上	高圧VT・CTの2次側，低圧配線，機器の接地

＊1　高圧電路を1秒を超え2秒以内に自動遮断する装置がある場合は300/地絡電流，1秒以内の場合は600/地絡電流

＊2　低圧電路において，当該電路に地絡を生じた場合に0.5秒以内に自動的に電路を遮断する装置を施設する場合は500Ω

3. 地電圧の測定

地電圧が高いと，指針が振れて正確な接地抵抗を測定することができないばかりでなく，測定器をこわすおそれがあるので，原因を除いてから測定する。

出所：（図1，図2）共立電気計器（株）

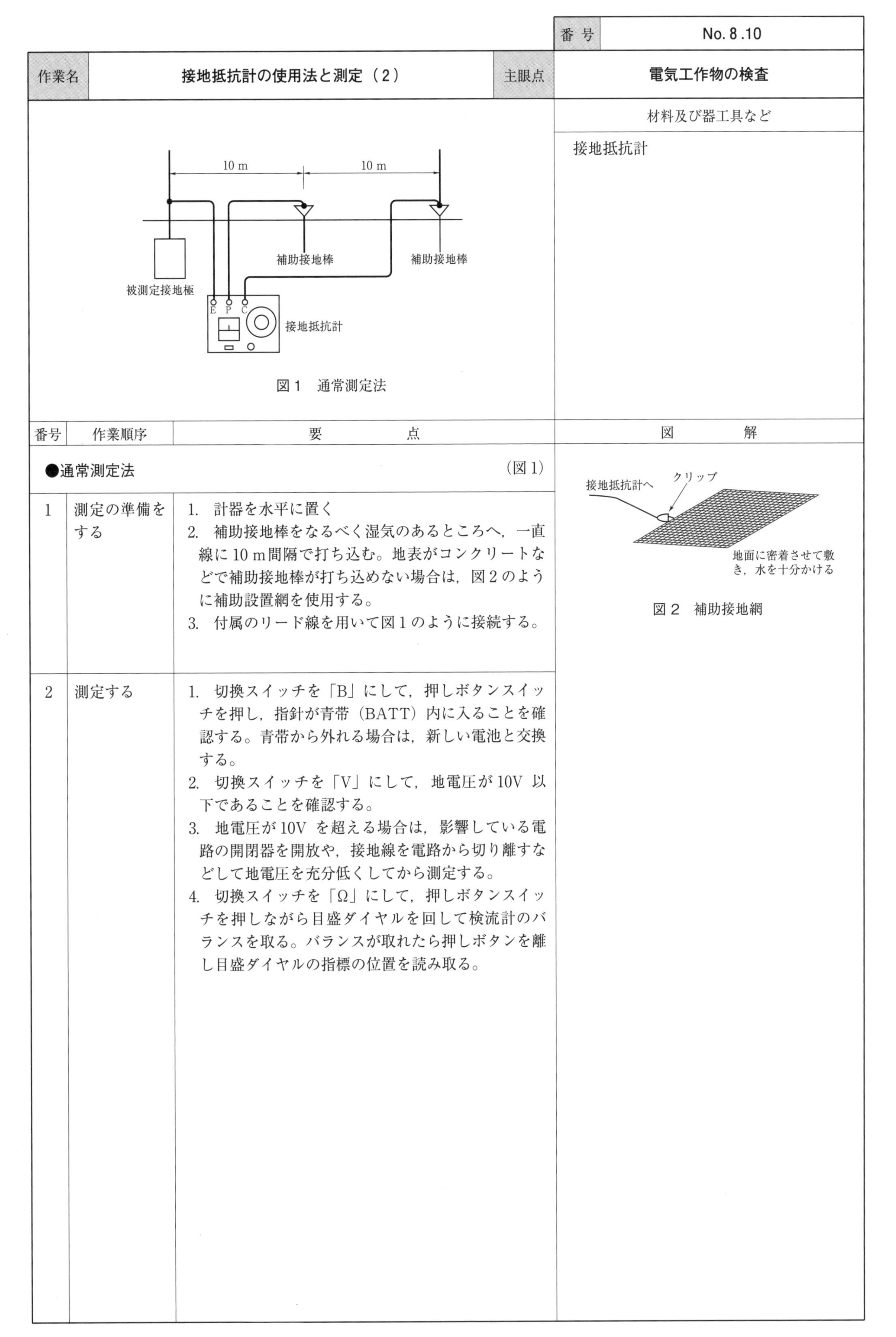

番号	No. 8 .10

作業名	接地抵抗計の使用法と測定（2）	主眼点	電気工作物の検査

図１　通常測定法

材料及び器工具など

接地抵抗計

番号	作業順序	要点
●通常測定法		（図 1）
1	測定の準備をする	1. 計器を水平に置く 2. 補助接地棒をなるべく湿気のあるところへ，一直線に 10 m間隔で打ち込む。地表がコンクリートなどで補助接地棒が打ち込めない場合は，図 2 のように補助設置網を使用する。 3. 付属のリード線を用いて図 1 のように接続する。
2	測定する	1. 切換スイッチを「B」にして，押しボタンスイッチを押し，指針が青帯（BATT）内に入ることを確認する。青帯から外れる場合は，新しい電池と交換する。 2. 切換スイッチを「V」にして，地電圧が 10V 以下であることを確認する。 3. 地電圧が 10V を超える場合は，影響している電路の開閉器を開放や，接地線を電路から切り離すなどして地電圧を充分低くしてから測定する。 4. 切換スイッチを「Ω」にして，押しボタンスイッチを押しながら目盛ダイヤルを回して検流計のバランスを取る。バランスが取れたら押しボタンを離し目盛ダイヤルの指標の位置を読み取る。

図解

図２　補助接地網

番号	作業順序	要　　点	図　　解
●簡易測定法		(図 3)	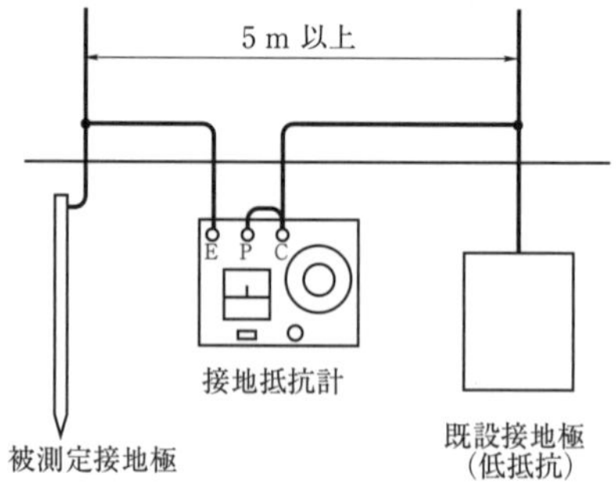
1	測定の準備をする	1. 計器を水平に置く 2. 接地抵抗計の測定端子ＰとＣを短絡する。 3. 短絡した端子と既存既知の接地極（Ｂ種接地工事や建物の鉄骨など）に接続する。	5ｍ以上 E P C 接地抵抗計 被測定接地極 既設接地極（低抵抗） 図３　簡易測定法
2	確認する	通常測定法と同様にバッテリーチェック及び地電圧の確認を行う。	
3	測定する	1. 切換スイッチを「Ω」にして，押しボタンスイッチを押しながら目盛ダイヤルを回して検流計のバランスを取る。目盛ダイヤルの指標の位置を読み取る。 2. 本体に示す測定値は補助極として使用した接地抵抗値を加算されているので注意すること。	

備考

1. 簡易測定法は，Ｄ種接地工事の測定にとどめる。
2. 接地抵抗の規定値

接地工事の種類	接地抵抗値	主な適用場所
Ａ種接地工事	10Ω以下	高圧機器の外箱，避雷器
Ｂ種接地工事	電力会社と協議する	変圧器の２次側（低圧側）の１端子
Ｃ種接地工事	10Ω以下	300Ｖを超える低圧機器の外箱
Ｄ種接地工事	100Ω以下	300Ｖ以下の機器の外箱

3. 測定値の記録

接地対象物	接地工事の種類	測定値［Ω］	結果

番号	No. 8.11

作業名	絶縁抵抗計の使用法と測定（1）	主眼点	絶縁抵抗の測定

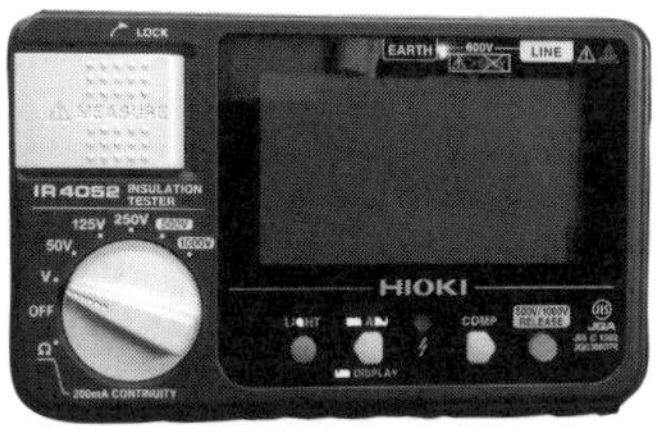

図1　絶縁抵抗計（ディジタル式）

図2　絶縁抵抗計（アナログ式）

材料及び器工具など

絶縁抵抗計

番号	作業順序	要点
1	測定の準備をする	1. 被測定物に適した定格測定電圧の絶縁抵抗計（図1，図2）を用意する。 2. 測定リードをライン端子とアース端子に接続する（図3）。
2	バッテリーのチェックをする	バッテリーの残量を確認する。
3	指針のゼロチェックをする	ライン端子とアース端子間を測定リードでショートし，スイッチを押す。指針が0 M Ωの目盛線内を示していることを確認する（図4）。
4	指針の開放チェックをする	ライン端子とアース端子の測定リードを開放し，スイッチを押す。指針が∞を示していることを確認する（図4）。

●交流電圧の測定　（図5）

番号	作業順序	要点
1	交流電圧を測定する	測定リードを交流電圧測定部に接触させ，電圧測定用目盛（ACV）を読み取る（交流電圧の測定時には，スイッチを押さないこと）。

図解

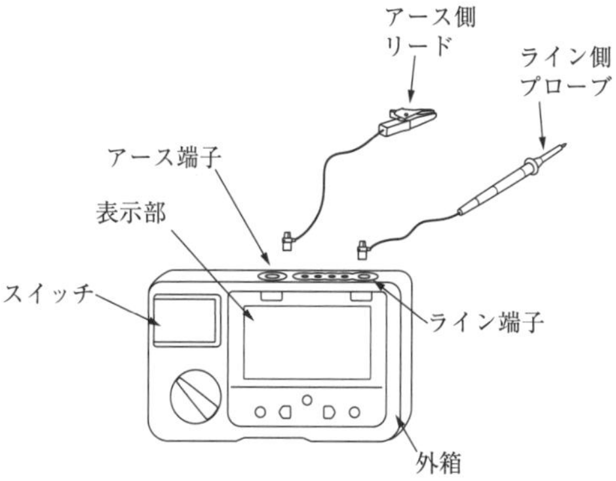

図3　各部の名称

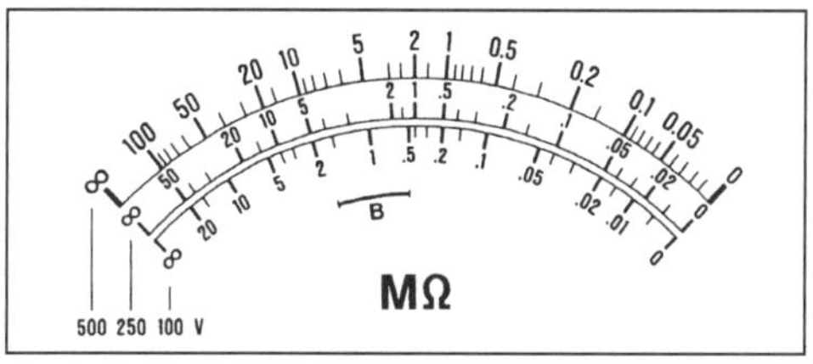

図4　絶縁抵抗計の目盛

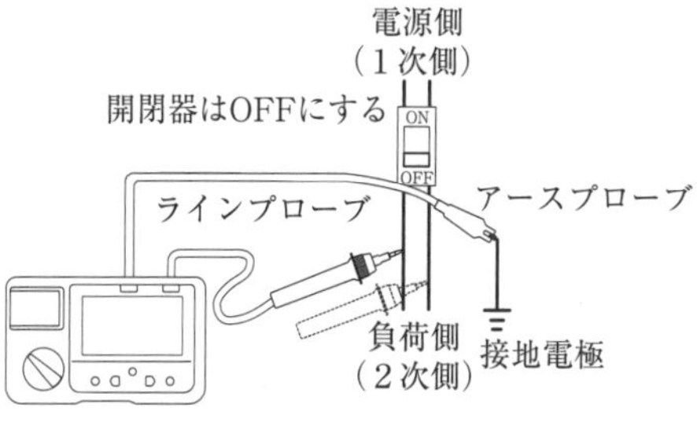

図5　測定要領

備考

1. 絶縁抵抗計の定格測定電圧と測定電気設備

定格測定電圧［V］	電気設備・電路
100	100 V 系の低電圧配電路及び機器の維持・管理
125	制御機器の絶縁測定
250	200 V 系の低圧電路及び機器の維持・管理
500	600 V 以下の低電圧配電路及び機器の維持・管理
	600 V 以下の低電圧配電路の竣工時の検査
1 000	600 V を超える回路及び機器の絶縁測定
	常時使用電圧の高い高電圧設備（例えば，高圧ケーブル，高電圧機器，高電圧を用いる通信機器及び電路）の絶縁測定

（JIS C 1302：2018「絶縁抵抗計」解説表 1 抜粋）

2. 低圧電路の絶縁抵抗規定値

電路の使用電圧の区分		絶縁抵抗値［MΩ］
300V以下	対地電圧150V以下	0.1 以上
	対地電圧150V超過	0.2 以上
300V超過		0.4 以上

出所：（図 2）日置電機（株）

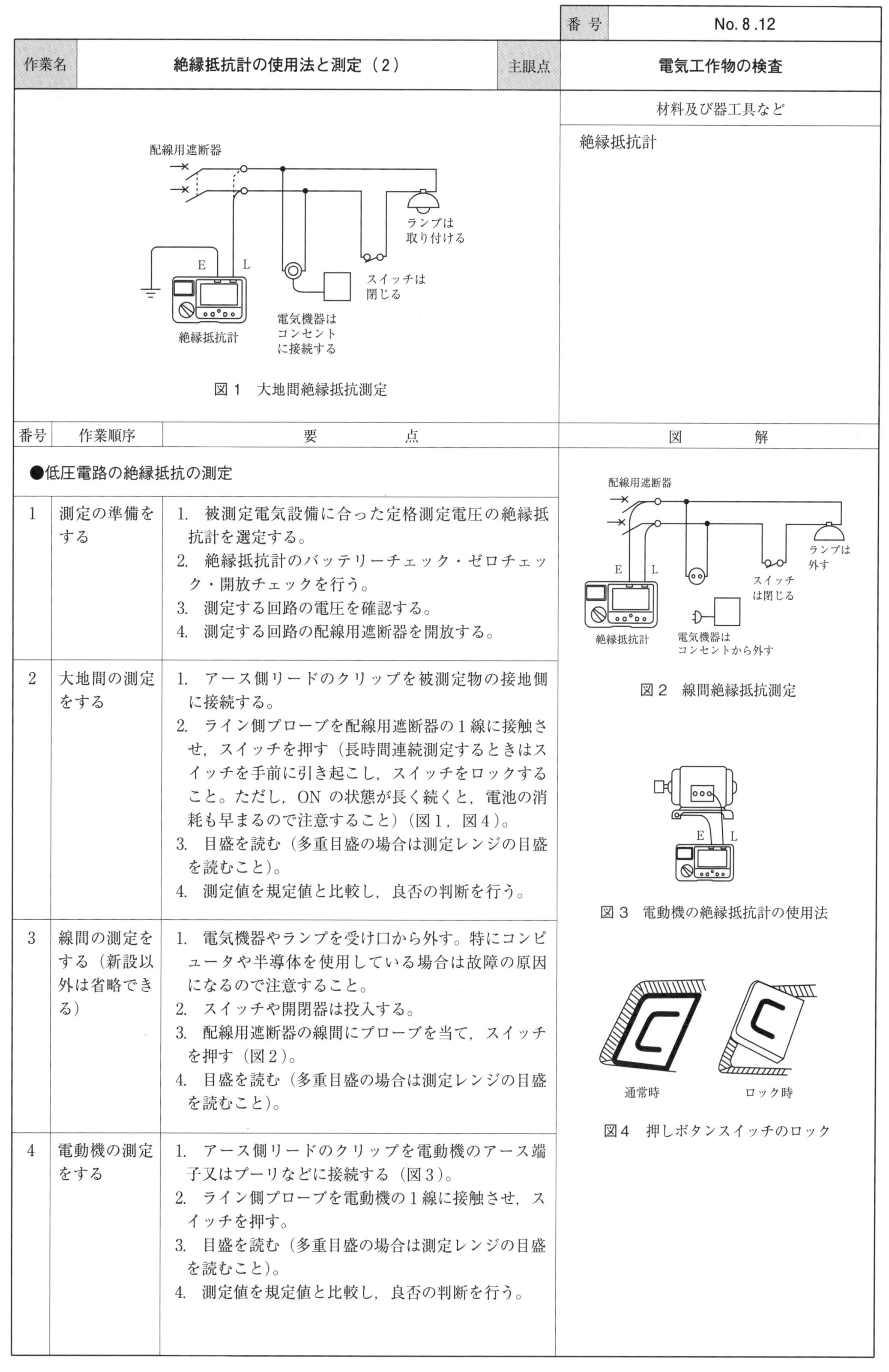

番号	No. 8 .12

作業名	絶縁抵抗計の使用法と測定（2）	主眼点	電気工作物の検査

図１　大地間絶縁抵抗測定

材料及び器工具など

絶縁抵抗計

番号	作業順序	要点
	●低圧電路の絶縁抵抗の測定	
1	測定の準備をする	1. 被測定電気設備に合った定格測定電圧の絶縁抵抗計を選定する。 2. 絶縁抵抗計のバッテリーチェック・ゼロチェック・開放チェックを行う。 3. 測定する回路の電圧を確認する。 4. 測定する回路の配線用遮断器を開放する。
2	大地間の測定をする	1. アース側リードのクリップを被測定物の接地側に接続する。 2. ライン側プローブを配線用遮断器の１線に接触させ，スイッチを押す（長時間連続測定するときはスイッチを手前に引き起こし，スイッチをロックすること。ただし，ON の状態が長く続くと，電池の消耗も早まるので注意すること）（図１，図４）。 3. 目盛を読む（多重目盛の場合は測定レンジの目盛を読むこと）。 4. 測定値を規定値と比較し，良否の判断を行う。
3	線間の測定をする（新設以外は省略できる）	1. 電気機器やランプを受け口から外す。特にコンピュータや半導体を使用している場合は故障の原因になるので注意すること。 2. スイッチや開閉器は投入する。 3. 配線用遮断器の線間にプローブを当て，スイッチを押す（図２）。 4. 目盛を読む（多重目盛の場合は測定レンジの目盛を読むこと）。
4	電動機の測定をする	1. アース側リードのクリップを電動機のアース端子又はプーリなどに接続する（図３）。 2. ライン側プローブを電動機の１線に接触させ，スイッチを押す。 3. 目盛を読む（多重目盛の場合は測定レンジの目盛を読むこと）。 4. 測定値を規定値と比較し，良否の判断を行う。

図解

図２　線間絶縁抵抗測定

図３　電動機の絶縁抵抗計の使用法

図４　押しボタンスイッチのロック

番号	作業順序	要点	図解
●高圧電路の測定			
1	測定の準備をする	1. 被測定電気設備に合わせ，1 000V もしくは2 000V 絶縁抵抗計を使用する。 2. 絶縁抵抗計のバッテリーチェック・ゼロチェック・開放チェックを行う。 3. 検電器で停電を確認する。	図５　ケーブルの絶縁抵抗計の使用法
2	大地間の測定をする	1. アース側リードのクリップを被測定物の接地側に接続する。 2. 必要に応じてG端子を接続して誤差を少なくする（図５）。 3. ライン側プローブを被測定物に接触させ，スイッチを押す。 4. 目盛を読む（多重目盛の場合は測定レンジの目盛を読むこと）。 5. 静電容量が多いケーブルや機器を測定する場合は１分以上印加して安定するのを待つ。	

備考

1. 絶縁抵抗の判定

(1) 低圧電路

電路の使用電圧の区分		絶縁抵抗値［MΩ］
300V以下	対地電圧150V以下	0.1 以上
	対地電圧150V超過	0.2 以上
300V超過		0.4 以上

(2) 高圧ケーブル

ケーブル		要注意
絶縁体	CV	2 000 MΩ未満
	BN	100 MΩ未満
シース	CV	1 MΩ未満
	BN	0.5 MΩ未満

2. 結果の記録

(1) 低圧電路

回路・機器名	電圧	線間	大地間	結果

(2) 高圧電路

回路・機器名	電圧	線間			大地間				結果
		R-S	S-T	T-R	R	S	T	一括	

番号	No. 8 .13

作業名	電流計の使用法	主眼点	電流の測定

図１　交流電流計

材料及び器工具など

交流電流計
直流電流計

番号	作業順序	要　点	図　解
1	測定の準備をする	1. 被測定電流に適した交流電流計（図１）又は直流電流計（図２）を選定する（推測できない場合はできるだけ大きいものを使用する）。 2. 計器を使用位置の指示記号に従って置く。 3. 指針が0を指していることを確認する。指していない場合は零位調整器を回して合わせる（図３）。 4. 測定する負荷の電流値を流しても十分安全な許容電流を持つリード線を準備する。 5. 測定リードをライン端子とアース端子に接続する。	図２　直流電流計 測定端子 目盛板 ミラー 指針 零位調整器 図３　各部の名称
2	測定器を接続する	1. 直流電流を測定する場合は，プラスマイナスに注意し，プラス側を確認して測定器のプラス側に接続すること（交流電流の場合はどちらでもよい）。 2. 負荷側のリード線と端子を接続する（多重目盛の場合は適切な端子を選択して接続する）。 3. 計器と負荷が直列であることを確認する。	
3	測定する	1. 開閉器を閉じ，電流を流す（図４）。 2. 指針の振れに注意する（スケールアウトするようであればすぐに電源を遮断する）。 3. 計器正面から指針の位置を確認する（精密級測定器の場合は指針とミラーに映った影の一致した位置から指針の位置を確認する）。 4. 目盛を読む（多重目盛の場合は接続端子の目盛を読むこと）。	電源 図４　電流測定回路例

備考

電気計器記号を参考表に示す。

参考表　電気計器の種類・記号・動作原理（参考　JIS C 0617-1：2011「電気用図記号」）

種類	記号	種類	記号
電流	A	可動コイル形	
電圧	V		
直流	―	可動鉄片形	
交流	～		
交直両用	≃	整流計	
水平形	⊓		
垂直形	⊥	熱電形	
傾斜 60°	∠60°		

番 号	No. 8 .14

作業名	電圧計の使用法	主眼点	電圧の測定

図 1　交流電圧計

材料及び器工具など

交流電圧計
直流電圧計

番号	作業順序	要　　点
1	測定の準備をする	1. 被測定電圧に適した容量の交流電圧計（図 1）又は直流電圧計（図 2）を選定する（推測できない場合はできるだけ大きいものを使用する）。 2. 計器を使用位置の指示記号に従って置く。 3. 指針が 0 を指していることを確認する。指していない場合は零位調整器を回して合わせる。 4. 測定する負荷の電流値を流しても十分安全な許容電流を持つリード線を準備する。 
2	測定器の接続をする	1. 直流電圧を測定する場合は，プラスマイナスに注意し，プラス側を確認して測定器のプラス側に接続すること（交流電圧の場合はどちらでもよい）。 2. 負荷側のリード線と端子を接続する（多重目盛の場合は適切な端子を選択して接続する）。 3. 計器と負荷が並列であることを確認する。 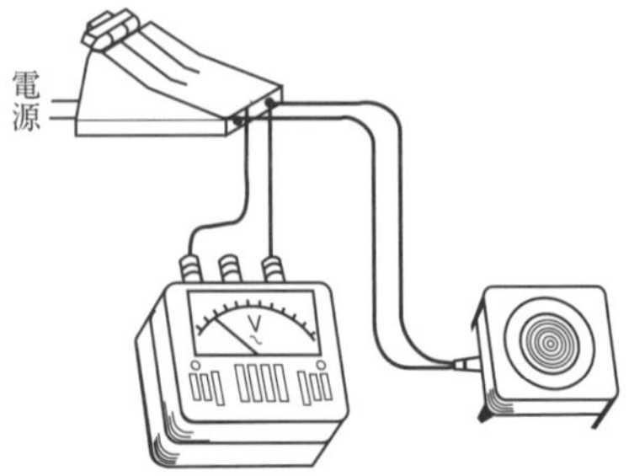
3	目盛を読む	1. 開閉器を閉じ，電圧をかける（図 3）。 2. 指針の振れに注意する（スケールアウトするようであればすぐに電源を遮断する）。 3. 計器正面から指針の位置を確認する（精密級測定器の場合は指針とミラーに映った影の一致した位置から指針の位置を確認する）。 4. 目盛を読む（多重目盛の場合は接続端子の目盛を読むこと）。

図　解

図 2　直流電圧計

電源

図 3　電圧測定回路例

備考

■計器用変圧器（VT）

1. 低圧用計器で高電圧を測定するときは，VT を使用する（参考図）。
2. この場合，2 次側の電圧に変圧比を乗じたものが 1 次側電圧である。
3. $$変圧比 = \frac{1\ 次側電圧}{2\ 次側電圧}$$
4. VT は 2 次側を短絡してはならない。
5. VT 2 次側は危険防止のための D 種接地工事を施す。

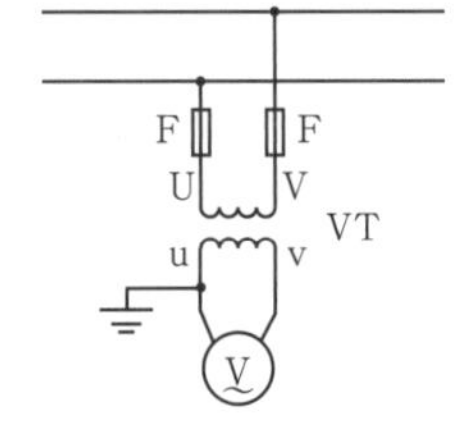

参考図　VT を用いた電圧測定回路

番号	No. 8 .15

作業名	単相電力計の使用法	主眼点	単相電力の測定

図１　単相電力計

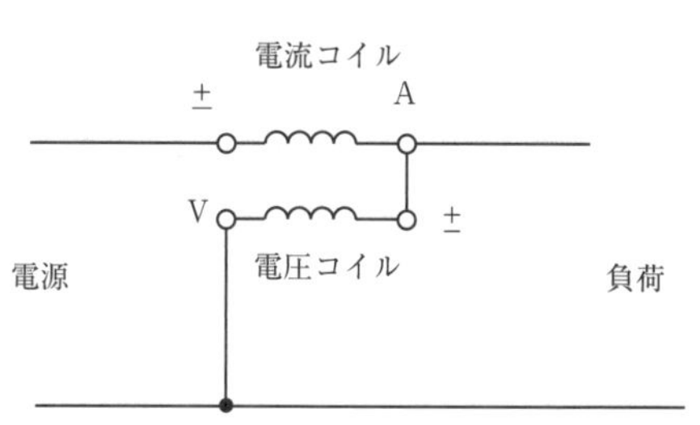

図２　単相電力計の結線

材料及び器工具など

単相電力計

番号	作業順序	要点
1	測定の準備をする	1. 被測定電力に適した容量の単相電力計（図１）を選定する（推測できない場合はできるだけ大きいものを使用する）。 2. 計器を使用位置の指示記号に従って置く。 3. 指針が０を指していることを確認する。指していない場合は零位調整器を回して合わせる。 4. 測定する負荷の電流値を流しても十分安全な許容電流を持つリード線を準備する。
2	測定器を接続する	1. 電流端子の（±）に電源リード線を接続する。 2. 電流端子の負荷側端子を負荷容量に合わせて接続する。 3. 電圧端子の（±）と電流端子の負荷側端子を接続する（図２，図３）。 4. 電圧端子を負荷容量に合わせて他の電源側へ接続する。
3	測定する	1. 開閉器を閉じ，送電する。 2. 指針の振れに注意する（スケールアウトするようであればすぐに電源を遮断する）。 3. 計器正面から指針の位置を確認する（精密級測定器の場合は指針とミラーに映った影の一致した位置から指針の位置を確認する）。 4. 目盛を読む（多重目盛の場合は接続端子の目盛を読むこと）。

図解

図３　単相及び直流電力の測定

参考表　乗数表

電圧レンジ	乗数 120 V	乗数 240 V
電流レンジ１A	1	2
5 A	5	10

定格電圧 120 / 240V
定格電流 1 / 5 A

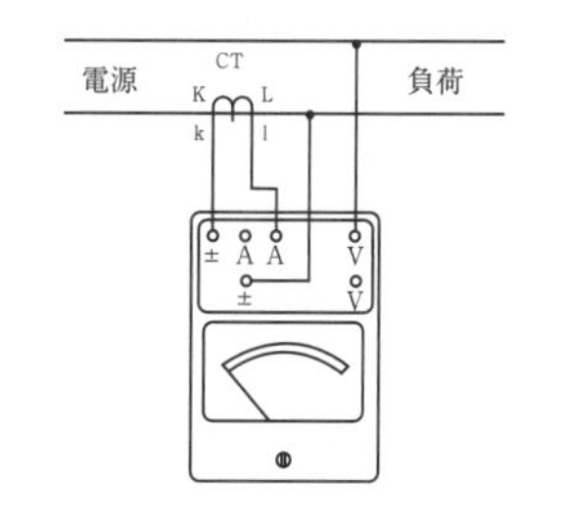

参考図１　電流が定格値を超える場合

備考

電流が定格値を超えた場合（参考図１，参考表）
電流回路に計器用変流器（CT）を接続して測定する。
　　電力値＝（計器の読み×乗数）×変流比

電圧が定格値を超えた場合（参考図２，参考表）
電圧回路に計器用変圧器（VT）を接続して測定する。
　　電力値＝（計器の読み×乗数）×変圧比

電圧，電流ともに定格値を超えた場合（参考図３，参考表）
計器用変圧器，変流器を接続して測定する。
　　電力値＝（計器の読み×乗数）×変成比
　　　変成比＝変圧比×変流比

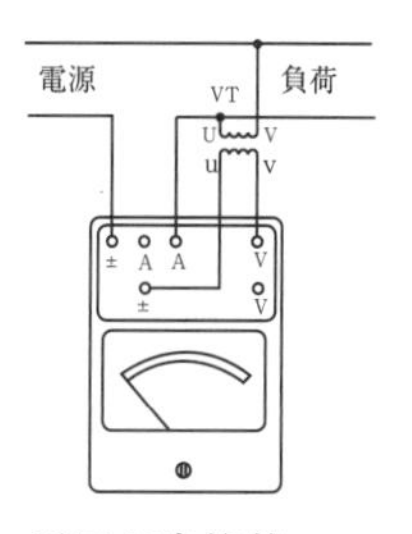

参考図２　電圧が定格値を超える場合

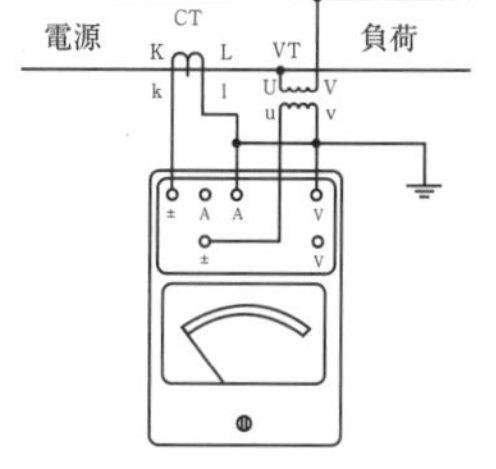

参考図３　電圧，電流ともに定格値を超える場合

番号	No. 8 .16

作業名	三相電力計の使用法	主眼点	三相電力の測定

材料及び器工具など

三相電力計

図１　三相電力計

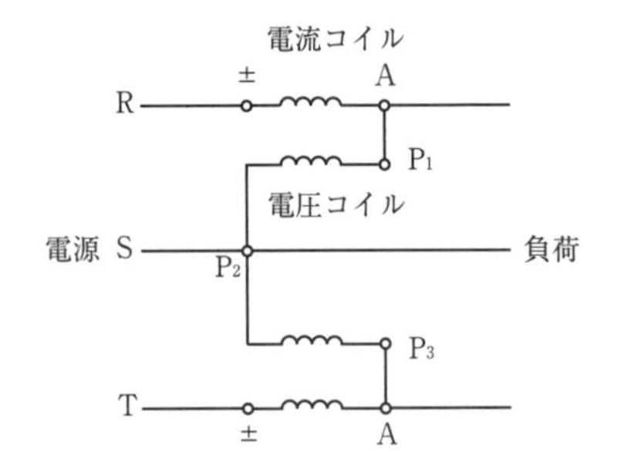

図２　三相電力計の結線

番号	作業順序	要　　点
1	測定の準備をする	1. 被測定電力に適した容量の三相電力計（図１）を選定する（推測できない場合は出来るだけ大きいものを使用する）。 2. 計器を使用位置の指示記号に従って置く。 3. 指針が０を指していることを確認する。指していない場合は零位調整器を回して合わせる。 4. 測定する負荷の電流値を流しても十分安全な許容電流を持つリード線を準備する。
2	測定器を接続する	1. 電流端子の（±）に電源側Ｒ相を接続する。 2. 他の電流端子の（±）に電源側Ｔ相を接続する。 3. 電源側Ｓ相と負荷側Ｓ相を P_2 に接続する。 4. 電圧端子の P_1 を負荷側Ｓ相に，P_3 を負荷側Ｔ相に接続する。 5. 電圧端子の P_1 と負荷側のＲ相のＡ，P_3 とＴ相のＡを接続する（図２）。 6. 負荷側の電流端子及び負荷側の電圧端子は被測定電力に合わせて選択すること（図３）。
3	測定する	1. 開閉器を閉じ，送電する。 2. 指針の振れに注意する（スケールアウトするようであればすぐに電源を遮断する）。 3. 計器正面から指針の位置を確認する（精密級測定器の場合は指針とミラーに映った影の一致した位置から指針の位置を確認する）。 4. 目盛を読み，参考表に示す乗数を掛ける（多重目盛の場合は接続端子の目盛を読むこと）。

図　　解

図３　三相電力計結線図

参考表　乗数表

電圧レンジ	乗	数
	120 V	240 V
電流レンジ１Ａ	2	4
５Ａ	10	20

備考

三相電力計で単相電力の測定———三相電力計を使用して，単相電力を測定する接続（参考図１）

二電力計法———単相電力計を２台使用して，三相電力を測定する接続（参考図２）

電流プラグを有する電力計の接続——電流切替えプラグを有する三相電力計の接続（参考図３）

電流が定格値を超える場合———変流器を使用し，電流を変成して測定する接続（参考図４）

電圧電流が定格値を超える場合———変成器（変圧器と変流器を組み合わせたもの）を使用して，三相電力を測定する接続　（参考図５）

備考

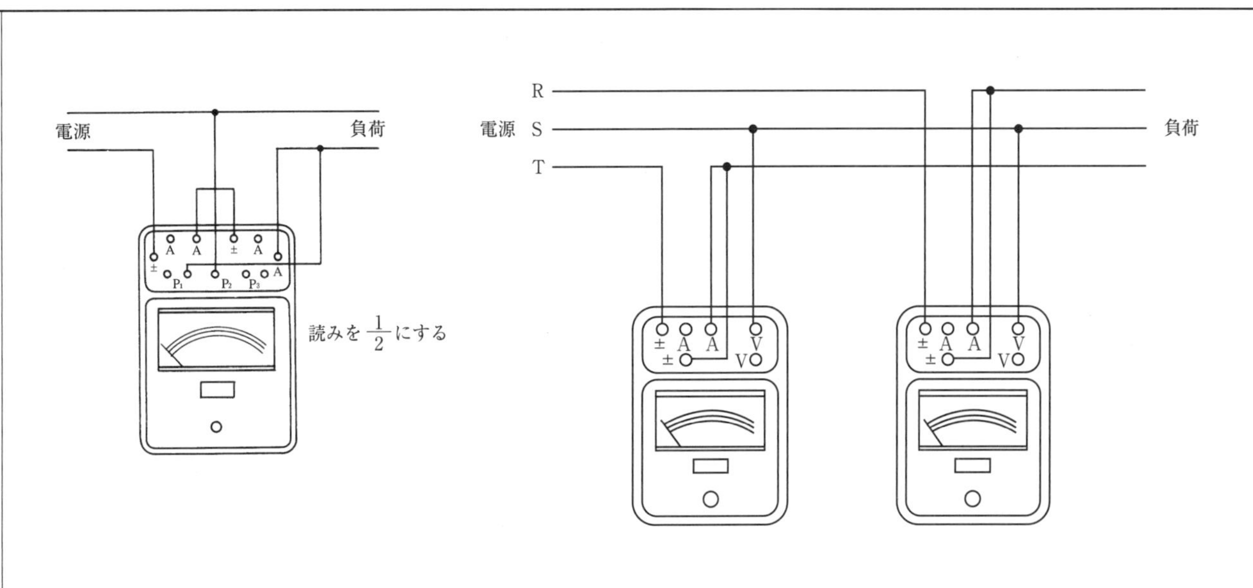

参考図１　単相及び直流電力測定

参考図２　三相電力測定（二電力計法）

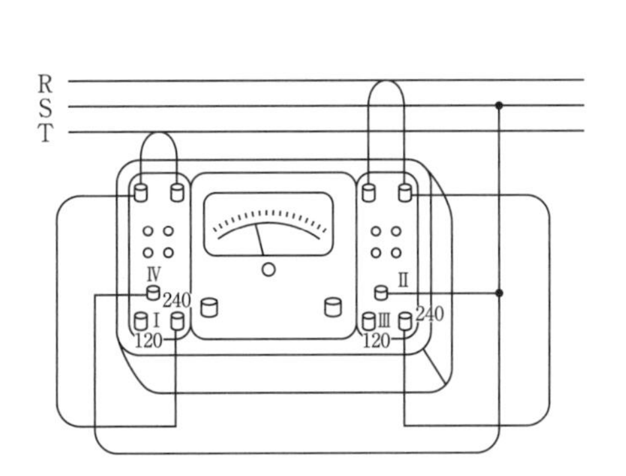

参考図３　電流プラグを有する電力計の接続法

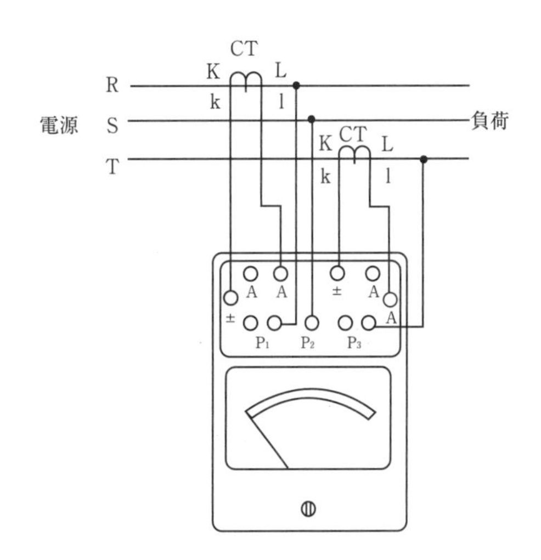

参考図４　電流が定格値を超える場合

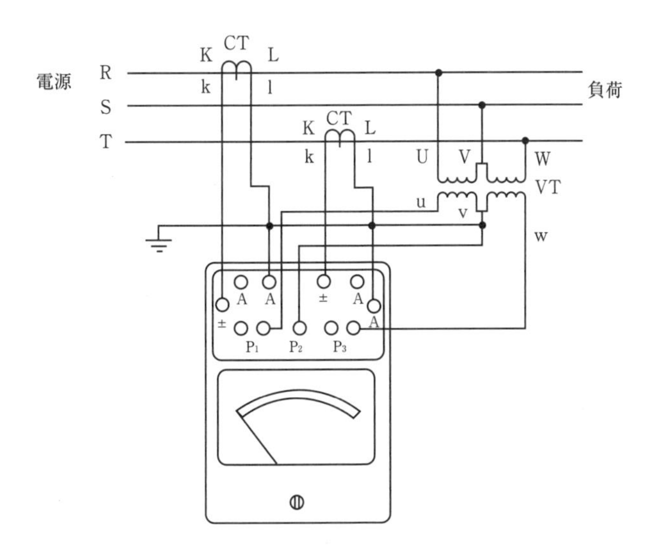

参考図５　電圧，電流ともに定格値を超える場合

番号	No. 8 .17

作業名	力率計の使用法	主眼点	力率の測定

図1 力率計

材料及び器工具など
力率計

番号	作業順序	要点	図解
1	測定の準備をする	1. 力率計(図1)を使用位置の指示記号に従って置く。 2. 指針が0を指していることを確認する。指していない場合は零位調整器を回して合わせる。 3. 測定に十分安全なリード線を準備する。	電源 負荷 A P2 A P1 P3 図2 単相力率の測定
2	測定器を接続する	1. 単相力率測定の場合は，図2 のように接続する。 2. 三相力率測定の場合は，図3 のように接続する。 3. 負荷電流によって，適当な電流端子を選択する。 4. 電圧端子は，高インピーダンスのため負荷側に接続する。	
3	測定する	1. 目盛を読み取る。 2. 指針が中央より右側 LEAD を指示したときは進み力率となり，中央より左側 LAG を示したときは遅れ力率となる。	R S T 電源 負荷 A P2 A P1 P3 図3 三相力率の測定

備考	

番号	No. 8 .18

作業名	サイクルカウンタの使用法	主眼点	OCR の単体試験

図１　アナログ形（機械式）

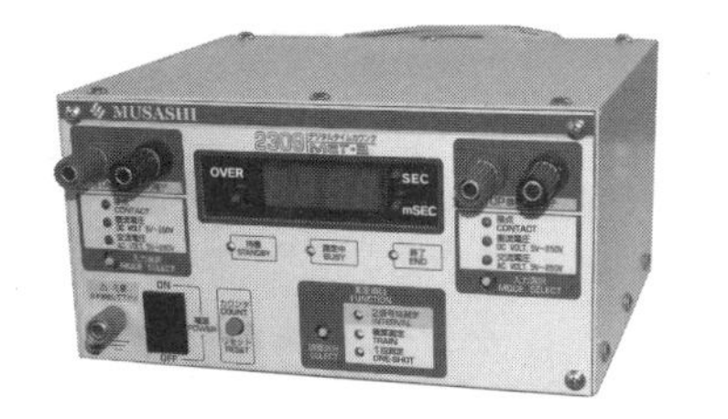

図２　ディジタル形

材料及び器工具など

サイクルカウンタ
水抵抗器
電流計
常時閉路形過電流継電器
ナイフスイッチ
単極開閉器

番号	作業順序	要点
1	測定の準備をする	1. サイクルカウンタ（図１，図２）を水平に置く。 2. アナログ形は指針が0を指していることを確認する。指していない場合は合わせる。 3. 測定に十分安全なリード線を準備する。 4. 過電流継電器（OCR）の銘板にある特性曲線を確認する（図４）。 5. 試験電流の大きさを確認する。 6. 限時要素の整定を「Lock」にする。
2	測定器を接続する	1. 図５のように接続する。 2. 開閉器が全て開いていることを確認する。
3	測定する	1. 整定タップ値を確認する。 2. 動作表示器の復帰レバーを上に押し動作ロック状態にする。 3. S_1 を閉じる。 4. 整定電流タップ値の 200% まで試験電流を調整する。調整後，S_1 を開く。 5. サイクルカウンタの目盛が0であることを確認する。 6. S_2 を閉じる。 7. S_1 を閉じ，OCR が動作したら S_1 を開く。 8. サイクルカウンタの目盛を読む。目盛の数値を商用周波数で割り，動作に要した時間を求める。 9. 整定電流タップ値の 300%，500%，700% についても同様に行う。なお各試験において 10A 以上の電流調整をする場合は通電時間を３～４秒以内に抑え，通電間隔を 10 秒以上空けること 10. 銘板の特性曲線と比較し，300% の時は公称値の ± 17% 以内，700% の時は公称値の ± 12% 以内にあることを確認する。

図解

図３　水抵抗器

図４　過電流継電器（静止形）

過電流継電器（OCR）
S_1　S_2
AC100V
C1R　T1
C2R　T2
±
110V
サイクルカウンタ
水抵抗器（可変抵抗器）

図５　試験回路例

備考

水抵抗器（図３）には，規定のラインまで水を入れた後，目標とする電流値が流せるように，水へ適量の塩を混ぜて電流の調節を行う。

出所：（図２）（株）ムサシインテック，（図４）三菱電機（株）

9．電気工作物の検査

番号	No. 9．1

作業名	絶縁耐力試験	主眼点	電気工作物の検査

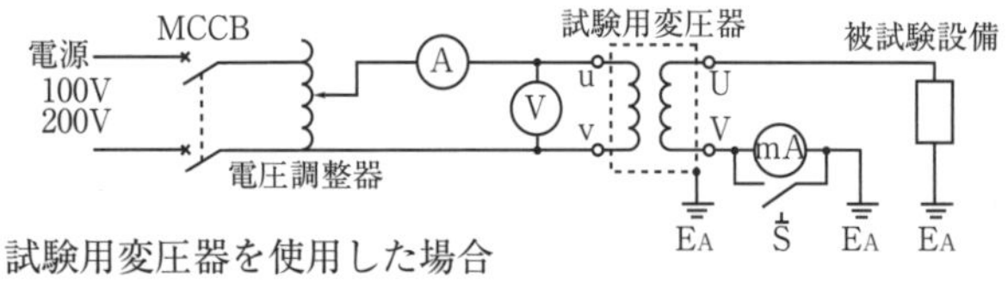

図１　試験用変圧器を使用した場合

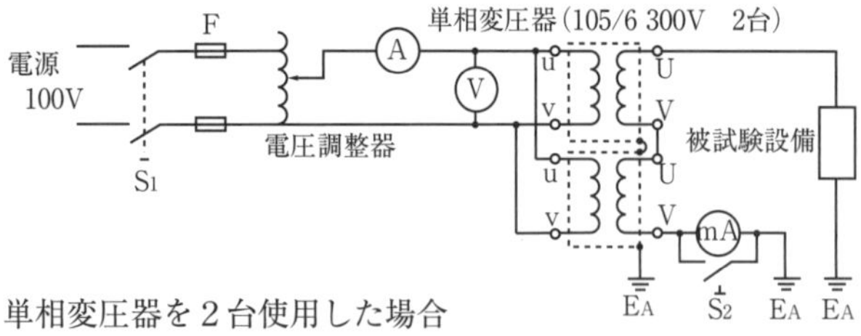

図２　単相変圧器を２台使用した場合

材料及び器工具など

試験用変圧器（又は単相変圧器２台）
電圧計
電流計２台
電圧調整器
配線用遮断器（ヒューズ付きカバースイッチ）
ナイフスイッチ
リード線
絶縁抵抗計
検電器

番号	作業順序	要　　点
1	測定の準備をする（安全処置）	1. 高電圧が掛かる場所に「高圧注意」の張り紙や，「立入禁止」の措置を行う。 2. 電源を開放した後は検電器で充電の有無を確認する。 3. 被試験物の接地状態を確認する。
2	絶縁抵抗を測定する（試験前測定）	1. 被測定電気設備に合わせ，1 000V もしくは 2 000V 絶縁抵抗計を使用する。 2. 絶縁抵抗計のバッテリーチェック・ゼロチェック・開放チェックを行う。 3. 検電器で停電を確認する。 4. 試験前の絶縁抵抗値を測定，記録する。
3	試験回路を結線する	1. 試験用変圧器（図３，図４）を用いる場合は図１に合わせて接続する。単相変圧器２台を用いる場合は図２に合わせて接続する。 2. 試験用変圧器にはA種接地工事を施す。
4	試験電圧を印加する	1. 周囲の安全を十分確認し，必要な場所には，監視者を置く。 2. 電圧調整器が０の位置であることを確認後，試験装置の電源を入れる。 3. 電圧を徐々に上昇させ，規定電圧にして 10 分間保持する。 4. 被試験物への電圧印加を検電器で確認する。 5. 各計器の指示を記録する。
5	試験電圧を開放する	1. 規定時間経過後，徐々に電圧を下げ，試験電圧を０にする。 2. 被試験物へ電圧が印加されていないことを検電器で確認する。 3. 短絡接地用具を用いて残留電荷を放電する。 4. 配線，測定器具を取り外して試験前の状態に戻す。
6	絶縁抵抗を測定する（試験後の測定）	1. 試験前測定同様にバッテリーチェックなどを行う。 2. 試験後の絶縁抵抗値を測定，記録・判定する。

図　解

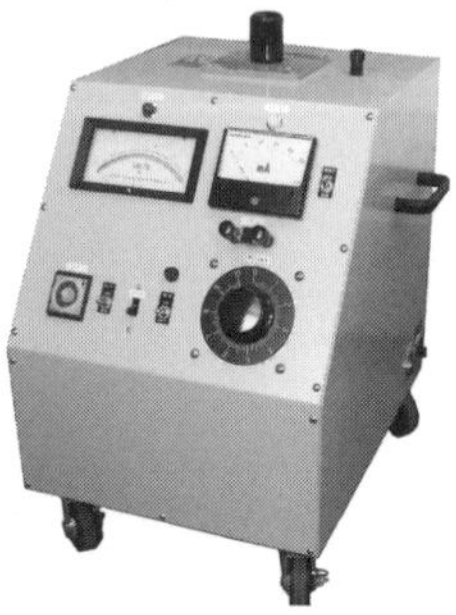

図３　試験用変圧器（据置形）

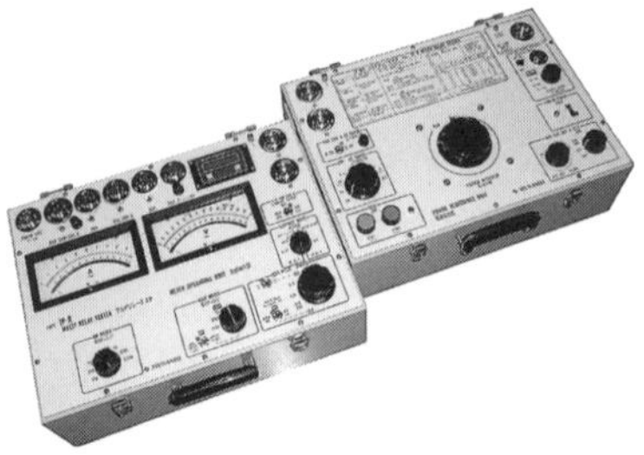

（a）操作電源部

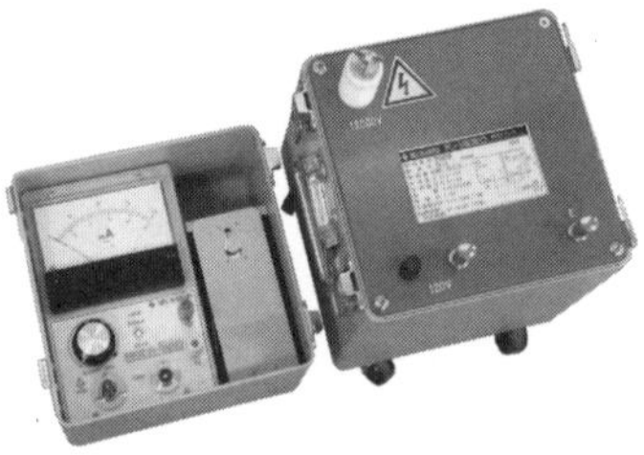

（b）変圧器部

図４　試験用変圧器（携帯形）

1. 電圧計の読み方

変圧比 = $\frac{105}{6\,300}$ の単相変圧器 2 台を使用して，最大使用電圧 6900V の電気工作物の絶縁耐力試験をする場合，低圧側の電圧計の読みは $6\,900 \times 1.5 \times \frac{105}{6\,300} \times \frac{1}{2} = 86.25$ ［V］となる。

公称 AC6 600V の電路に対する試験電圧は，AC10 350V（6 600V × 1.15 ÷ 1.10 の 1.5 倍）である。

2. 試験結果の記録

被試験工作物 機器名	絶縁抵抗		最大使用 電圧	試験電圧	電圧計 の読み	1次電流	2次電流	試験時間	結果
	試験前 ［MΩ］	試験後 ［MΩ］	［V］	［V］	［V］	［A］	［mA］	［分］	

3. 絶縁抵抗の参考値

(1) 高圧機器及び屋内配線　3 MΩ以上

(2) キュービクル式高圧受電設備　30 MΩ以上

(3) ＣＶケーブル（導体と金属遮蔽層間）　2 000 MΩ以上

4. 絶縁用保護具の耐圧試験法を参考図 1 に，耐圧試験に使用する水槽を参考図 2 に示す。

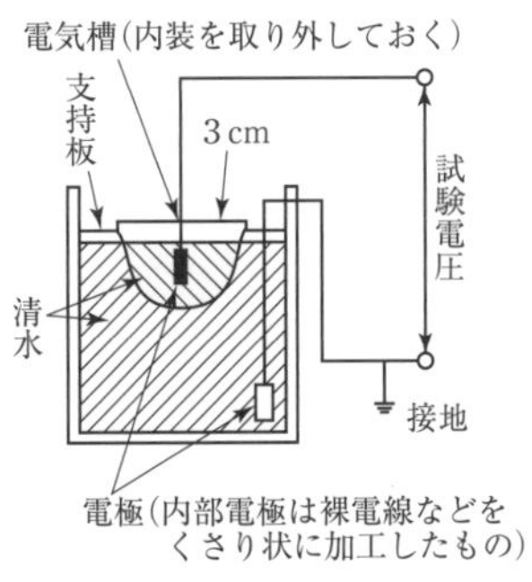

（a）電気槽：図のように清水中に頭部を下にして内外面とも，つばの付け根からおおむね 3 cm まで浸し，電圧を印加する。

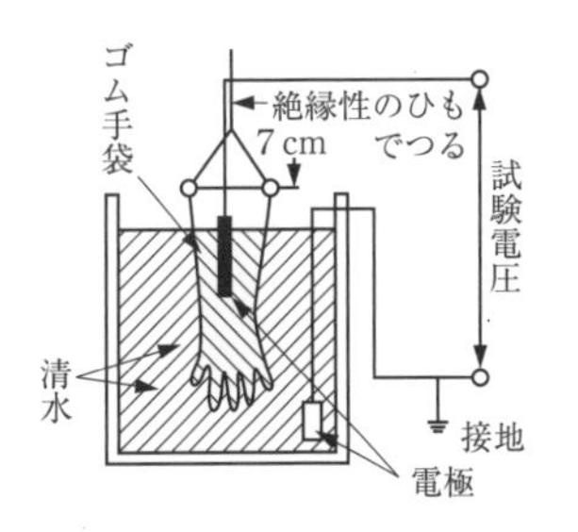

（b）ゴム手袋：（高圧及び低圧）図のように清水中に内外面とも，そで口よりおおむね 7 cm まで浸し，電圧を印加する。

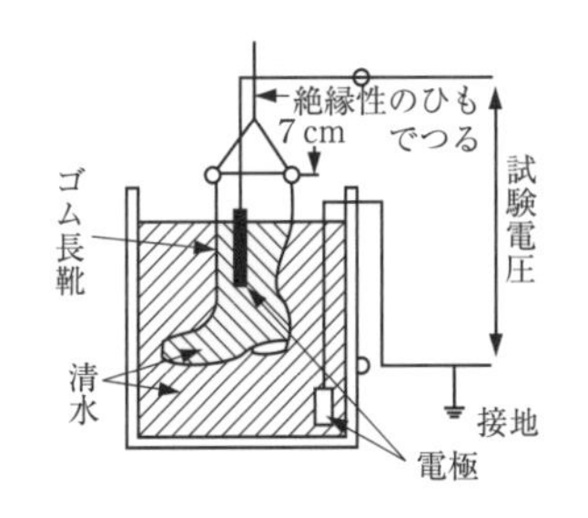

（c）活線用ゴム長靴：図のように清水中に内外面とも，上端よりおおむね 7 cm まで浸し，電圧を印加する。

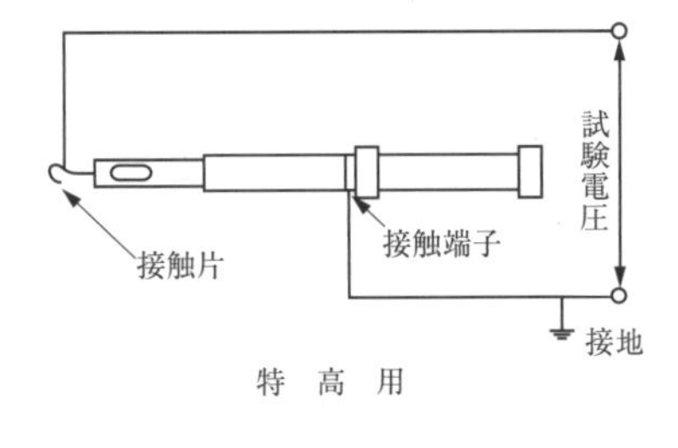

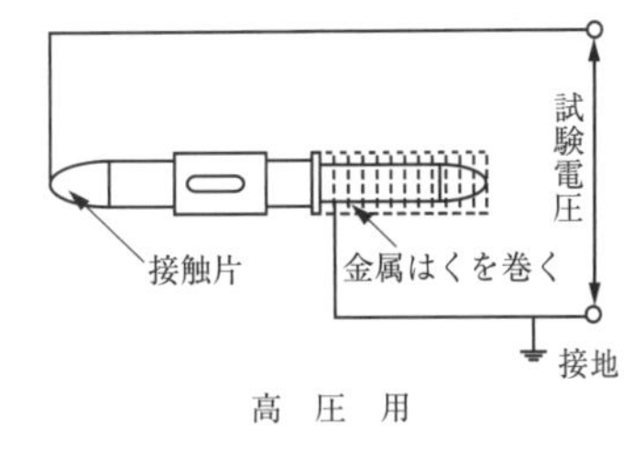

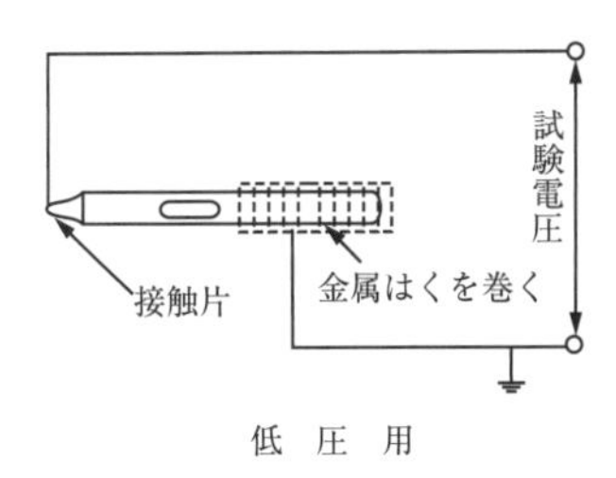

（d）検定器：図のように接触片と接触端子又は握り部分に巻いた金属はくとの間に電圧を印加する。

参考図１　絶縁用保護具の耐圧試験法

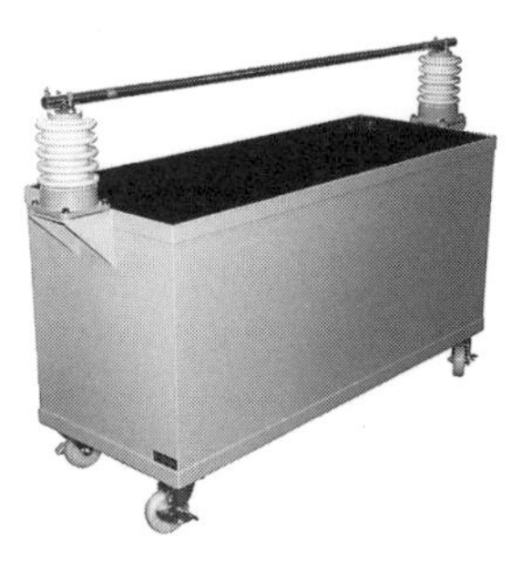

参考図２　耐圧試験用の水槽

出所：（図 3，図 4，参考図 2）（株）ムサシインテック

備考

番号	No. 9.2

作業名	過電流継電器試験	主眼点	電気工作物の検査

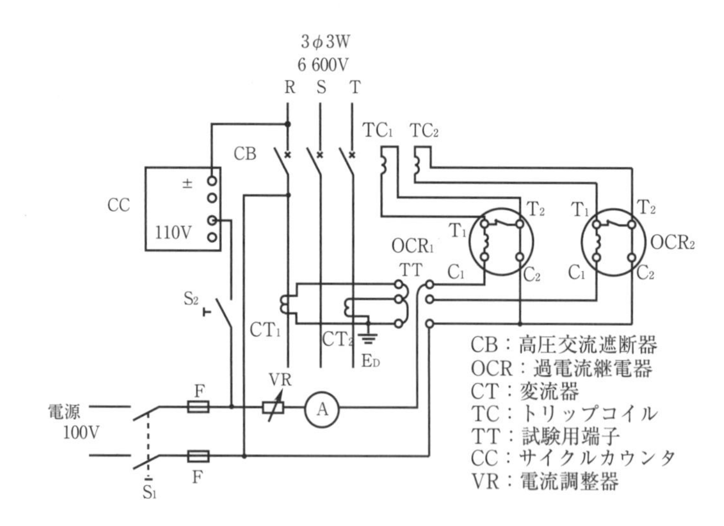

図１　他電源による過電流継電器の連動試験

材料及び器工具など

高圧受電盤（高圧交流遮断器，断路器，電流計，過電流継電器，変流器）
検電器
アースフック
サイクルカウンタ
水抵抗器
ナイフスイッチ
電流計

番号	作業順序	要　点	図　解
1	測定の準備をする（他電源法）	1. 高圧交流遮断器（CB，図４），断路器（DS）を開放する。 2. 受電室内の無電圧を検電器で確認し，アースフック（図５）を取り付ける。 3. 受電設備の電流計を切換スイッチで「切」にする（試験電流が流れてメータの破損を防ぐため）。 4. 過電流継電器（OCR；図２，図３）の各部を点検して，現状の整定値を記録する。 5. 変流器（図６）の試験用端子（図７）を変流器側で短絡しておく。	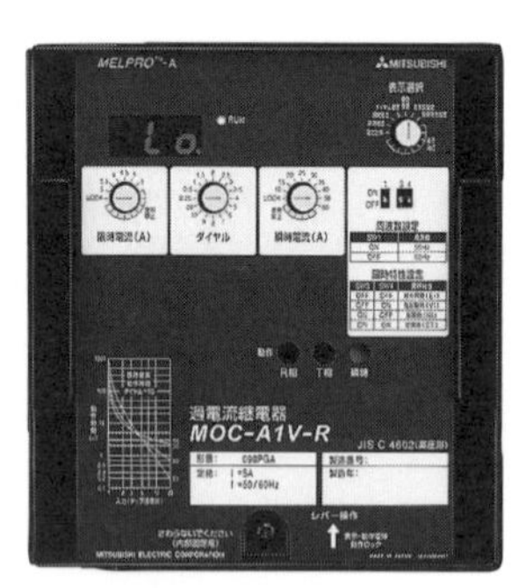 図２　過電流継電器（OCR）
2	試験回路を結線する	1. 図１に合わせて接続する。 2. S_1，S_2 は開いておく。	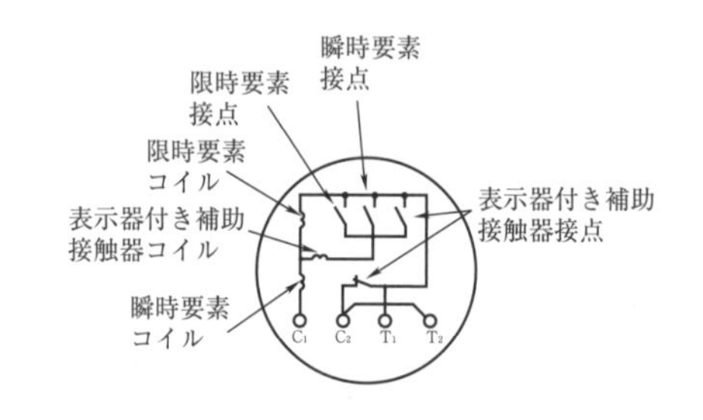 図３　過電流継電器の内部結線例
3	最小動作電流試験をする	1. CB の開放を確認し，S_1，S_2 の開放を確認する。 2. S_1 を閉じ，整定電流タップ値の 90% の手前まで試験電流を調整し，動作しないことを確認する。 3. 試験電流を徐々に上げ，動作する最小電流値を求める。 4. 各タップにおいて同様に行う。 5. 最小動作電流値が整定電流タップ値の ± 10% 以内であれば良しとする。	 図４　高圧交流遮断器（CB）

番号	作業順序	要　　　点	図　　　解
4	限時特性試験をする	1. CB の開放を確認し，S_1，S_2 の開放を確認する。 2. 動作表示器の復帰レバーを上に押し動作ロック状態にする。 3. S_1 を閉じる。 4. 整定電流タップ値の 200% まで試験電流を調整する。調整後，S_1 を開く。 5. サイクルカウンタの目盛が 0 であることを確認する。 6. S_2 を閉じる。 7. S_1 を閉じ，OCR が動作したら S_1 を開く。 8. サイクルカウンタの目盛を読む。目盛の数値を商用周波数で割り，動作に要した時間を求める。 9. 整定電流タップ値の 300%，500%，700% についても同様に行う。なお各試験において 10A 以上の電流調整をする場合は通電時間を 3 ～ 4 秒以内に抑え通電間隔を 10 秒以上空けること。 10. CB の動作時間を考慮した上で，銘板の特性曲線と比較し，300% の時は公称値の ± 17% 以内，700% の時は公称値の ± 12% 以内にあることを確認する。	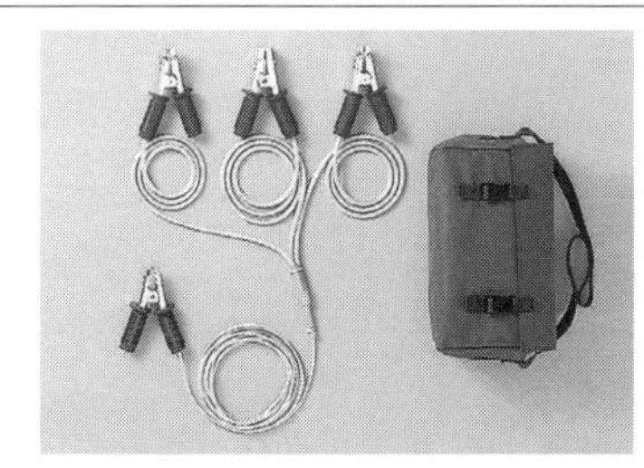 図 5　アースフック  図 6　変流器（CT）  図 7　電流試験用端子
5	復旧する	1. OCR の各部を，試験開始前の状況に復旧する。 2. 受変電室内部を停電作業前に復旧する。	

備考

1. 電流整定タップの選定

$$I = \frac{\text{契約電力 [kW]} \times 1\,000}{\sqrt{3} \times \text{定格電圧} \times \text{力率}} \times \frac{5}{\text{CT 1 次電流}} \times \text{余裕率}$$

定格電圧：6 600V
力　　率：0.8～0.95
余 裕 率：1.3（大容量の高圧モータなどがある場合 1.5～2.0）

電源抵抗部
計器操作部

参考図　保護継電器試験器

2. 試験結果の記録

用途	製造者	型式	製造番号	整定値		最小動作電流 [A]	限時特性 [S]					
				タップ [A]	レバー		200%		300%		500%	
							測定値	特性曲線値	測定値	特性曲線値	測定値	特性曲線値
受電用（左）												
受電用（右）												

3. 過電流継電器の端子
メーカや機種によって端子の個数，記号が異なるので，検査前に調べておく。
4. 参考図に多機能型保護継電器試験器を示す。

出所：（図 2）三菱電機（株），（図 5）長谷川電機工業（株），（参考図）（株）ムサシインテック

番号	No. 9.3

作業名	地絡継電器試験	主眼点	電気工作物の検査

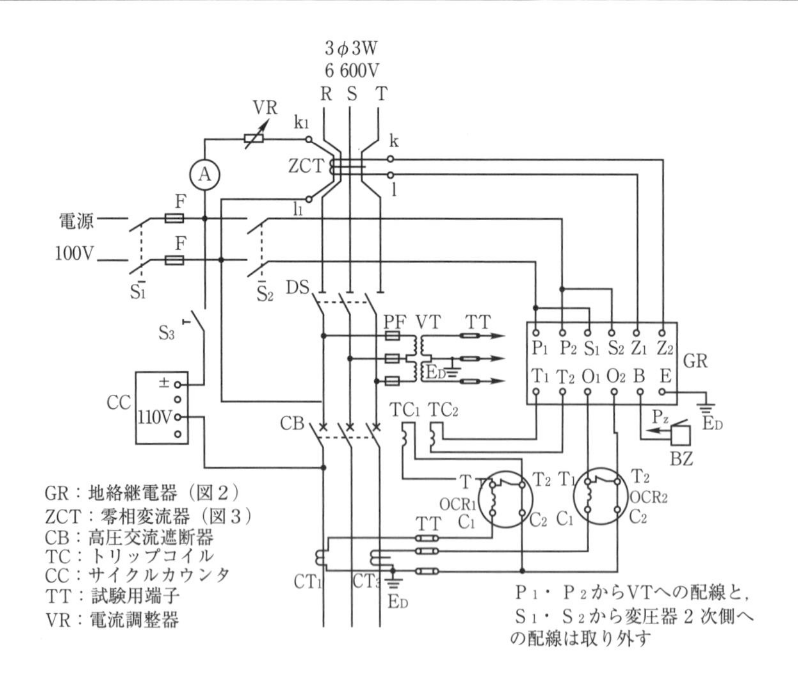

図1　他電源を使用した地絡継電器の連動試験

材料及び器工具など

高圧受電盤（高圧交流遮断器，断路器，電流計，地絡継電器，零相変流器）
検電器
アースフック
サイクルカウンタ
水抵抗器
ナイフスイッチ
電流計

番号	作業順序	要点	図解
1	測定の準備をする（他電源法）	1. 地絡継電器（GR，図2）の接点を内蔵のテストボタンを使用して開放する。 2. 高圧交流遮断器（CB），断路器（DS）を開放する。 3. 受電室内の無電圧を検電器で確認し，アースフックを取り付ける。 4. GRの操作用配線（P_1，P_2，S_1，S_2）を外し，試験回路から電源を入れる。 5. GRの各部を点検して，現状の整定値を記録する。	 図2　地絡継電器（GR）
2	試験回路を結線する	1. 図1に合わせて接続する。 2. CB，S_1，S_2，S_3は開いておく。	
3	最小動作電流試験をする	1. CB，S_1，S_2，S_3が開いていることを確認する。 2. S_1を閉じ，整定電流タップ値の80%まで試験電流を調整する。 3. S_1を開く。 4. S_2を閉じた後，S_1を閉じ，動作しないことを確認する（不動作試験）。 5. 試験電流を徐々に上げ，GRが動作する最小電流値を求める。 6. S_1，S_2を開く。 7. 最小動作電流値が整定電流タップ値の±10%以内であれば良しとする。	 図3　零相変流器（ZCT）

番号	作業順序	要　　　点	図　　　解
4	動作時間特性試験をする	1. CB, S_1, S_2, S_3 が開放状態であることを確認する。 2. S_1 を閉じ，整定電流タップ値の 130% まで試験電流を調整する。 3. 調整後，S_1 を開く。 4. サイクルカウンタの目盛が 0 であることを確認する。 5. CB を投入し，S_2, S_3 を閉じる。 6. S_1 を閉じ，GR と CB を動作したら S_1 を開く。 7. サイクルカウンタの目盛を読む。目盛の数値を商用周波数で割り，動作に要した時間を求める。 8. 整定電流タップ値の 400% についても同様に行う。 9. CB の動作時間を考慮し，GR 単体時で 130% の時は 0.1 ～ 0.3 秒，400% 時は 0.1 ～ 0.2 秒以内で動作していれば良しとする。	
5	復旧する	1. GR の各部を，試験開始前の状態に復旧する。 2. 受変電室内部を停電作業前に復旧する。	

備考

1. 地絡継電器の端子
   端子の数や記号は，メーカや機種によって異なるので，事前に調べておく。
2. 試験結果の記録

用途	製造者	型式	製造番号	整定値［A］	最小動作電流［A］					動作時間特性［秒］	
					0.1	0.2	0.4	0.6	0.8	整定値×1.3	整定値×4.0
結　果											

番 号	No. 9.4

作業名	地絡方向継電器試験	主眼点	電気工作物の検査

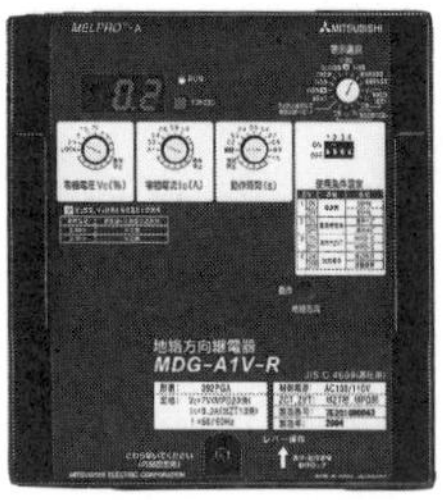

図１　地絡方向継電器

材料及び器工具など

高圧受電盤（高圧交流遮断器，断路器，電流計，地絡方向継電器，零相変流器，零相蓄電器）
検電器
アースフック
位相特性試験器

番号	作業順序	要　　点
1	測定の準備をする（他電源法）	1. 地絡方向継電器（DGR，図１）の接点を内蔵のテストボタンを使用して開放する。 2. 高圧交流遮断器（CB），断路器（DS）を開放する。 3. 受電室内の無電圧を検電器で確認し，アースフックを取り付ける。 4. 電路の負荷側の３線を，短絡アースを使用して接地回路に接続する。
2	試験器の準備をする	1. 位相特性試験器（図２，図５）の各種専用コードをコネクタに接続し，専用コードで接地する（図３）。 2. 試験機に専用コードで100Vを供給する。 3. 極性ランプの点灯を確認し（消灯している場合はプラグを差し替える），各種つまみを０位置に合わせる。 4. 継電器裏面のP_1，P_2，a_1，c_1を外す。 5. 継電器裏面と零相変流器（ZCT）に専用コードを接続した後，断路器の開放を確認する。 6. 零相蓄電器（ZVT，図４）に専用コードを接続する。
3	動作電流値試験をする	1. 電源スイッチを投入し，カウンタで出力周波数を設定する。 2. 補助電源スイッチを投入する。 3. 接点／電圧切換スイッチを継電器の構造に合わせて切り換える。 4. 動作確認スイッチを接点確認側にする。 5. 電流レンジを整定電流が測定しやすいレンジに合わせ，電圧レンジを整定電圧の150％が測定しやすいレンジに合わせた後，設定キーを押す（ランプ点灯）。 6. 電圧を電圧設定調整つまみで試験電圧に合わせ，位相を位相設定調整つまみで最高感度角に合わせた後，設定キーを押す（ランプ消灯）。 7. START／STOPスイッチを押し，出力を開始する（ランプ点灯）。 8. 電流設定調整つまみを回して，電流を上昇させる。 9. DGRが動作したときの電流計の指針を読む。 10. 各種つまみを戻して０位置に戻し，START／STOPスイッチを押して，出力を停止する（ランプ消灯）。 11. 補助電源スイッチと電源スイッチを開放する。 12. 継電器を復帰する。 13. 動作電流値が整定電流の±10％以内であれば良しとする。

図　　解

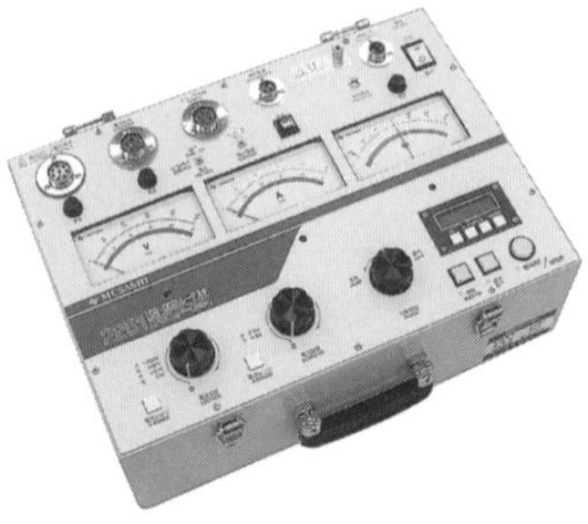

図２　位相特性試験器

※零相電圧を検出する零相基準入力装置（ZPD）として，ZVTやZPCが使用されている。

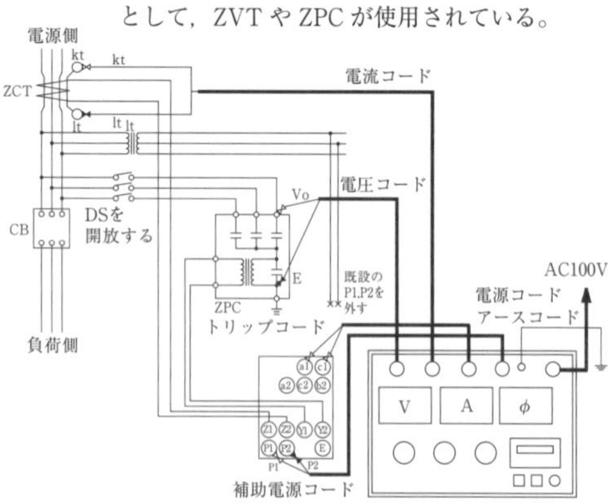

図３　地絡方向継電器の結線

図４　零相蓄電器（ZVT）

番号	作業順序	要　　　　点
4	動作電圧値試験をする	1. 「番号 3」の 1. ～ 5. の操作を同様に行う。 2. 電圧レンジを整定電圧が測定しやすいレンジに合わせ，電流レンジを整定電流の 150% が測定しやすいレンジに合わせた後，設定キーを押す（ランプ消灯）。 3. 電流を電流設定調整つまみで試験電流に合わせ，位相を位相設定調整つまみで最高感度角に合わせた後，設定キーを押す（ランプ消灯）。 4. START ／ STOP スイッチを押し，出力を開始する（ランプ点灯）。 5. 電圧設定調整つまみを回して，電圧を上昇させる。 6. DGR が動作したときの電圧計の指針を読む。 7. 各種つまみを戻して 0 位置に戻し，START ／ STOP スイッチを押して，出力を停止する（ランプ消灯）。 8. 補助電源スイッチと電源スイッチを開放する。 9. 継電器を復帰する。 10. 動作電圧値が整定電圧の ± 25% 以内であれば良しとする。
5	動作時間特性試験をする	1. 電源スイッチを投入し，カウンタで出力周波数を設定する。 2. 動作確認スイッチをトリップ側にし，補助電源スイッチを投入する。 3. 接点／電圧切換スイッチを継電器の構造に合わせて切り換える。 4. カウンタモード（msec，SEC，Hz）を設定する。 5. 電圧レンジを整定電圧の 150% が測定しやすいレンジに合わせ，電流レンジを整定電流の 150% が測定しやすいレンジに合わせた後，設定キーを押す（ランプ点灯）。 6. 電圧を電圧設定調整つまみで試験電圧に合わせ，電流を電流設定調整つまみで試験電流に合わせる。また，位相を位相設定調整つまみで最高感度角に合わせた後，設定キーを押す（ランプ消灯）。 7. START ／ STOP スイッチを押し，出力を開始する（ランプ点灯）。 8. DGR が動作したときのカウンタを読む。 9. 各種つまみを戻して 0 位置に戻し，継電器を復帰する。 10. START ／ STOP スイッチを押し，出力を停止する（ランプ消灯）。 11. 補助電源スイッチを開放する。 12. 電流レンジを整定電流の 400% が測定しやすいレンジに合わせ，設定キーを押す（ランプ点灯）。 13. 電流を電流設定調整つまみで試験電流に合わせ，設定キーを押す（ランプ消灯）。 14. START ／ STOP スイッチを押し，出力を開始する（ランプ点灯）。 15. DGR が動作したときのカウンタを読む。 16. 補助電源スイッチと電源スイッチを開放する。 17. 継電器を復帰する。 18. 130% の時は 0.1 ～ 0.3 秒，400% 時は 0.1 ～ 0.2 秒以内で動作していれば良しとする。
図解		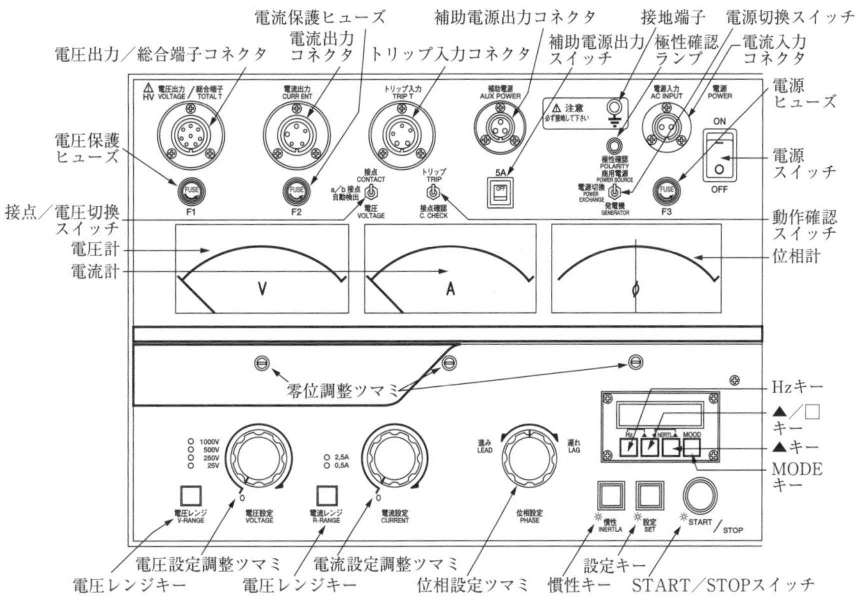 図 5　位相特性試験器 各部の名称

<table>
<tr><th>番号</th><th>作業順序</th><th>要　　　点</th></tr>
<tr><td>6</td><td>慣性特性試験をする</td><td>1. 「番号 5」の 1. ～ 5. の操作を同様に行う。
2. 慣性キーを押し，時間設定が［50msec］であることを確認する（ランプ点灯）。
3. 電圧レンジを整定電圧の 150% が測定しやすいレンジに合わせ，電流レンジを整定電流の 400% が測定しやすいレンジに合わせた後，設定キーを押す（ランプ点灯）。
4. 電圧を電圧設定調整つまみで試験電圧に合わせ，電流を電流設定調整つまみで試験電流に合わせ，位相を位相設定調整つまみで最高感度角に合わせた後，設定キーを押す（ランプ消灯）。
5. START ／ STOP スイッチを押し，出力を開始する（ランプ点灯）。
6. 50msec 経過後，設定キー及び START ／ STOP スイッチのランプが消灯する。
7. DGR が動作していないことを確認し，各種つまみを戻して 0 位置に戻す。
8. 補助電源スイッチと電源スイッチを開放する。
9. 継電器を復帰する。
10. 判定は，整定電圧の 150%，整定電流の 400% を 0.05 秒通電しても動作していなければ良しとする。</td></tr>
<tr><td>7</td><td>位相特性試験をする</td><td>1. 「番号 5」の 1. ～ 5. の操作を同様に行う。
2. 電圧レンジを整定電圧の 150% が測定しやすいレンジに合わせ，電流レンジを整定電流の 1 000% が測定しやすいレンジに合わせた後，設定キーを押す（ランプ点灯）。
3. 電圧を電圧設定調整つまみで試験電圧に合わせ，電流を電流設定調整つまみで試験電流に合わせる。また，位相を位相設定調整つまみで LEAD180° に合わせる。
4. 継電器を復帰し，設定キーを押す（ランプ消灯）。
5. START ／ STOP スイッチを押し，出力を開始する（ランプ点灯）。
6. DGR が動作したときの位相計を読む。
7. 各種つまみを戻して 0 位置に戻す。
8. START ／ STOP スイッチを押し，出力を停止する（ランプ消灯）。
9. 補助電源スイッチと電源スイッチを開放する。
10. 継電器を復帰する。
11. 判定は，動作する位相及び不動作となる位相が製造業者が指定する範囲にあれば良しとする。</td></tr>
<tr><td>8</td><td>復旧する</td><td>1. DGR の各部を，試験開始前の状態に復旧する。
2. 受変電室内部を停電作業前に復旧する。</td></tr>
<tr><td>備考</td><td colspan="2">■ディジタルマルチリレー
　受配電設備に必要な保護機能，メータなど複数の計測機能，遮断器の制御機能などを 1 台に集約できる機器である。省スペース化ができて，設計，施工などの工数を減らすことができる。

【例】参考図に保護・制御・計測を一体化した受変電設備用の保護リレーを示す。設備の電力系統において発生する電力や電流・電圧の急激な変化を検出し遮断器など開閉器を制御して，影響を最小限に抑える。

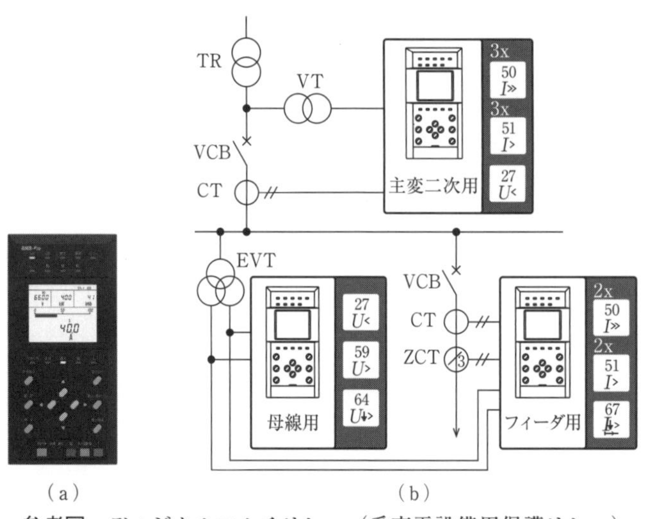

参考図　ディジタルマルチリレー（受変電設備用保護リレー）

出所：（図 1）三菱電機（株），（図 2，図 3，図 5）（株）ムサシインテック，（参考図）（株）第一エレクトロニクス</td></tr>
</table>

番号	No. 9.5

作業名	漏電遮断器試験	主眼点	電気工作物の検査

(a) 単相2線式　(b) 三相3線式 単相3線式　(c) 単相3線式 中性線欠相保護付き

図1　漏電遮断器

材料及び器工具など

漏電遮断器
電流計
電圧計
可変抵抗器
サイクルカウンタ（時間計）
ナイフスイッチ

番号	作業順序	要点
1	測定の準備をする	漏電遮断器（図1）の接点を内蔵のテストボタンを使用して開放する。
2	感度電流試験をする	1. 図2のように電流計と可変抵抗器を接続する。 2. 定格電圧を加え，負荷電流を通じない状態において閉路状態にする。 3. 電流を徐々に増加させて，漏電遮断器が動作したときの感度電流値を測定する。
3	漏電引外し動作時間試験をする	1. 図3(a)のように電流計と可変抵抗器を接続する。 2. 定格電圧を加え，負荷電流を通じない状態において閉路状態にする。 3. 電流計の指示が定格感度電流になるように可変抵抗器を調整する。 4. 図3(b)のように接続を変え，開閉器Sを投入し，時間計により動作時間を読み取る。
4	動作過電圧試験をする（単3中性線欠相保護付き）	1. 図4のように接続する。 2. 漏電遮断器の電源端子に定格電圧を印加し，漏電遮断器の接点を閉路にする。 3. 可変抵抗器によって V_L 及び V_R を変化させ，漏電遮断器の動作電圧を測定する。
5	過電圧動作時間試験をする（単3中性線欠相保護付き）	1. 図5のように接続する。 2. 漏電遮断器に定格電圧を印加する。 3. 開閉器 S_2 と S_3 を開にし，開閉器 S_1 を閉にした状態で，V_L 及び V_R の値が定格動作過電圧の値になるように，抵抗器の値を設定する。 4. 開閉器 S_1 と S_3 を閉とし，開閉器 S_2 を閉にした後，開閉器 S_1 を開いてから漏電遮断器が動作するまでの時間を測定する。

図解

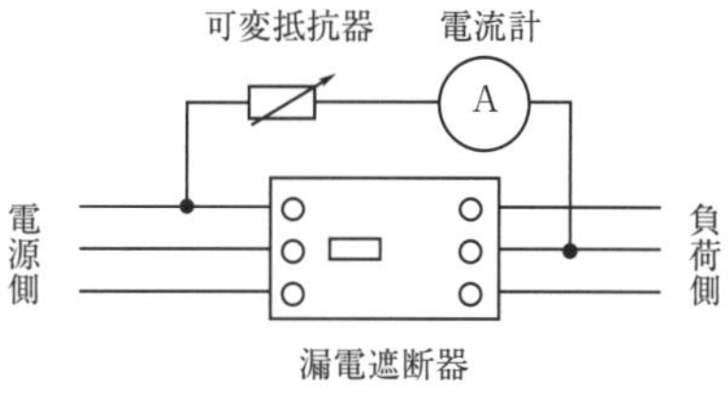

図2　感度電流試験

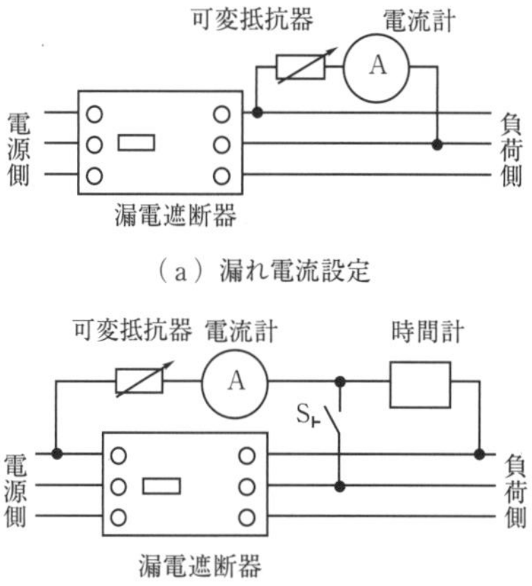

(a) 漏れ電流設定

(b) 動作時間測定

図3　漏電引外し動作時間試験

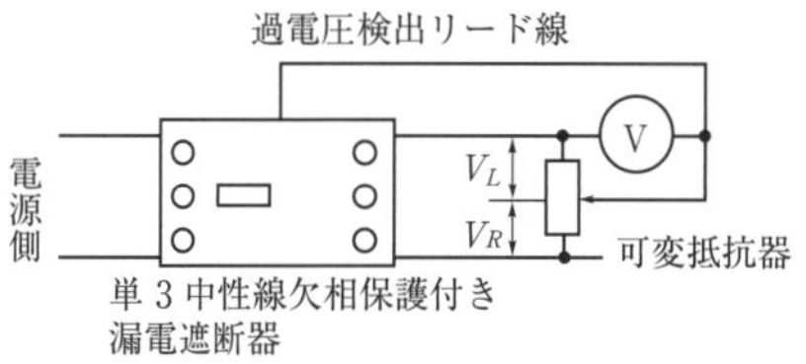

図4　動作過電圧試験

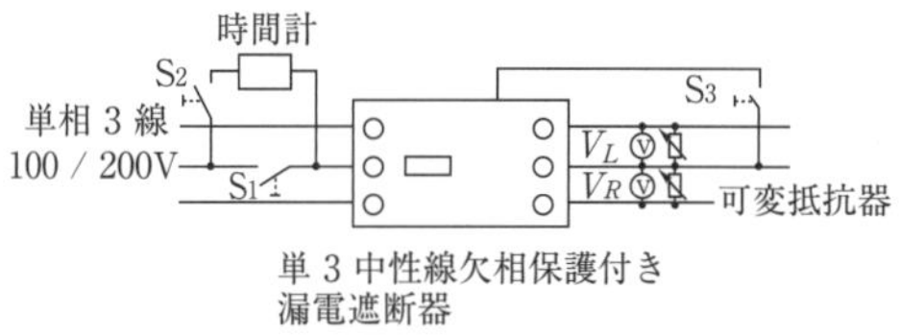

図5　過電圧動作時間試験

備考

1. 定格感度電流

区分	定格感度電流	適用
高感度形［mA］	5　6　10　15　30	高速形，時延形，反限時形
中感度形［mA］	30　100　200　300　500　1 000	高速形，時延形
低感度形［A］	3　5　10　20	高速形，時延形

2. 漏電引外し動作時間

単位［秒］

高速形	時延形	反限時形			
		定格感度電流	定格感度電流の2倍	定格感度電流の5倍	500A
0.1 以内	0.1を超え2 以内	0.3 以内	0.15 以内	0.04 以内	0.04 以内

3. 試験結果の記録

製造者	型式	感度電流［mA］		漏電引外し動作時間［秒］		動作過電圧［V］		過電圧動作時間［秒］		結果
		定格値	測定値	定格値	測定値	定格値	測定値	定格値	測定値	

4. テストボタンによる動作試験

漏電遮断器には機能チェックが簡単にできるよう本体にテストボタンがある。これは内蔵回路でボタンを押すことによりテスト用電流を流し，遮断器を遮断させるものである。テストボタンによる動作確認は次の時期に行う。

① 初めて使用するとき。
② 転用した場合。
③ じんあい，油，煙などが付着したとき。
④ 振動，衝撃を与えたとき。
⑤ 長期間使用せず，使用を再開する場合。
⑥ 使用条件が悪い場合は月に１～２回，通常の場合は年に１～２回行う。

5. 漏電遮断器テスタによる動作試験

動作時間や感度電流が測定できる漏電遮断器テスタを参考図１，参考図２に示す。

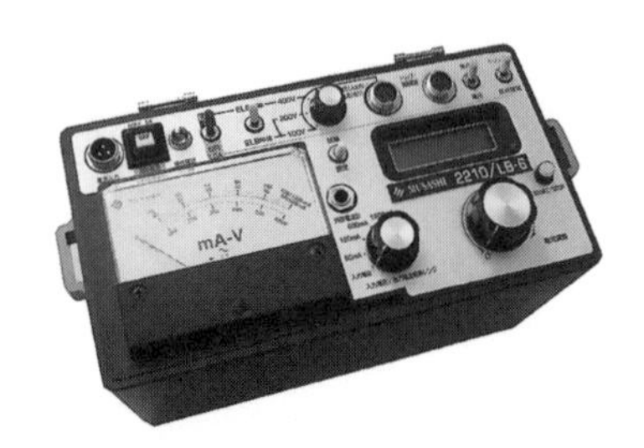

参考図１　漏電遮断器テスタ（アナログ）

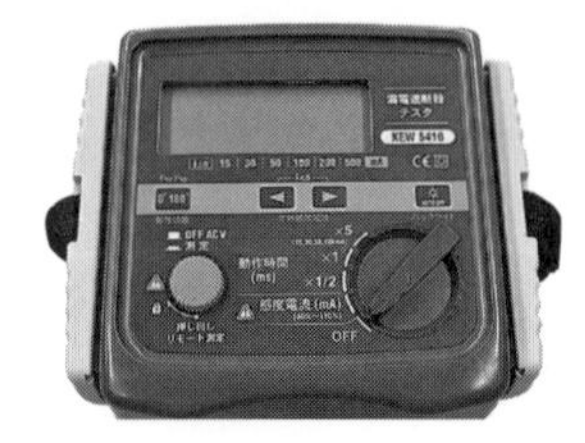

参考図２　漏電遮断器テスタ（ディジタル）

出所：（参考図１）（株）ムサシインテック

番 号	No.10. 1

作業名	CAT5e ケーブルの製作	主眼点	CAT5e ケーブル（単線）

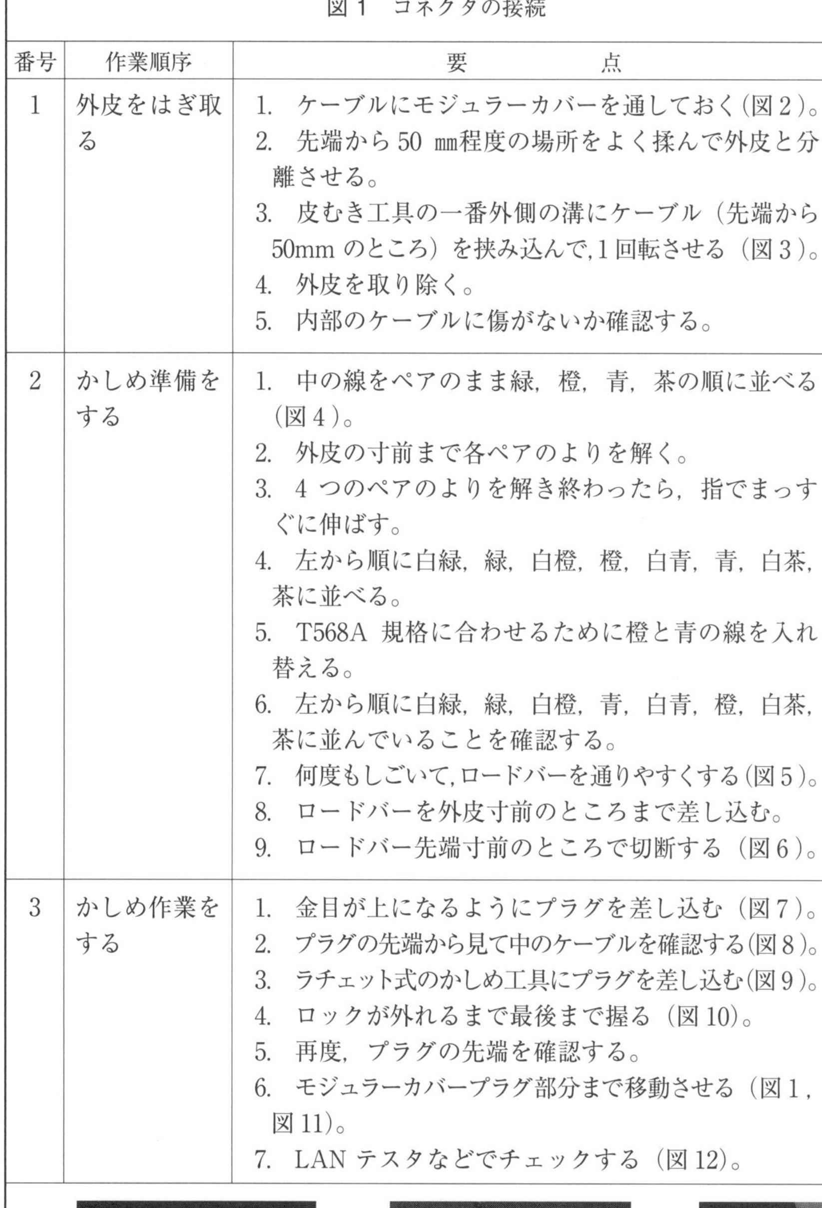

図１　コネクタの接続

材料及び器工具など
ケーブル モジュラーカバー コネクタ 皮むき工具 かしめ工具

番号	作業順序	要　　　点
1	外皮をはぎ取る	1. ケーブルにモジュラーカバーを通しておく（図２）。 2. 先端から 50 ㎜程度の場所をよく揉んで外皮と分離させる。 3. 皮むき工具の一番外側の溝にケーブル（先端から50mm のところ）を挟み込んで, 1 回転させる（図３）。 4. 外皮を取り除く。 5. 内部のケーブルに傷がないか確認する。
2	かしめ準備をする	1. 中の線をペアのまま緑，橙，青，茶の順に並べる（図４）。 2. 外皮の寸前まで各ペアのよりを解く。 3. 4 つのペアのよりを解き終わったら，指でまっすぐに伸ばす。 4. 左から順に白緑，緑，白橙，橙，白青，青，白茶，茶に並べる。 5. T568A 規格に合わせるために橙と青の線を入れ替える。 6. 左から順に白緑，緑，白橙，青，白青，橙，白茶，茶に並んでいることを確認する。 7. 何度もしごいて, ロードバーを通りやすくする（図５）。 8. ロードバーを外皮寸前のところまで差し込む。 9. ロードバー先端寸前のところで切断する（図６）。
3	かしめ作業をする	1. 金目が上になるようにプラグを差し込む（図７）。 2. プラグの先端から見て中のケーブルを確認する（図８）。 3. ラチェット式のかしめ工具にプラグを差し込む（図９）。 4. ロックが外れるまで最後まで握る（図 10）。 5. 再度，プラグの先端を確認する。 6. モジュラーカバープラグ部分まで移動させる（図１，図 11）。 7. LAN テスタなどでチェックする（図 12）。

図　　　解

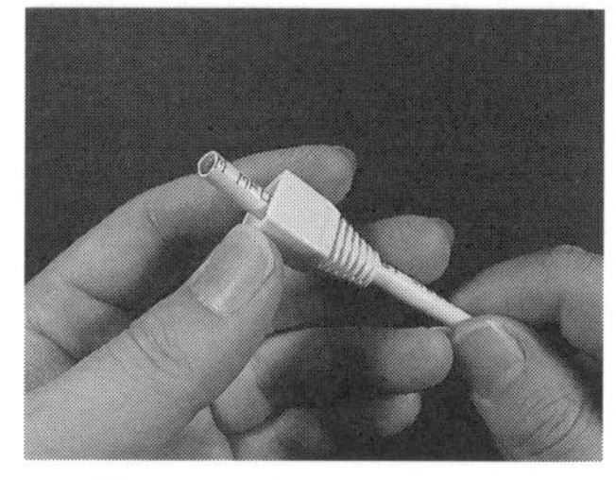

図２　モジュラーカバー

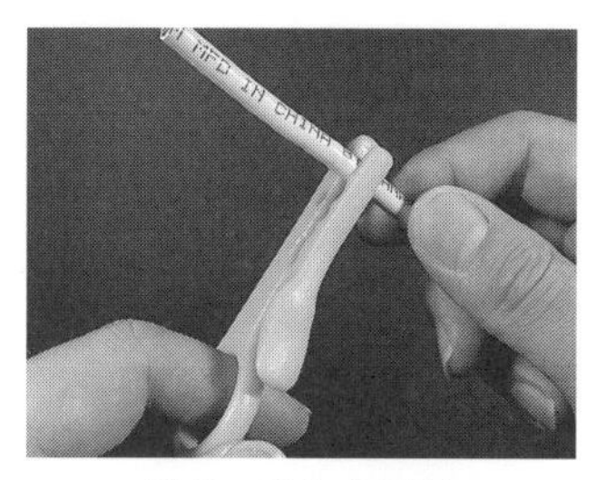

図３　皮むき工具

図４　内部のケーブル

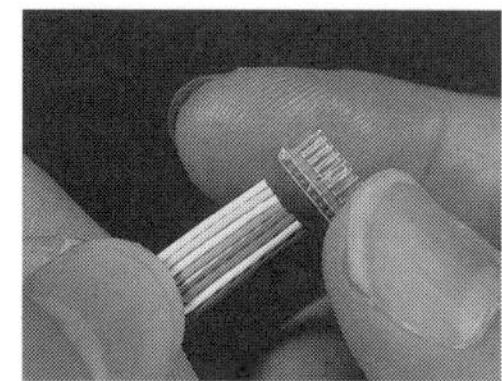

図５　ケーブルの整線

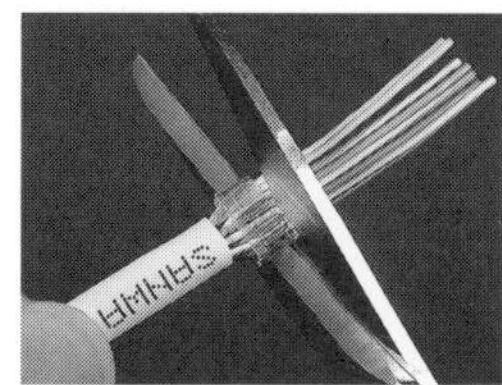

図６　ケーブルの切断

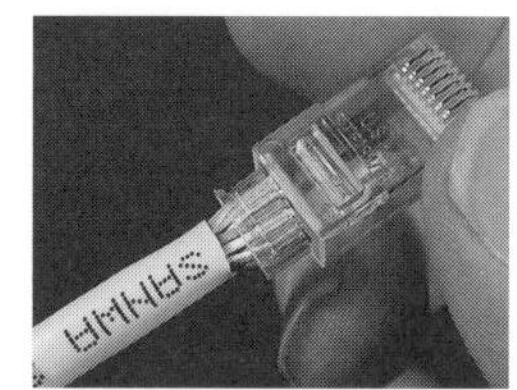

図７　プラグの差し込み

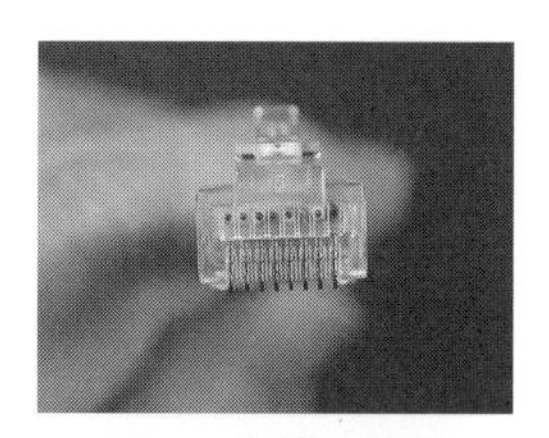

図８　先端の確認

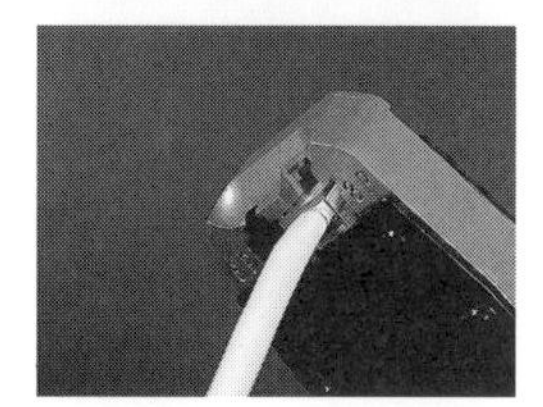

図９　かしめ工具

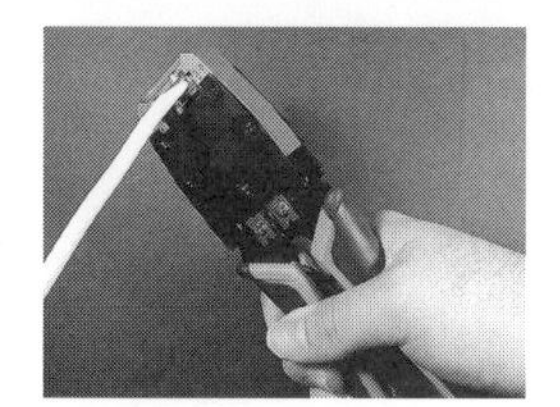

図 10　かしめ作業

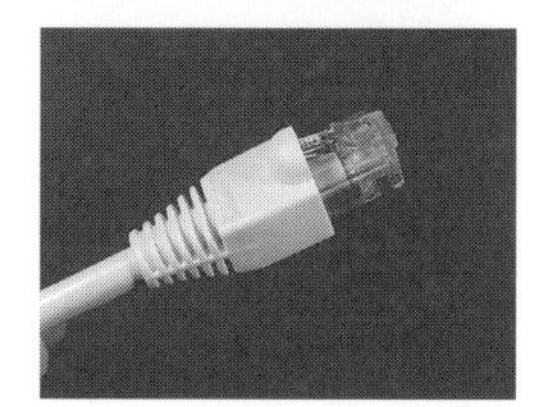

図 11　完成（チェック）

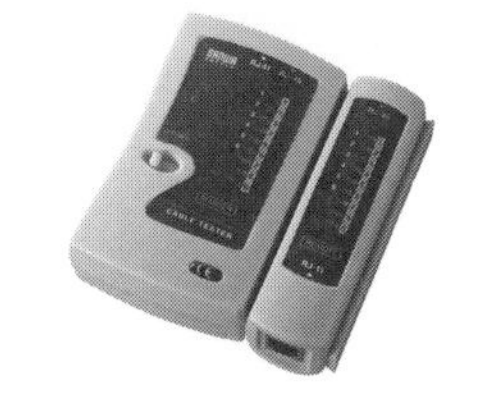

図 12　LAN テスタ

出所：（図２～図 12）サンワサプライ（株）

番号	No.10.2

作業名	光ファイバ工事（1）	主眼点	光ファイバの切断

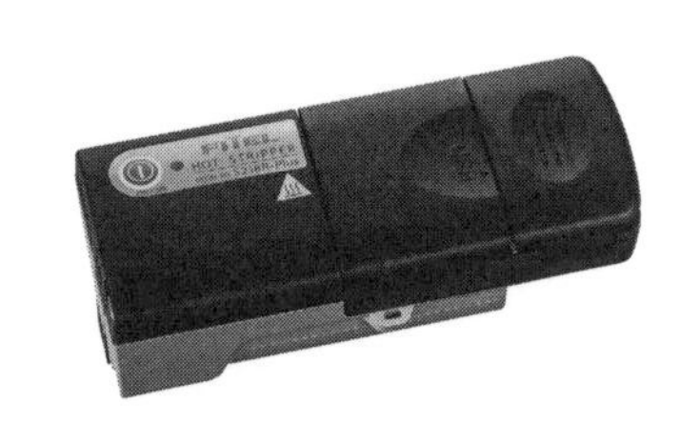

図１　ファイバストリッパ

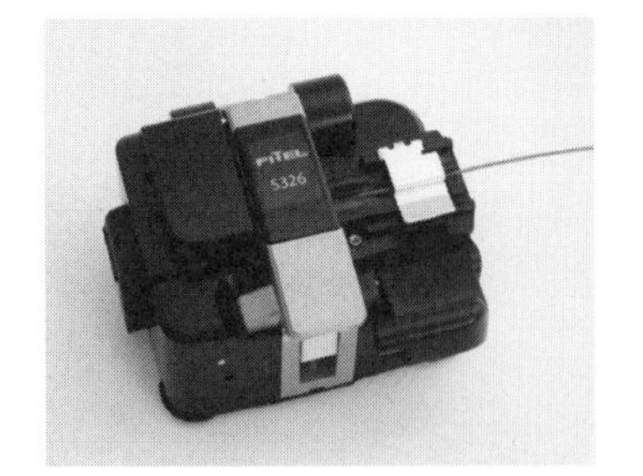

図２　ファイバカッタ

材料及び器工具など

光ファイバ
ファイバストリッパ
ファイバカッタ
コットン
アルコール
かしめ工具

番号	作業順序	要　　点
●光ファイバ（単心の場合）		
1	被覆をはぎ取る	1. ファイバストリッパ（図１）で被覆をはぐ部分に印をつける（融着部から約 30mm のところ）。 2. 印にファイバストリッパの印を合わせる。 3. ファイバストリッパを握りながら軽くファイバを引き，被覆をはぐ（線の種類によって刃が違うので注意する）。
2	光ファイバを切断	1. ちりの出にくい専用のコットンに純度 99% 以上のアルコールを染み込ませ，キュッキュッと音が出るくらい拭く。 2. ファイバカッタ（図２）本体のふたを開き，光ファイバの先端をくず箱の溝に入れる。 3. 光ファイバをまっすぐ単心アダプタにセットする。 4. 本体のふたを閉めて，ゆっくりとふた開放レバーを完全に押し下げる。この時，切断とファイバくずの回収が行われている（図３，図４）。 5. 本体のふたがわずかに開いているのを確認する。 6. 本体のふたを開けて，光ファイバを取り出す。
●光ファイバ（テープ心線の場合）		
1	被覆をはぎ取る	1. 心線を約 40mm 出して融着ホルダにセットする。 2. ファイバストリッパに融着ホルダを合わせてセットする。 3. ファイバストリッパの赤いランプが点灯したら融着ホルダ部分を軽く引き，被覆をはぐ（高温注意）。
2	光ファイバを切断する	1. ちりの出にくい専用のコットンに純度 99% 以上のアルコールを染み込ませ，キュッキュッと音が出るくらい拭く。 2. ファイバカッタ本体のふたを開き，光ファイバの先端をくず箱の溝に入れる。 3. 重なり合わないようにファイバホルダにセットする。 4. 本体のふたを閉めて，ゆっくりとふた開放レバーを完全に押し下げる。この時，切断とファイバくずの回収が行われている。 5. 本体のふたがわずかに開いているのを確認する。 6. 本体のふたを開けて，光ファイバを取り出す。

図解

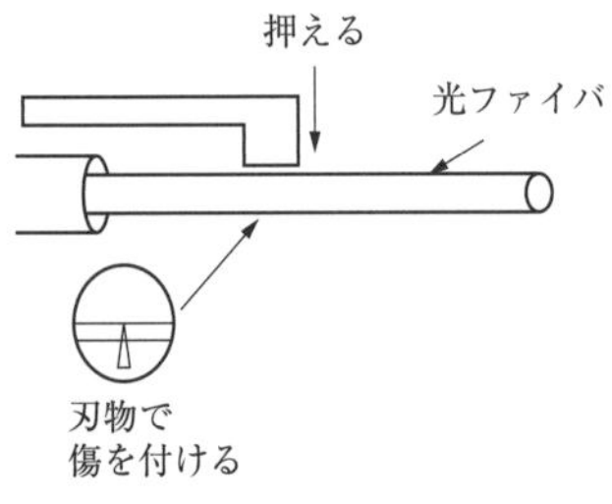

図３　ファイバカッタを用いた切断原理

（a）ニッパによる切断

（b）ファイバカッタによる切断

図４　ファイバ切断面

出所：（図１，図２）古河電気工業（株），（図４）理工学社　大久保勝彦著「ISDN 時代の光ファイバ技術」

備考	

光ファイバの種類や材質，伝送モード等について，参考図1，参考図2，参考表1～3に示す。

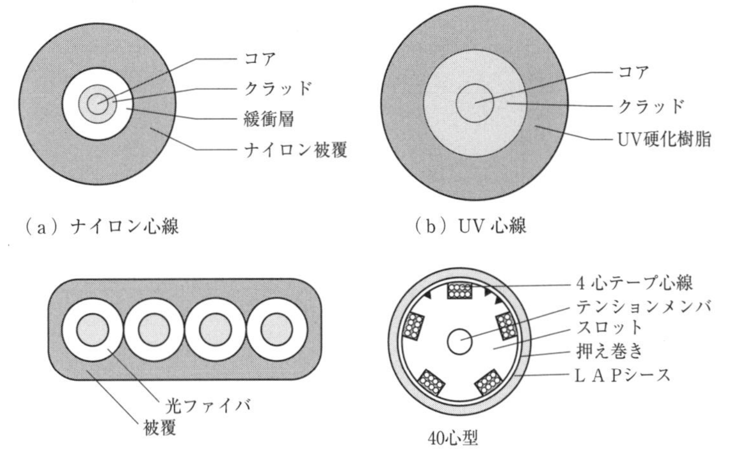

（c）テープ心線　（d）多心テープスロット型

参考図1　光ファイバの種類

参考表1　光ファイバの材質

種　　別	材　　　　料	用　　　　途
酸化物ガラス	石英系	長距離通信，画像伝送
	重金属酸化物	赤外線ファイバ，超長距離通信（未実用）
	多成分系	照明用ライトガイド，センサ用ライトガイド
	複合系（プラスチッククラッド）	短距離 OA 用，FA 用通信
フッ化物ガラス	ZrF_4系	赤外線ファイバ，超長距離通信（未実用）
カルコゲン化合物ガラス	As－S系 As－Ge－Se系	赤外線ファイバ，超長距離通信（未実用）
ハイライド結晶	単結晶 多結晶	赤外線ファイバ，超長距離通信（未実用）
プラスチック	PMMA	オーディオ信号の伝送，自動車内の照明や通信，数十 m の通信，ディスプレイ

参考表2　光ファイバの伝送モード

伝送モード	ファイバ種類	特徴・用途
シングルモード	標準シングルモードファイバ	長距離通信（通信波長 1.31 又は 1.55 μm）
	偏波面保存光ファイバ	偏波面を保存したまま伝送，温度特性などの高精度計測によるセンサ部，光部品に使用
	分散シフトファイバ	超長距離通信，大容量
マルチモード	ステップインデックスファイバ グレーデッドインデックスファイバ	LAN（現状はグレーデッドが主流） （通信波長 0.85 μm）

シングルモード
　クラッド径：125 μm
　モードフィールド径：9 μm

マルチモード
　クラッド径：125 μm
　コア径：50 μm 又は 62.5 μm

参考表3　テープ心線の素線識別

テープNo.＼素線No.	1	2	3	4
1	青	白	茶	灰
2	黄	白	茶	灰
3	緑	白	茶	灰
4	赤	白	茶	灰
5	紫	白	茶	灰

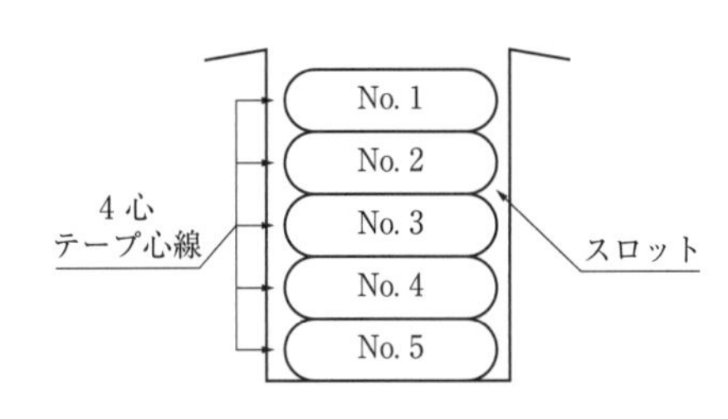

参考図2　ファイバケーブルのテープ心線挿入スロット構造図

番号	No.10. 3

作業名	光ファイバ工事（2）	主眼点	融着接続

図１　融着接続機

材料及び器工具など

光ファイバ
融着接続機

番号	作業順序	要点
1	融着接続機をセットする	1. 融着接続機（図１）の加熱条件を設定する。 2. ファイバホルダにセットする（補強熱スリーブを通しておく）（図２）。 3. ストリッパで被覆除去後，光ファイバを清掃する（図３）。 4. 光ファイバ心線を切断する（図４）。 5. 機械へセットする（図５）。
2	光ファイバの融着接続をする	1. ファイバの突き合わせを確認する。 2. 融着接続機で融着を開始し，モニタで確認を行う。
3	融着部の補強をする	1. 補強熱スリーブを接続部の中心に移動する（単心の場合は捻れ防止のためにマーキングしておくとよい）（図６）。 2. 加熱機へ移動し加熱収縮を行う（図７，図８）。

図解

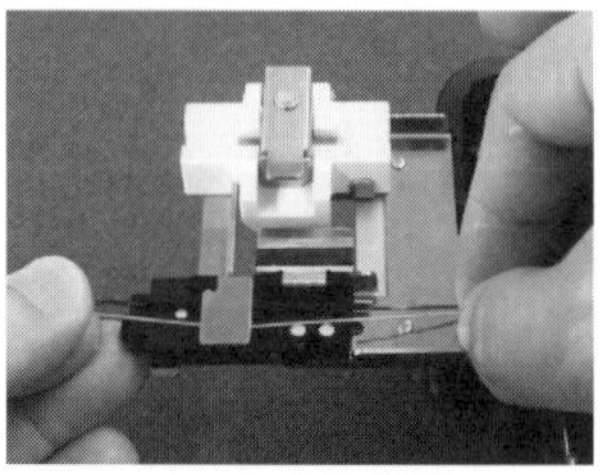

図２　ファイバホルダへセット（補強熱スリーブのセット）

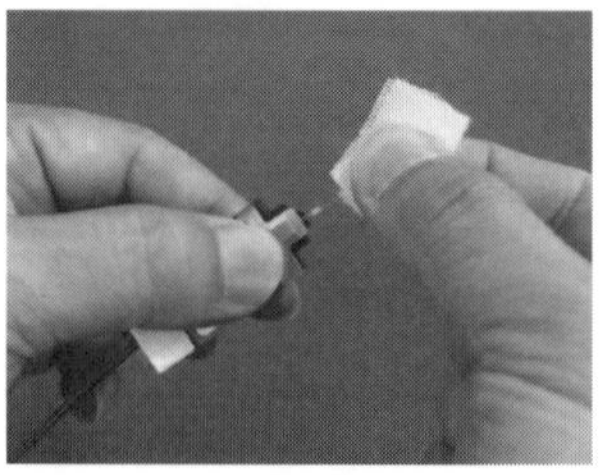

図３　アルコールによる清掃

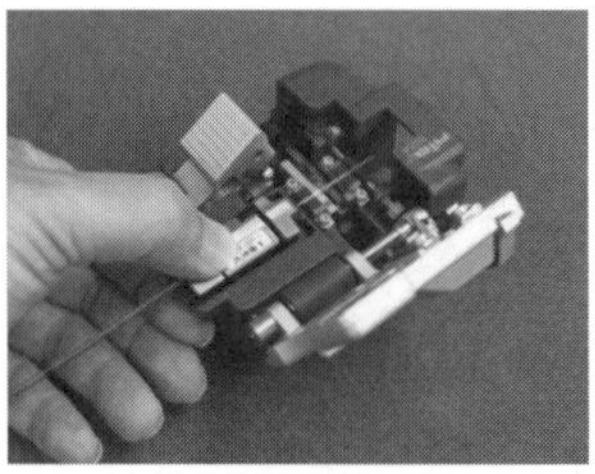

図４　切断

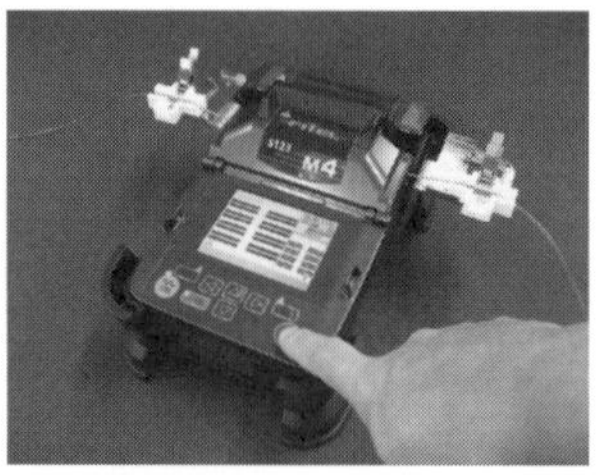

図５　セット

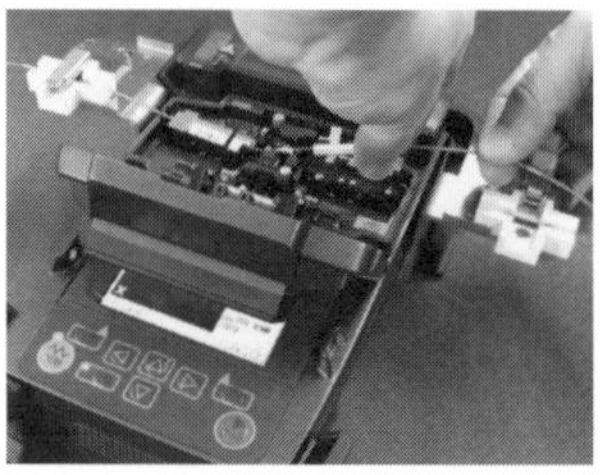

図６　補強熱スリーブの移動

図７　加熱収縮

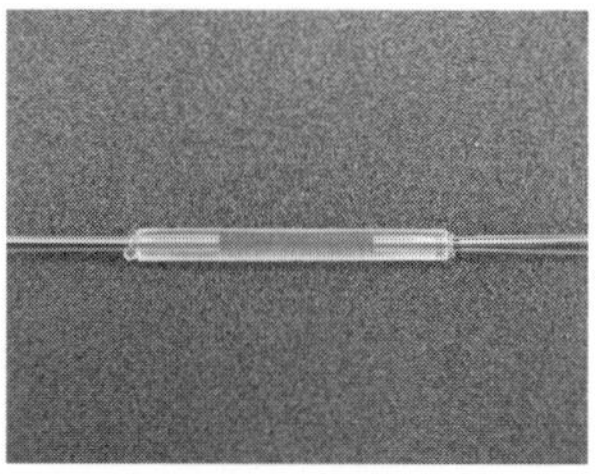

図８　加熱補強完了

出所：（図１～図８）古河電気工業（株）

11. 太陽光システム工事

番号	No.11. 1

作業名	太陽光発電システム工事（1）	主眼点	太陽光パネルの取り付け

図１　模擬屋根教材（スレート屋根）

材料及び器工具など

模擬屋根（スレート屋根）（図１）
太陽光モジュール（図２）

番号	作業順序	要　　点	図　　解
1	設置場所を選定する	1. 野地板の強度や劣化状況，天井裏の結露の有無などを確認する。 2. 設置方位，日かげ，屋根の形状，風速，積雪状況，塩害の有無などを確認する。	図２　太陽光モジュール
2	設置工事前を確認する	1. 築年数や家屋の状況を確認する。 2. 屋根が再塗装されている場合は縁切りがされていることを確認する。されていないまま施工すると雨漏りを起こす原因となる。	
3	太陽光モジュールを設置する	1. 地上においてドリルストッパーを取り付ける。 2. 横桟取り付け金具の位置を決め，レイアウトを確認する。 3. φ5.5のコンクリートドリルでスレートに下穴をあける。 4. 掃除機等で粉じんを吸い取る。 5. ブチルゴムを押し込みながらφ5.5 × 55のねじで横桟取り付け金具を固定する。 6. タップ金具を棟側から入れる。 7. 横桟を取り付ける（不陸がある場合は専用部材にて調整する）。 8. 軒先カバーを取り付ける（軒先側）。	

番号	作業順序	要　　点	図　　解
4	太陽光モジュールの結線をする	1. モジュールを取り付ける。最初のモジュールは黒色の延長ケーブル（アレイ出力ケーブル）を結線し，他方のケーブルには2枚目モジュールを結線する。3枚目，4枚目と結線していき，既定の枚数まで結線する（図3）。 2. 結線はそれぞれの防水コネクタを最後まで確実に差し込む。 3. 既定のモジュール枚数を直列に結線した1系統分ごとにテスタで電圧を測定し記録する。 4. 余ったケーブルが屋根面に当たらないようにフレームに束線するなど，モジュール間のケーブルの処理をする。 5. アレイ出力ケーブルはパワーコンディショナへの系統ごとにテーピングして系統につないだ枚数を明記しておく。また，先端には＋には黒，－には白のテーピングをしておく。 6. アレイ出力ケーブルが屋根面に当たる部分及び太陽光が当たる部分には必ずフレキ管に通して保護する。 7. 軒先カバーを取り付ける（棟側）。	図3　太陽光モジュールの結線
5	電圧を測定する	1. テスタを直流レンジにしてモジュール1枚分の電圧（28～30V）を測定する。 2. 系統全体の電圧（270～300V）を測定する。 3. 1.で測定したモジュール1枚の分の電圧に設置したモジュール枚数を掛ける。 4. 3.の値と2.で測定した電圧を比較する。比較した差が9V以内であれば良，それ以外であれば配線に誤りがないか確認する。	
6	架台を接地する	1. アレイ上部のモジュール取付架台の棟側に圧着端子を介してアース線（IV5.5mm^2）を取り付ける。 2. アース線にD種設置工事を施したアース棒を取り付ける。この時，パワーコンディショナのアース棒と兼用しないこと。	
備考			

番号	No.11.2

作業名	太陽光発電システム工事（2）	主眼点	電気機器の取り付け工事

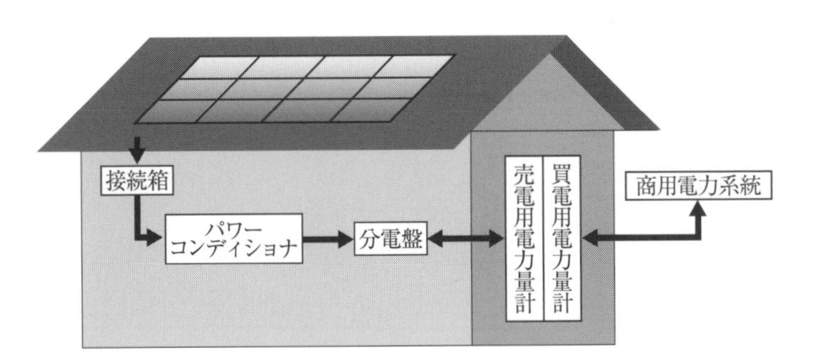

図１　太陽光発電システム

材料及び器工具など

接続箱
パワーコンディショナ
遮断器
電力量計

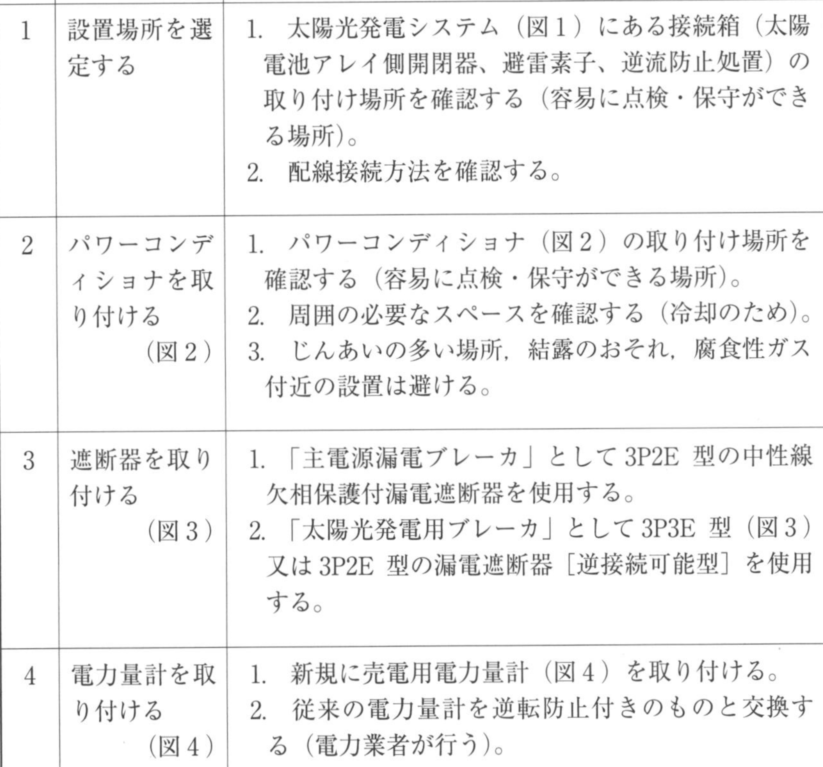

番号	作業順序	要　　点
1	設置場所を選定する	1. 太陽光発電システム（図１）にある接続箱（太陽電池アレイ側開閉器、避雷素子、逆流防止処置）の取り付け場所を確認する（容易に点検・保守ができる場所）。 2. 配線接続方法を確認する。
2	パワーコンディショナを取り付ける（図２）	1. パワーコンディショナ（図２）の取り付け場所を確認する（容易に点検・保守ができる場所）。 2. 周囲の必要なスペースを確認する（冷却のため）。 3. じんあいの多い場所，結露のおそれ，腐食性ガス付近の設置は避ける。
3	遮断器を取り付ける（図３）	1. 「主電源漏電ブレーカ」として 3P2E 型の中性線欠相保護付漏電遮断器を使用する。 2. 「太陽光発電用ブレーカ」として 3P3E 型（図３）又は 3P2E 型の漏電遮断器［逆接続可能型］を使用する。
4	電力量計を取り付ける（図４）	1. 新規に売電用電力量計（図４）を取り付ける。 2. 従来の電力量計を逆転防止付きのものと交換する（電力業者が行う）。

図　　解

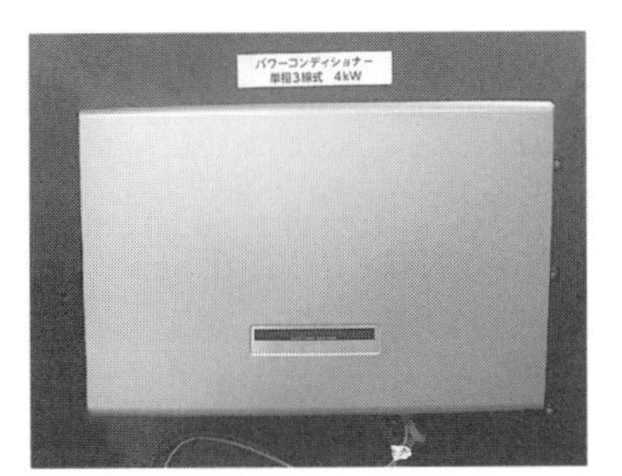

（a）

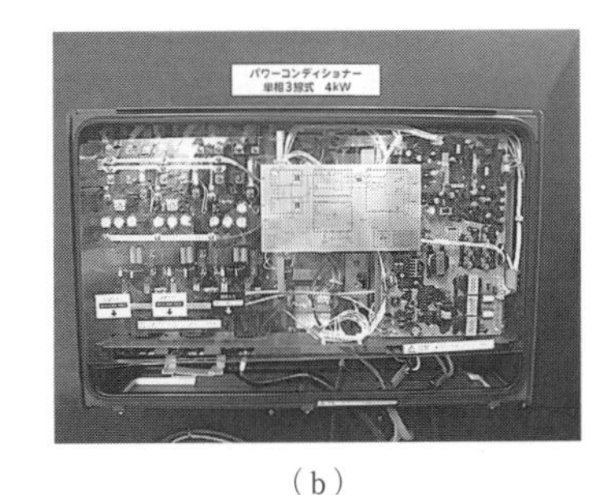

（b）

図２　パワーコンディショナ

備考

参考図に，太陽光発電システムを教材として配置したパネルを示す。

参考図　太陽光発電システム（教材）

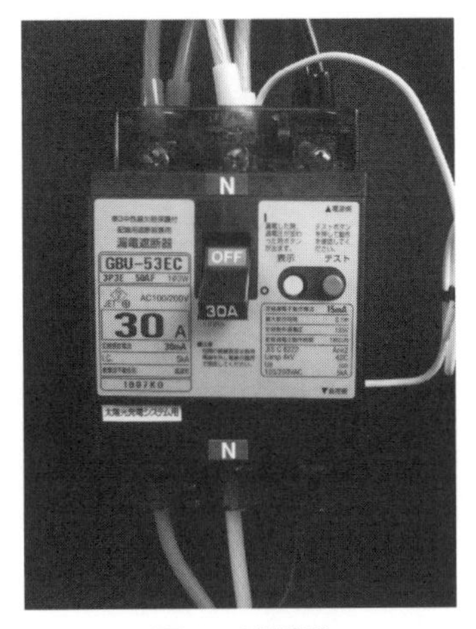

図３　遮断器

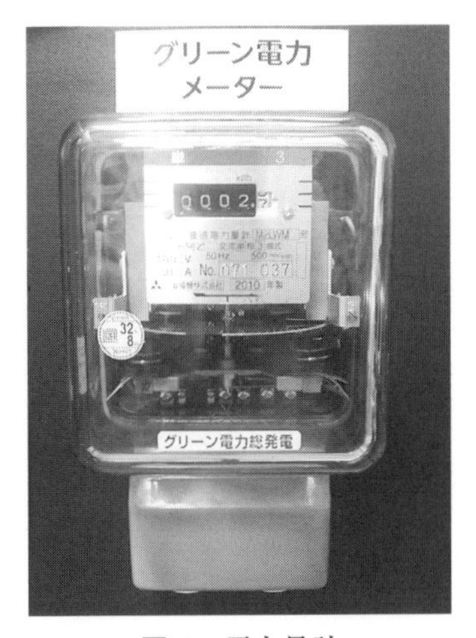

図４　電力量計

番号	No.11.3

作業名	太陽光発電システム工事（3）	主眼点	電気機器関連の配線工事

図１　太陽電池アレイ

材料及び器工具など

太陽電池アレイ（図１）
接続箱（図２）
パワーコンディショナ
分電盤（図３）
各種ケーブル
接地工事材料

番号	作業順序	要　　点
1	太陽電池アレイ～接続箱へ接続する	1. 出力ケーブルの種類・長さを確認する。 2. 接続・入力端子・配線を確認する。 3. 資格を確認する（配線工事は電気工事士の有資格者が行うこと。ただし，モジュール間の差込み接続配線はこの限りではない）。
2	接続箱～パワーコンディショナへ配線する	1. 配線ルートを確認する。 2. 太陽電池アレイの短絡電流に耐え得る電線を選定をする。 3. 直流配線なので，極性（±）に留意した配線接続をする。
3	パワーコンディショナ～分電盤へ配線する	1. 配線ルートを確認する。 2. パワーコンディショナの出力に耐え得る電線を選定する。 3. 交流配線に留意した配線接続をする。
4	太陽光発電システムの接地工事をする	1. 接地工事対象箇所を確認する。 2. 接地工事種別を確認する。 3. 施設方法を確認する。 4. 接地極を確認する。 5. 使用接地線を確認する。
備考		

図　　解

（a）外観

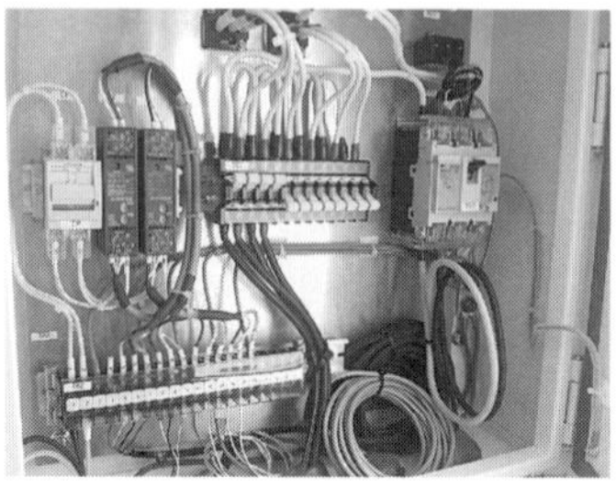

（b）内部

図２　接続箱

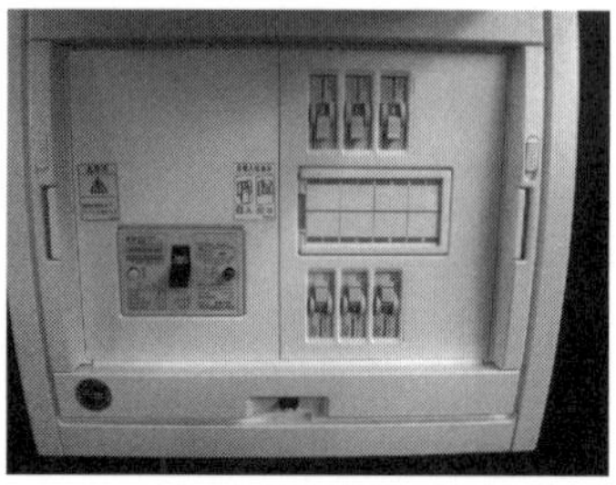

図３　分電盤

参考資料　1

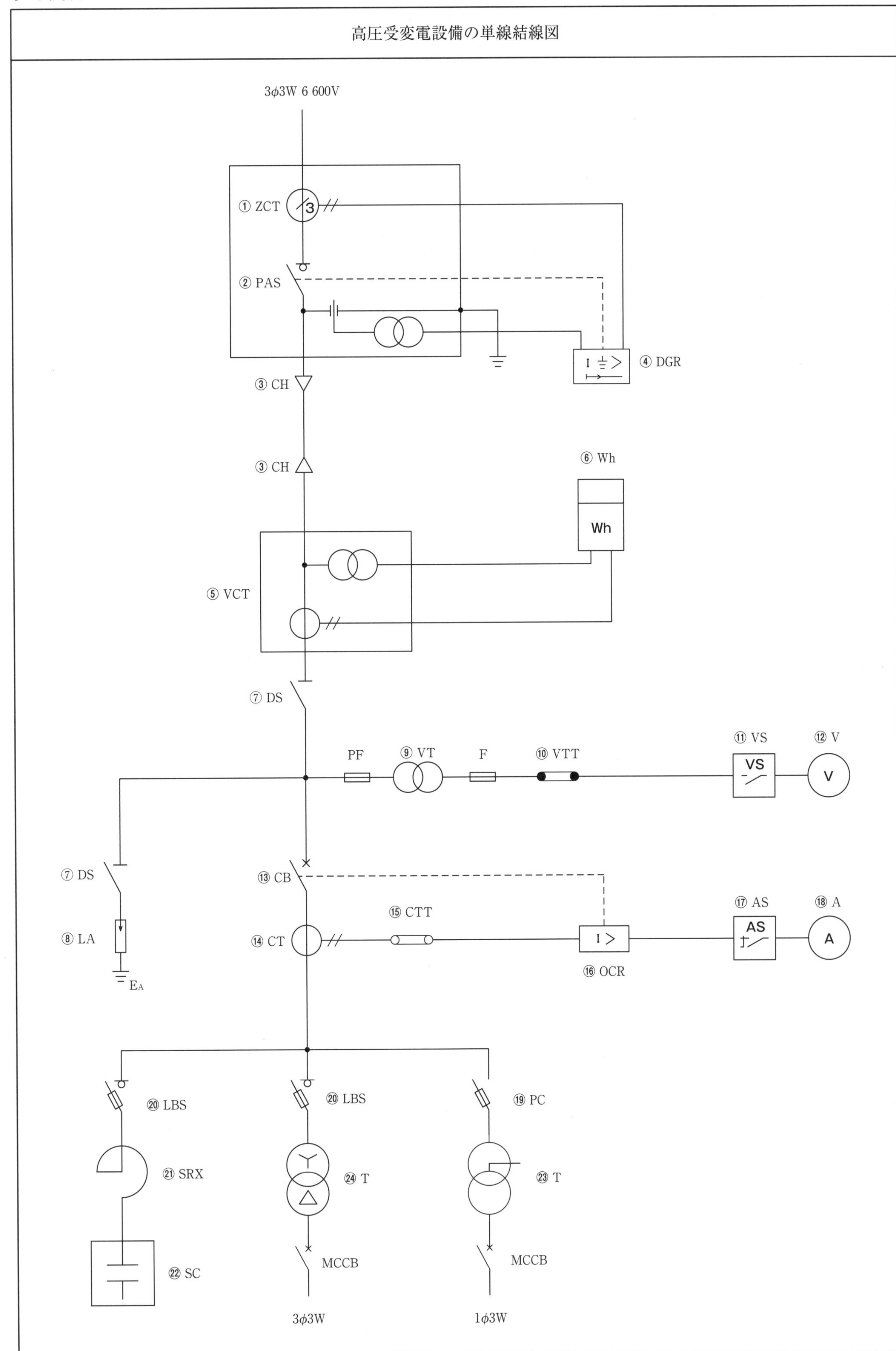

高圧受変電設備の単線結線図
3φ3W 6 600V
① ZCT
② PAS
③ CH
④ DGR
③ CH
⑥ Wh
Wh
⑤ VCT
⑦ DS
PF
⑨ VT
F
⑩ VTT
⑪ VS
⑫ V
VS
V
⑦ DS
⑬ CB
⑧ LA
EA
⑭ CT
⑮ CTT
⑯ OCR
⑰ AS
⑱ A
AS
A
⑳ LBS
⑳ LBS
⑲ PC
㉑ SRX
㉔ T
㉓ T
㉒ SC
MCCB
MCCB
3φ3W
1φ3W

参考資料　2

高圧受変電設備の器具類

① ZCT…零相変流器

② PAS…柱上気中開閉器

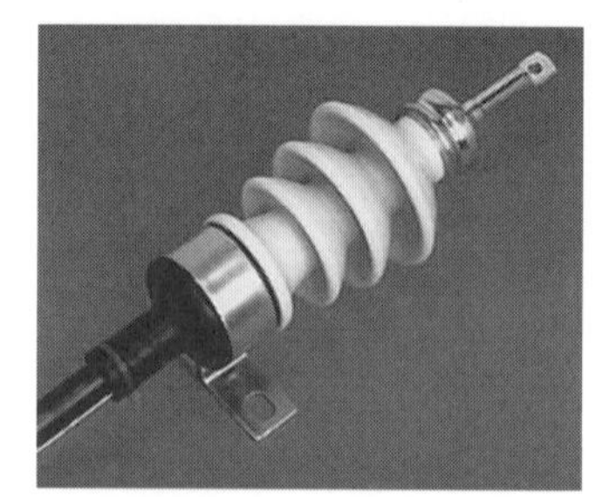

③ CH…ケーブルヘッド

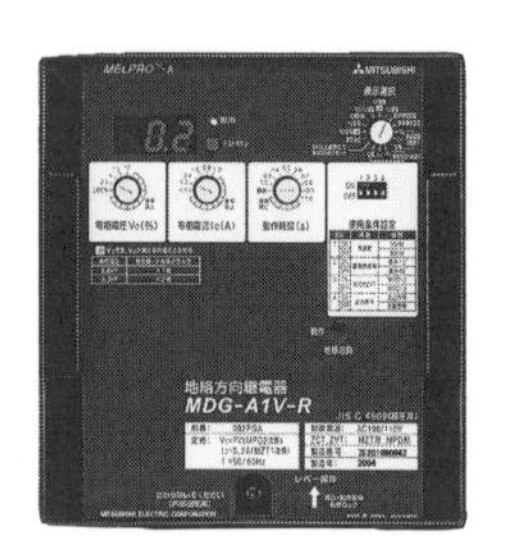

④ DGR…地絡方向継電器

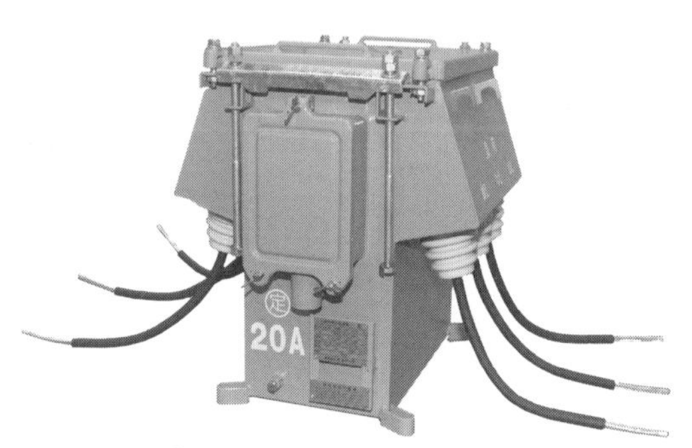

⑤ VCT…計器用変圧変流器

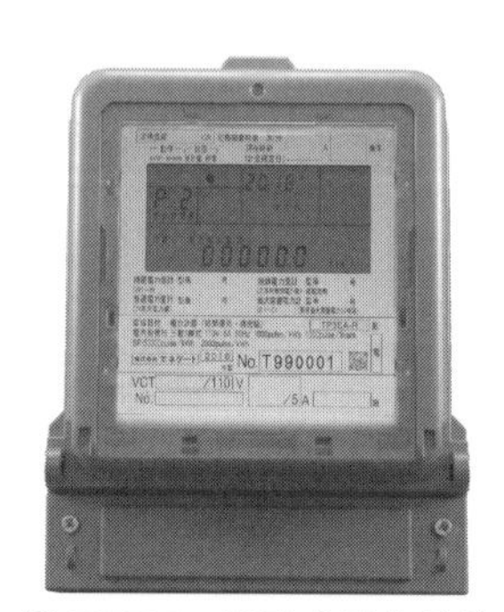

⑥ WHM…電子式電力量計

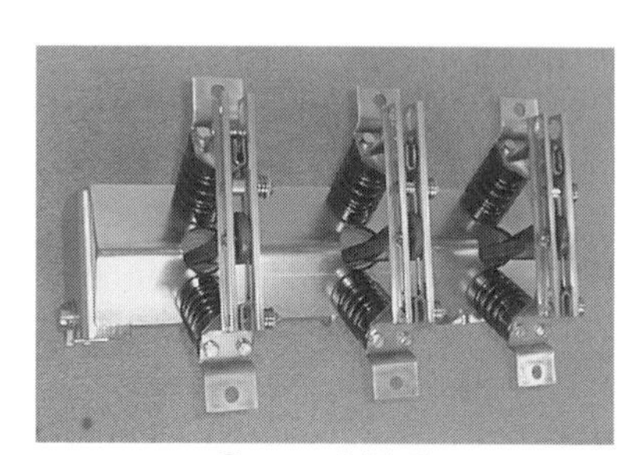

⑦ DS…断路器

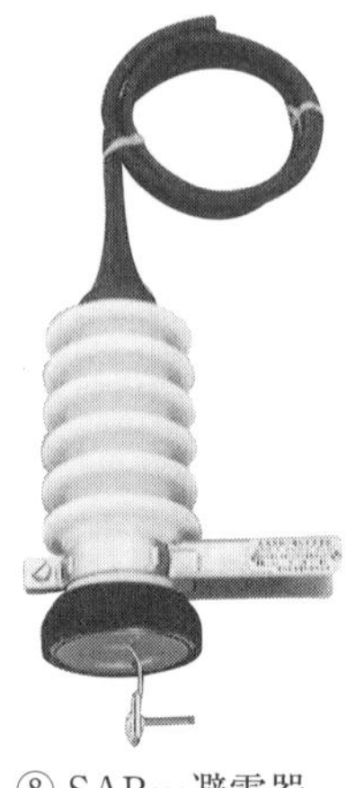

⑧ SAR…避雷器

⑨ VT…計器用変圧器

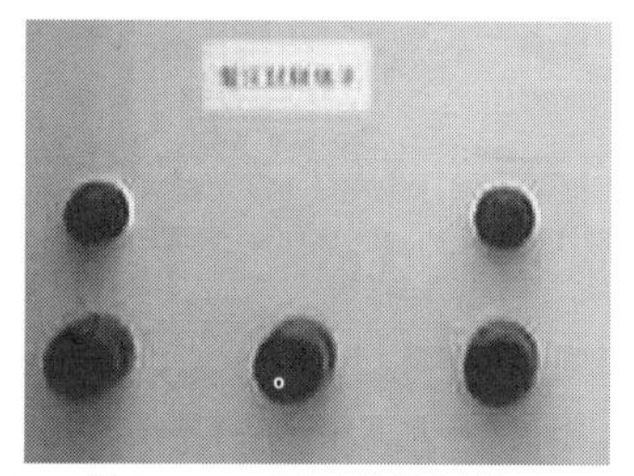

⑩ VTT…電圧試験用端子

⑪ VS…電圧計切換スイッチ

⑫ VM…電圧計

※記号は JEM 1115：2022による

出所：(④) 三菱電機（株），(⑤，⑥)（株）エネゲート（HP）

高圧受変電設備の器具類

⑬ CB…遮断器

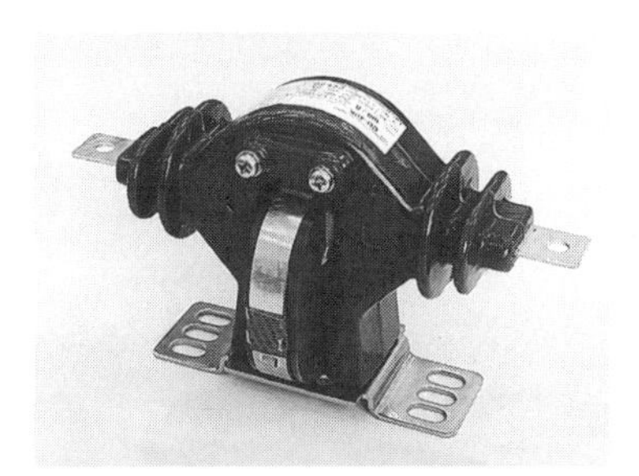

⑭ CT…変流器

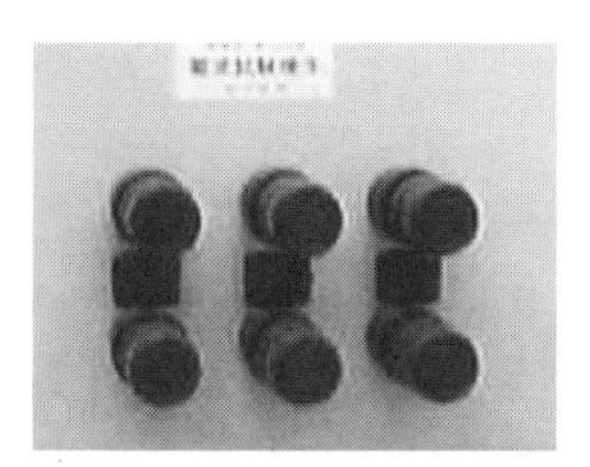

⑮ CTT…電流試験用端子

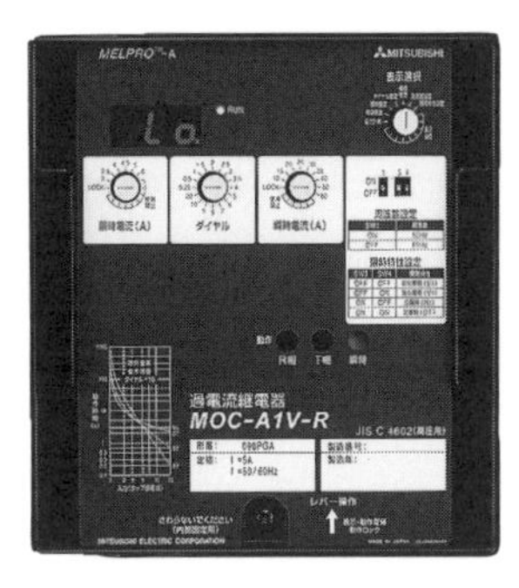

⑯ OCR…過電流継電器

⑰ AS…電流計切換スイッチ

⑱ AM…電流計

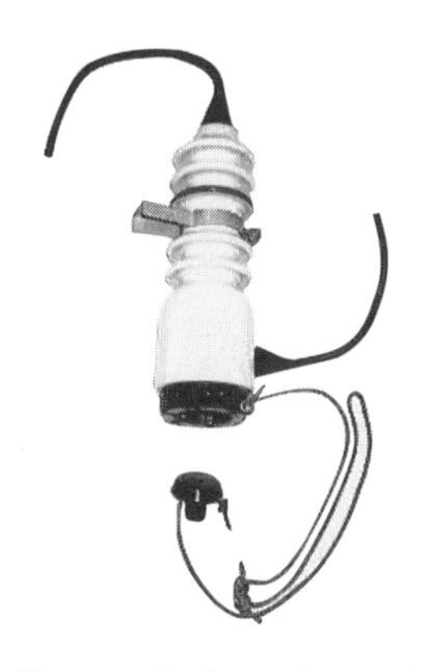

⑲ PC…高圧カットアウト

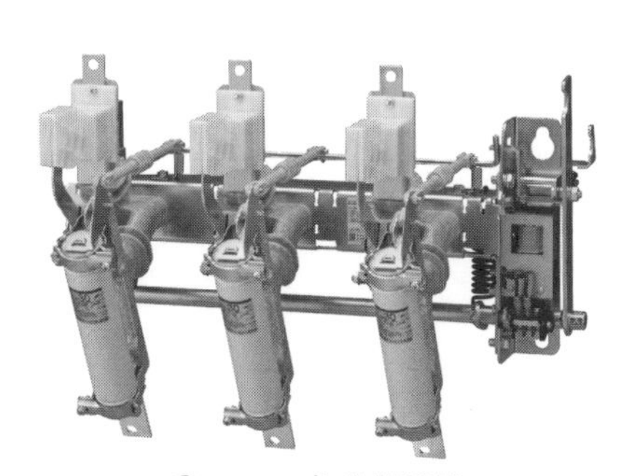

⑳ LBS…負荷開閉器

㉑ SRX…直列リアクトル

㉒ SC…コンデンサ

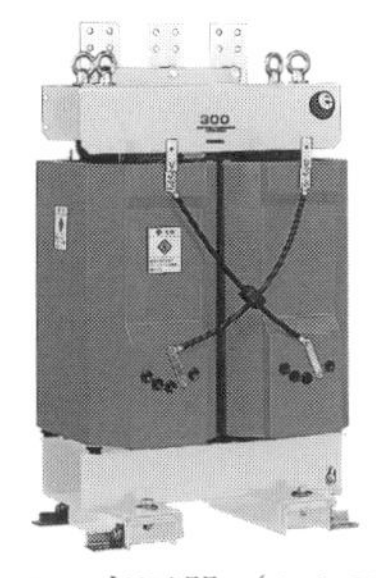

㉓ T…変圧器（1 φ 3W）

㉔ T…変圧器（3 φ 3W）

※記号は JEM 1115：2022 による

出所：（⑯）三菱電機（株），（⑳）富士電機機器制御（株），（㉓，㉔）東芝産業機器システム（株）

（　）内は本教科書の該当ページ

○使用規格

1．JIS C 1302：2018「絶縁抵抗計」（164）（発行元　一般財団法人日本規格協会）
2．JIS C 2806：2003「銅線用裸圧着スリーブ」（46）
3．JIS C 2336：2012「電気絶縁用ポリ塩化ビニル粘着テープ」（59）
4．JIS C 8305：2019「鋼製電線管」（85）
5．JIS C 8430：2019「硬質塩化ビニル電線管」（112）
6．JIS C 8411：2019「合成樹脂製可とう電線管」（116）
7．内線規程：2016（61）（発行元　一般社団法人日本電気協会）

○参考規格

1．JIS A 1323：2008「建築工事用シートの溶接及び溶断火花に対する難燃性試験方法」（12）
2．JIS B 7512：2018「鋼製巻尺」（24）
3．JIS C 0617－1：2011「電気用図記号－第1部：概説」（167）
4．JIS C 1302：2018「絶縁抵抗計」（25）
5．JIS Z 9110：2011「照明基準総則」（154）
6．内線規程：2011（122）
7．内線規程：2016（28，69，76，122）
8．JEM 1115：2022「配電盤・制御盤・制御装置の用語及び文字記号 」（194，195）（一般社団法人日本電機工業会）

○参考法令・法律

1．建築基準法施行令（154）
2．高所作業車運転技能講習規程（21）
3．電気設備に関する技術基準を定める省令（28，122）
4．労働安全衛生法施行令（21）
5．労働安全衛生規則（21，157）

○引用・協力企業等（五十音順：会社名は執筆当時のものです）

・朝日合金株式会社（149）
・育良精機株式会社（34）
・株式会社エネゲート（194）
・大久保勝彦著「ISDN 時代の光ファイバ技術」理工学社，1989より（186）
・株式会社大阪ジャッキ製作所「総合カタログ」2022（ケーブルジャッキ CJ－0620）より（34）
・大崎電気工業株式会社ウェブサイト「スマートメータ（A6WA－TA)」より（29，144）
・オーム電機株式会社「配線パーツ」カタログ，2020（トーメーキャップ OP－1，OP－2）より（60）
・株式会社小野測器（26，153）
・株式会社カワグチ（66）
・共立電気計器株式会社（26，28，30，33，154，158，160）
・サンワサプライ株式会社（185）
・新富士バーナー株式会社（10）
・株式会社第一エレクトロニクス「デジタルマルチリレー DMR－Pro」カタログ，2022より（182）
・株式会社タダノ（21）
・東芝産業機器システム株式会社（195）
・東神電気株式会社（146）
・トラスコ中山株式会社（20）
・ネグロス電工株式会社（66）
・長谷川工業株式会社ウェブサイト「1連はしご（RSG)」より（20）

・長谷川電機工業株式会社（27，155～157，177）
・パナソニック株式会社（72，80，82，83）
・日置電機株式会社ウェブサイト「クランプ接地抵抗計 FT6380－50」，「絶縁抵抗計 IR4041」カタログより（26，163）
・藤井電工株式会社（21）
・フジツール株式会社（24）
・富士電機機器制御株式会社（195）
・古河電気工業株式会社（186，188）
・マクセルイズミ株式会社（146）
・株式会社松阪鉄工所（13）
・三井化学産資株式会社（148）
・三菱電機株式会社「三菱保護継電器（高圧受配電用）MELPRO－A シリーズ」カタログ，2017 より（173，176，180，194，195）
・株式会社ムサシインテック（25，26，28，31，32，173～175，177，180，181，184）
・室本鉄工株式会社ウェブサイト「PIP19 エンビパイプカッタ」，「FL38N フレキシブルカッタ」より（14）
・山本光学株式会社（12）
・横河計測株式会社（25，159）

○参考文献（五十音順）

・三和電気計器株式会社「KIT－8D 取扱説明書」（回路計の製作実習）
・葛山孝明・名倉正勝 共著「絵とき電気設備の保守と試験」オーム社，2003
・関電工 品質・工事管理部 編「絵とき百万人の電気工事　改訂版」オーム社，1997
・「太陽光発電システム手引書（基礎編）」一般社団法人 太陽光発電協会

委 員 一 覧

昭和61年2月			
〈作成委員〉	江川　妙	東京電力株式会社	
	榎本　雄一	板橋高等職業訓練校	
	大津　修教	横浜工業技術高等職業訓練校	
	河原　康志	足立高等職業訓練校	
	堀江　博	職業訓練大学校	
	宮下　信孝	長野総合高等職業訓練校	
平成8年3月			
〈改定委員〉	石井　広勝	株式会社きんでん	
	多田　安二	東京都立品川高等職業技術専門校	
	中野　弘伸	職業能力開発大学校	
	信　寛良	東京都立府中高等職業技術専門校	
平成16年3月			
〈改定委員〉	田中　昭三	岡山県立岡山高等技術専門校	
	種子田忠己	東京都立品川技術専門校	
	山下　祐司	株式会社きんでん	
	渡邉　昭一	福島県立郡山高等技術専門校	
	渡邉　信公	職業能力開発総合大学校	
平成26年3月			
〈監修委員〉	吉水　健剛	職業能力開発総合大学校	
	渡邉　信公	職業能力開発総合大学校	
〈改定委員〉	板垣　武	東京都立多摩職業能力開発センター府中校	
	木村　昭一	千葉県立市原高等技術専門校	
	村上　洋	神奈川県立東部総合職業技術校	

（委員名は五十音順，所属は執筆当時のものです）

電気工事実技教科書

厚生労働省認定教材	
認定番号	第59214号
改定承認年月日	令和5年1月25日
訓練の種類	普通職業訓練
訓練課程名	普通課程

昭和61年2月　初版発行
平成8年3月　改定初版1刷発行
平成16年3月　改定2版1刷発行
平成26年3月　改定3版1刷発行
令和5年3月　改定4版1刷発行
令和6年2月　改定4版2刷発行

編　集　独立行政法人 高齢・障害・求職者雇用支援機構
　　　　職業能力開発総合大学校 基盤整備センター

発行所　一般社団法人 雇用問題研究会
〒103－0002 東京都中央区日本橋馬喰町 1－14－5 日本橋Kビル2階
電話 03(5651)7071（代表）　FAX 03(5651)7077
URL　https://www.koyoerc.or.jp/

印刷所　株式会社 ワイズ

ISBN978-4-87563-096-8

132001-24-21